UNIX
Utilisateur

Abdelmadjid BERLAT
Jean-François BOUCHAUDY
Gilles GOUBET

2e édition 2003

EYROLLES

ÉDITIONS EYROLLES
61, Bld Saint-Germain
75240 Paris Cedex 05
www.editions-eyrolles.com

TSOFT
10, rue du Colisée
75008 Paris
www.tsoft.fr

Avant-propos

Quel sens donner au terme « utilisateur du système UNIX » et que faut-il entendre par UNIX ?
Que faut-il connaître d'un système d'exploitation pour être capable de l'utiliser ?

De même qu'un boulanger, un maçon, un comptable et un écrivain ont commencé par apprendre à lire et à compter avant d'apprendre leur métier, il existe une base de connaissances minimum et commune à toutes les professions qui utilisent des systèmes UNIX, y compris les informaticiens. Acquérir ces connaissances, objectif de l'ouvrage, c'est, pour UNIX, lire et compter.

Chaque module présente un thème, caractérisé par un ensemble de commandes et de concepts fondamentaux. Les ateliers qui sont proposés à la fin d'un module permettent au lecteur de valider ses connaissances avant de passer au module suivant.

A partir de quel degré de connaissance de l'arithmétique peut-on dire que l'on sait calculer ? Est-il admissible de lire un auteur classique avant d'avoir appris l'imparfait du subjonctif ?

L'ordre des modules reflète une progression logique qu'il est bon, a priori, de respecter. L'apprentissage anticipé de l'éditeur de textes vi (module 13) est cependant possible.

Le lecteur qui souhaite s'exercer sur d'autres commandes que celles présentées dans un module dispose, pour cela, des annexes « Panorama des commandes » et « Résumé des commandes » pour le faire. Les auteurs rappellent au lecteur qu'il pourra trouver dans le manuel de référence fourni avec sa version d'UNIX une source inépuisable d'informations et une grande autonomie de travail.

L'apprentissage complet du « shell » dépasse le cadre de « UNIX utilisateur ». Nous renvoyons les lecteurs, alléchés par les perspectives entrevues, à l'ouvrage "Unix shell" paru dans la même collection.

De nombreuses personnes, y compris déjà utilisatrices d'UNIX et de Linux, nous posent souvent la question « comment situez-vous Linux par rapport à UNIX et à Windows ? ». La réponse est simple : « Linux est un système UNIX libre qui a quelques spécificités comme peuvent en avoir tous les systèmes UNIX ».

Les « Linuxiennes » et les « Linuxiens » sont donc des utilisateurs d'UNIX qui s'ignorent. Cet ouvrage leur est tout autant destiné qu'à de futurs utilisateurs de Solaris et d'AIX.

Nous avons utilisé un picto de pingouin, emblème officiel du système Linux, pour faire ressortir les remarques propres à ce système. A la fin de chaque module, une annexe montre comment réaliser en mode graphique, à l'aide de l'environnement KDE, certaines tâches traitées préalablement en mode commande dans la partie principale du module. Très populaire au sein de la communautué Linux, le bureau KDE peut également être utilisé avec tout autre système UNIX.

UNIXIENNES, Linuxiennes, UNIXIENS et Linuxiens, à vos terminaux et bonne chance !

Table des matières

MODULE 1 : INTRODUCTION 1-1

Historique de UNIX 1-2

Les caractéristiques d'UNIX 1-5

Multi-tâches - multi-utilisateurs 1-6

Arborescence et système de fichiers 1-7

Noyau et processus 1-8

Le shell et les commandes 1-10

L'environnement C/C++ 1-12

L'environnement TCP/IP 1-13

UNIX - un système normalisé 1-14

Les systèmes UNIX du marché 1-16

Atelier 1 : Introduction 1-17

MODULE 2 : UNE SESSION 2-1

Comment se connecter 2-2

La connexion en mode texte 2-3

Le mode graphique avec le bureau CDE 2-4

Une session 2-6

Quelques commandes 2-7

Utilisation du clavier 2-9

La documentation 2-11

Annexe Linux 2-15

Atelier 2 : Une session 2-24

MODULE 3 : LES FICHIERS ET LES RÉPERTOIRES 3-1

L'arborescence des fichiers 3-2

Les chemins (1/2) 3-5

Les chemins (2/2) 3-6

Les attributs des fichiers 3-7

La syntaxe d'une ligne de commande 3-9

Les commandes de gestion de fichiers 3-11

La commande ls 3-12

Copier, détruire, renommer un fichier 3-15

La commande cat 3-18

La commande file 3-19

Les commandes de gestion de répertoires 3-20

La commande cd 3-21

Création et suppression de répertoires 3-23

Copie et suppression d'arborescence 3-25

La commande find 3-28

Annexe Linux 3-30

Atelier 3 : Les fichiers et les répertoires 3-38

MODULE 4 : LE SHELL 4-1

Le shell, généralités 4-2

Les jokers 4-5

La protection des caractères spéciaux 4-7

La redirection des entrées sorties standard 4-9

Les redirections, les tubes 4-12

Annexe Linux 4-14

Atelier 4 : Le shell 4-16

MODULE 5 : LES DROITS 5-1

Les utilisateurs et les groupes 5-2

La gestion des droits 5-4

Connaître les droits (ls -l) 5-6

Modifier les droits (chmod) (1/2) 5-7

Modifier les droits (chmod) (2/2) 5-9

Droits sur les répertoires 5-10

Droits par défaut (umask) 5-12

Gestion des groupes 5-14

Des droits complémentaires 5-16

Annexe Linux 5-18

Atelier 5 : Les droits 5-20

MODULE 6 : COMPLÉMENTS SHELL 6-1

La redirection des erreurs 6-2

L'historique des commandes (mode vi) 6-4

Les alias 6-5

L'environnement 6-7

Le fichier ~/.profile 6-9

Les « scripts » 6-13

Annexe Linux 6-15

Atelier 6 : Compléments shell 6-16

MODULE 7 : L'IMPRESSION 7-1

L'impression, le principe.. 7-2

L'impression, les commandes 7-3

Les autres services d'impression.. 7-6

Annexe Linux.. 7-8

Atelier 7 : L'impression 7-11

MODULE 8 : LES FILTRES 8-1

Panorama des filtres 8-2

Les commandes pr et lp.. 8-5

La commande more 8-7

La commande pg 8-8

La commande tr... 8-9

La commande cut 8-11

La commande sort 8-13

La commande grep 8-17

Les expressions régulières... 8-19

La commande sed.. 8-22

Atelier 8 : Les filtres... 8-25

MODULE 9 : LA SAUVEGARDE 9-1

La sauvegarde... 9-2

La commande tar... 9-3

La commande cpio 9-7

La commande pax 9-10

Annexe Linux.. 9-11

Atelier 9 : La sauvegarde 9-13

MODULE 10 : LES OUTILS DE COMMUNICATION 10-1

Panorama des outils de communication 10-2

La communication en direct.. 10-3

Le système des news 10-6

Le courrier électronique 10-7

Annexe LINUX.. 10-9

Atelier 10 : Les outils de communication 10-13

MODULE 11 : LES LIENS 11-1

Les liens, le concept 11-2

Les liens, les commandes 11-3

Les liens symboliques 11-5

Atelier 11 : Les liens 11-6

MODULE 12 : LA GESTION DES PROCESSUS 12-1

Notion de processus 12-2

« background »/ »foreground » 12-3

Gestion des processus, les commandes 12-4

La commande kill 12-6

La commande ps 12-8

Gestion des travaux 12-10

Annexe Linux 12-12

Atelier 12 : La gestion des processus 12-15

MODULE 13 : L'ÉDITEUR VI 13-1

Les modes de vi 13-2

Les commandes indispensables 13-4

Le couper/coller 13-8

D'autres commandes 13-9

Le paramétrage de vi 13-11

L'éditeur ed 13-12

L'éditeur emacs 13-16

Atelier 13 : L'éditeur vi 13-20

MODULE 14 : UNIX ET LES RÉSEAUX 14-1

UNIX et les réseaux 14-2

TCP/IP 14-4

Les commandes Internet 14-6

La connexion à distance (telnet) 14-8

Le transfert de fichiers (ftp) 14-9

Le courrier électronique (e-mail) 14-13

NFS 14-14

Samba 14-15

Les commandes remote 14-17

La commande ssh 14-19

X-Window 14-21

Annexe Linux 14-23

ANNEXES **15-1**

ANNEXE A : Panorama des commandes 15-2

ANNEXE B : Résumé des commandes 15-6

ANNEXE C : Le shell POSIX 15-19

ANNEXE D : Le shell bash 15-23

ANNEXE E : Solutions des exercices..15-35

RÉFÉRENCES INTERNET ET BIBLIOGRAPHIQUES **R-1**

1

- *1969 Ken Thompson et Dennis Ritchie d'ATT créent UNIX.*
- *Noyau et API en C, Système ouvert.*
- *Le shell.*
- *TCP/IP.*
- *POSIX, SVID, X/Open.*
- *Solaris, AIX, HP-UX, Linux.*

Introduction

Objectifs

Après l'étude du chapitre, le lecteur connaît les caractéristiques fondamentales du système et ses principales différences avec les autres systèmes d'exploitation.

UNIX est un système ouvert et non propriétaire construit autour de normalisations officielles ou de fait. Chaque normalisation définit une interface. Chaque interface donne une vision du système. Les différents niveaux sont présentés au lecteur : API en langage C, TCP/IP, Shell, les commandes, ainsi que les principaux systèmes : HP-UX, Solaris, AIX.

Contenu

Historique d'UNIX
Les caractéristiques d'UNIX
Multi-tâches - Multi-utilisateurs
Arborescence et système de fichiers
Noyau et processus
Le shell et les commandes
L'environnement C/C++
L'environnement TCP/IP
UNIX - un système normalisé
Les UNIX du marché
Atelier

Historique de UNIX

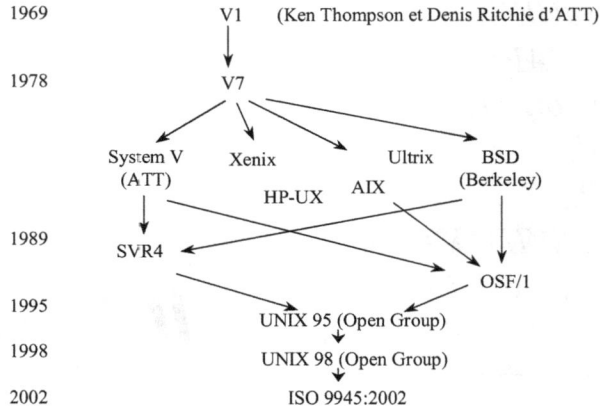

1969	V1	(Ken Thompson et Denis Ritchie d'ATT)
1978	V7	

```
1969        V1      (Ken Thompson et Denis Ritchie d'ATT)
             │
1978        V7
           ╱ │ ╲──────────╲
  System V  Xenix    Ultrix    BSD
   (ATT)         HP-UX  AIX   (Berkeley)
1989    SVR4 ←                    OSF/1
            ╲                  ↗
1995           UNIX 95 (Open Group)
1998           UNIX 98 (Open Group)
2002            ISO 9945:2002
```

Historique d'UNIX

Le tableau qui suit retrace les principaux événements de la vie du système d'exploitation UNIX. Les évolutions continuent. UNIX, aujourd'hui adulte, est un système qui reste jeune, tout comme le petit dernier de la famille, Linux.

1969	Naissance de la version 1 de UNIX, au sein des laboratoires Bell. Le système est développé sur un PDP 7, par Ken Thompson et Dennis Ritchie. AT&T n'a pas le droit de le commercialiser. Son utilisation reste limitée à l'enseignement et à la recherche.
1973	Dennis Ritchie conçoit le langage C. Ken Thompson utilise ce nouveau langage pour réécrire le système UNIX.
1977	UNIX est porté sur le système Interdata 8/32.
1978	La version 7 supporte le « swapping » et des fichiers de grande taille. Le compilateur C et le shell Bourne deviennent partie intégrante du système qui vise la portabilité maximum. ATT distribue gratuitement la version 7 qui est à l'origine de presque toutes les versions ultérieures d'UNIX.
1979-1988	On assiste, dans cette période, au développement concurrent du système UNIX BSD (« Berkeley System Development ») qui intègre la mémoire virtuelle, la pagination et les protocoles TCP/IP.
	Le système UNIX de AT&T évolue lui aussi. Dès 1983, AT&T adopte une démarche plus commerciale et propose UNIX System III puis System V. On obtient SVID (« System V Interface Definition ») en 1985, le standard proposé par AT&T et qui normalise les primitives du noyau de System V release 2.
	La convergence entre les deux systèmes se poursuit alors que des systèmes UNIX apparaissent sur le marché, équipant les ordinateurs des sociétés IBM (« AIX »), DEC (« ULTRIX ») , HP (« HP-UX ») ou des micro-ordinateurs (« XENIX »).

Des associations, dont beaucoup sont nouvelles, ont vu le jour pour contrer ATT. Elles font parallèlement la promotion de normes auxquelles se rattachent les systèmes UNIX des constructeurs. Ces propositions de standards sont souvent complémentaires et ne font souvent qu'ajouter des spécificités à un standard déjà existant.

L'association X/OPEN, nait en 1987 et propose un standard connu sous l'appelation XPG (« X/OPEN Portability Guide »). En 1988, l'OSF (« Open Software Foundation ») est créée, qui développera plus tard un système UNIX , baptisé OSF/1. l'IEEE développe un standard connu sous le nom de POSIX, et qui est ensuite repris par l'ISO. POSIX devient le synonyme de système ouvert, les principaux systèmes d'exploitation propriétaires s'y conforment : MPE d'HP, VMS de DEC, MVS d'IBM. Quand le système NT de Microsoft est créé, il est POSIX d'origine.

1989	AT&T propose UNIX System V release 4 (« SVR4 ») . Cette version est adoptée par de nombreux constructeurs (Sun, NCR, SGI, Siemens, ...), car elle intègre les spécificités des systèmes BSD. Ce sera l'ultime version créée par AT&T.
1995	L'Open Group, émanation de l'OSF et de X/Open, définit UNIX 95, qui intègre les principaux standards existants.
1998	L'Open Group définit UNIX 98, en fait l'appellation usuelle de « *Single UNIX specification, version 2* » ou encore « Spécification UNIX unifiée, version 2 ».
2002	L'ISO produit la norme ISO 9945:2002 qui résulte de l'approbation de la révision conjointe de POSIX et de la spécification UNIX unifiée version 3 de l'Open Group.

Historique de Linux

Linux est un système d'exploitation UNIX, gratuit et distribué sous licence GPL. C'est un étudiant à l'université d'Helsinki, Linus Torvald, qui annonça en août 1991 dans le « newsgroup » USENET « comp.os.minix » son projet de développer un système d'exploitation utilisant au mieux les fonctionnalités multi-tâches du processeur 386 d'INTEL, un passe-temps sans but commercial.

Linus Torvald voulait offrir un système performant aux utilisateurs d'un petit système UNIX de l'époque, Minix, écrit par Andy Tanenbaum. Linus Torvald le décrivait ainsi : « *better Minix than Minix* ».

La première version, la version 0.01 d'août 1991, était rudimentaire. Elle ne comportait que quelques sources et devait être compilée sous Minix.

Depuis, des centaines de développeurs, via Internet, ont aidé Linus Torvald. Un nouveau mode de développement est né !

Aucune organisation ne contrôle le développement. Une personne est responsable d'un projet et plusieurs autres participent à l'écriture du code.

C'est Linus Torvald qui est responsable du noyau Linux et c'est lui qui décide de la distribution des sources. Concrètement, chaque composant du noyau (pilote, système de fichiers, gestion de mémoire, …) est sous la responsabilité d'une personne, qui centralise à son tour les développements de centaines de programmeurs et les transmet à Linus Torvald, afin qu'il les intègre au noyau Linux.

Ce mode de travail est celui utilisé pour le développement de tous les utilitaires de Linux.

Linux est la propriété de Linus Torvald et des personnes qui ont contribué à son développement (torvald@transmeta.com) mais le code source aussi bien que le code binaire sont librement et gratuitement distribués selon les termes du GPL (*GNU Public Licence*) qui stipulent que tout acquéreur peut librement utiliser et même commercialiser le produit. Cependant, toutes les modifications du produit doivent à leur tour être librement et gratuitement disponibles pour la communauté internationale, ce qui garantit la perpétuité du logiciel libre de droits.

La convention de numérotation des versions de Linux est la suivante : x.y.z.

Dans cette convention, y est une valeur paire pour désigner une version stable, alors qu'une valeur impaire désigne une version en Bêta-test. Quant à z, il est incrémenté à chaque correction d'un « bug ».

En mars 2003, la version stable est la version 2.4.20. La version Bêta-test est donc la 2.5, et donnera naissance à la prochaine version stable qui sera la version 2.6.

Les caractéristiques d'UNIX

- **Multi-tâches et multi-utilisateurs.**
- **Arborescence et FS.**
- **Processus et noyau.**
- **Shell et commandes.**
- **Environnement C, C++.**
- **Environnement TCP/IP.**
- **Système ouvert.**

Introduction

Dans les années 1980, quand les fabricants de stations de travail et de serveurs (SUN, APOLLO,...), nouveaux acteurs du monde de l'informatique, ont eu à choisir un système d'exploitation pour les matériels qu'ils avaient conçus, leur choix s'est rapidement fixé sur UNIX. Ils n'avaient pas d'ailleurs d'autres possibilités; la micro informatique en était à ses balbutiements et les systèmes d'exploitation des micro ordinateurs trop élémentaires; les systèmes d'exploitation des mini ou des gros ordinateurs (« main frame ») étaient spécialisés pour les matériels qu'ils équipaient et, à supposer que les propriétaires (IBM, DEC,...) aient accepté de vendre la licence, faire ce choix eut été suicidaire pour ces sociétés naissantes.

Le choix du système UNIX a été techniquement possible pour plusieurs raisons:

- Il n'est pas la propriété d'une société d'informatique et il est portable.

- Il permet la connexion simultanée de plusieurs utilisateurs (multi-utilisateurs) et de décomposer une application en plusieurs tâches qui s'exécutent simultanément (multi-tâches).

- Le noyau est le coeur du système. Il est simple et fournit cependant tous les outils nécessaires à la construction d'applications complexes.

- Le langage de commandes (« shell ») est totalement indépendant du noyau et des commandes dont il permet l'exécution. L'environnement de travail d'un utilisateur peut être complètement redéfini.

- L'environnement standard de programmation du système UNIX est constitué des langages C et plus récemment C++.

- L'environnement réseau du système UNIX est construit depuis longtemps sur les protocoles du monde TCP/IP, devenus les standards de fait du monde informatique.

UNIX est encore aujourd'hui le plus représentatif des systèmes ouverts.

Multi-tâches - multi-utilisateurs

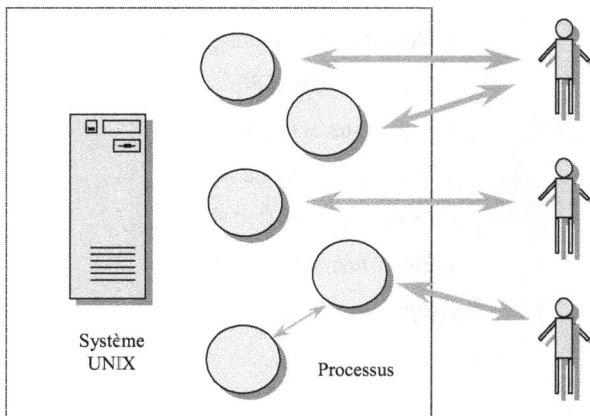

Introduction

UNIX autorise la connexion simultanée de plusieurs utilisateurs qui peuvent ensuite exécuter des commandes. Une commande est un programme fourni en standard avec UNIX pour permettre l'utilisation ou l'administration du système ou un programme spécifique (calcul scientifique, gestion, CAO, DAO,...). Un utilisateur se connecte à partir d'un terminal passif relié à l'ordinateur par une liaison physique, souvent de type série, propre à ce terminal ou à partir d'un poste de travail, souvent un micro ordinateur, connecté à la machine UNIX par l'intermédiaire d'un réseau.

L'exécution d'une commande donne naissance à une tâche, on dit aussi un processus. Une tâche est une entité dont le noyau contrôle la vie, de la naissance à la mort et qui exécute les instructions définies dans la commande.

Comme un utilisateur a le droit de demander l'exécution simultanée de plusieurs commandes ou qu'une tâche peut créer d'autres tâches, le système UNIX est multi-tâches. La mise en oeuvre de plusieurs tâches simultanées est souvent cachée aux utilisateurs. Elle est pourtant utilisée dans de nombreux logiciels qui utilisent ce concept pour optimiser des calculs, traiter plusieurs requêtes en même temps ou afficher simultanément des résultats dans plusieurs fenêtres graphiques.

Arborescence et système de fichiers

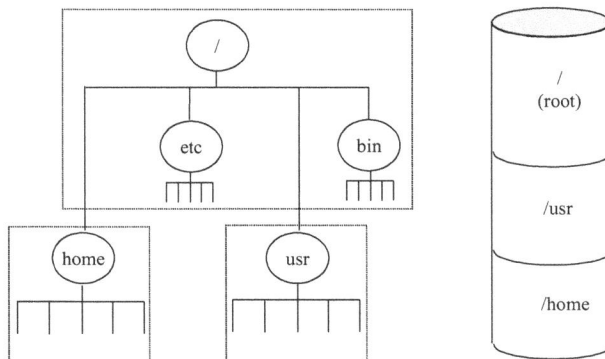

Introduction

La dénomination système de fichiers (« File System » ou son acronyme FS) a une double signification dans le système UNIX. Pour l'utilisateur, le système de fichiers est l'arborescence unique de tous les fichiers. L'expression d'un chemin est suffisante pour que le système d'exploitation identifie le disque sur lequel se trouve physiquement le fichier. Pour l'administrateur, un système de fichiers est aussi une structure d'accueil pour une arborescence, créée sur un disque. Un disque du système UNIX, s'il est utilisé pour stocker des fichiers, ne contient qu'un seul système de fichiers et par conséquent un seul arbre.

L'arborescence que les utilisateurs voient, résulte de l'unification des arborescences des disques du système UNIX. L'arbre d'un système de fichiers est attaché à un répertoire vide d'un autre système de fichiers. Cette opération est connue sous le nom de montage d'un système de fichiers (« mount »).

Remarque

L'administrateur est maître de l'organisation des disques du système UNIX. Il a la responsabilité de décider du nombre et de la taille des systèmes de fichiers. Il utilise souvent un disque et son système de fichiers pour limiter physiquement l'espace occupé par un logiciel ou un utilisateur.

Noyau et processus

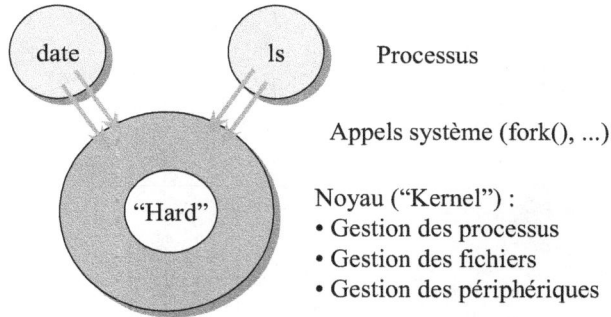

Processus

Appels système (fork(), ...)

Noyau ("Kernel") :
- Gestion des processus
- Gestion des fichiers
- Gestion des périphériques

Introduction

Le noyau (« Kernel ») est chargé du disque en mémoire RAM au démarrage de l'ordinateur (« boot »). Le noyau est un fichier qui peut s'exécuter de manière autonome (« standalone ») et dont le chemin d'accès est variable selon les systèmes UNIX (/unix, /stand/unix,...). Le noyau est reponsable de la gestion des ressources logiques (processus, fichiers,...) et physiques (processeur, périphériques, ...). Il offre aussi au programmeur un ensemble de fonctions qui permettent dans un programme C de faire appel aux services du noyau. On nomme ces fonctions appels système ou encore primitives.

Le noyau est responsable de la gestion des tâches, encore appelées processus. Le noyau crée une tâche pour exécuter une commande. Pour cela, il lui alloue les ressources nécessaires à son exécution, dont principalement la mémoire, jusqu'à sa terminaison où le noyau la détruit. Le processeur est partagé cycliquement, au cours du temps, de manière équitable entre les tâches connues du noyau. Ce principe est connu sous le nom de temps partagé (« time sharing »).

Remarque

La plupart des systèmes UNIX permettent de faire exécuter des tâches dans un mode temps réel. Le critère d'allocation du processeur est alors le niveau de priorité des tâches et il n'est plus partagé équitablement. Ce type de fonctionnement convient aux applications chargées de contrôler des procédés de fabrication industriels.

La gestion des fichiers concerne l'ouverture et la fermeture des fichiers, la lecture et l'écriture des données depuis ou vers les fichiers.

La gestion des périphériques est prise en charge par des pilotes de périphériques (« *device driver* »). Un pilote se dédie à la gestion d'une famille de périphériques (disques, bandes QIC, lecteurs DAT, liaisons série,...).

Il existe plusieurs familles de primitives. Chaque famille appartient à l'un des principaux standards du monde UNIX (POSIX, SVID, XPG,...). Toutes les primitives d'une même famille constitue ce que l'on appelle une API (« *Application Program*

Interface »). Les primitives permettent de programmer des demandes de services à tous les modules du noyau:

- Gestion des tâches: fork(), exec(), exit(),...

- Gestion des fichiers: open(), close(), read(), write(),...

- Paramétrage des périphériques: ioctl(),...

- Communication entre les tâches (« Inter Process Communication » ou son acronyme IPC) : msgsnd(), msgrcv(),...

Remarque

Les primitives sont décrites dans la section 2 du manuel de référence. Leur expression est identique, dans la forme, à celle d'une fonction du langage C. Il est donc nécessaire de connaître le langage C pour lire la documentation des primitives.

Le shell et les commandes

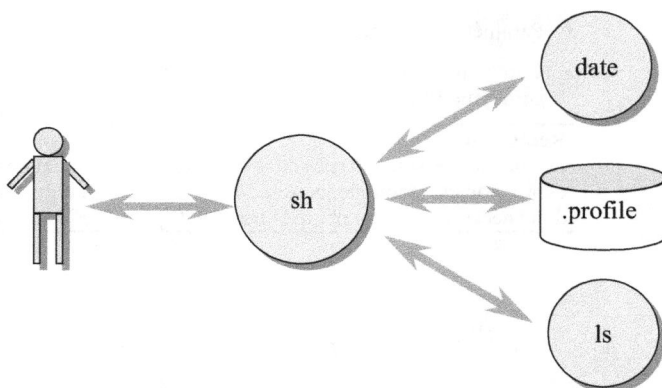

Introduction

Le terme « shell » est générique. Il désigne une commande, décrite dans la section 1 du manuel de référence, qui permet à un utilisateur qui s'est connecté au système UNIX de piloter sa session de travail. Le « shell » est un interpréteur de commandes qui invite l'utilisateur à saisir une commande et la fait ensuite exécuter.

Il existe plusieurs interpréteurs « shell » (cf. Le shell), shell Bourne, C shell, Korn shell et shell POSIX, qui diffèrent sensiblement dans leurs syntaxes mais possèdent à peu près les mêmes fonctionnalités..

Tous les shells peuvent cohabiter à l'intérieur d'un même système UNIX. L'administrateur fixe le shell initial de chaque utilisateur dans le fichier de définition des utilisateurs (/etc/passwd).

Lors d'une connexion, le shell exécute automatiquement un fichier de commandes qui appartient à l'utilisateur et qui réside dans son répertoire de connexion. Ce fichier permet à chacun de personnaliser sa session de travail.

Remarque

Le nom du fichier de commandes dépend du shell qui est associé à l'utilisateur:
.profile   Shell Bourne (**sh**), Korn shell(**ksh**) et shell POSIX (**sh**)
.login   C shell (**csh**)

L'utilisateur demande ensuite à exécuter des commandes. Deux cas de figure se présentent alors:

- La commande est interne au shell et son exécution ne génère pas la création d'une tâche.

- La commande est externe, définie dans la section 1 du manuel de référence, et le shell crée une tâche à laquelle il confie la charge d'exécuter la commande. C'est la cas de la plupart des commandes de manipulation de fichiers et des outils standards de UNIX.

Les commandes externes sont, en conséquence, totalement indépendantes du shell qui les exécute et changer de « shell » ne nécessite que l'apprentissage des particularités du nouvel interpréteur de commandes.

Bien que tous les shells précédents soient disponibles sur Linux, le shell par défaut est le shell bash (« *Bourne Again Shell* »). Son fichier de démarrage est *.bash_profile*. S'il est absent et que le fichier *.profile* existe, c'est lui qui est exécuté. Le shell bash, comme tous les produits libres, peut être installé sur tout système Unix.

L'environnement C/C++

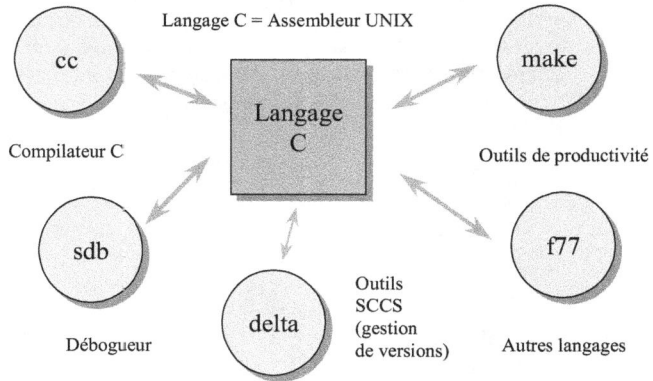

Langage C = Assembleur UNIX

cc

Langage
C

make

Compilateur C

sdb

Outils de productivité

f77

Outils
SCCS
(gestion
de versions)

Débogueur

delta

Autres langages

Introduction

Les créateurs du système UNIX ont très vite défini un langage de programmation qui leur permet de programmer une partie du noyau et les commandes externes sans avoir à utiliser le langage assembleur des processeurs sur lesquels le système UNIX s'exécutait. le langage C était né. Langage compilé, donc portable, doté des fonctionnalités nécessaires à la programmation de systèmes d'exploitation, le langage C s'est rapidement imposé comme le langage de programmation du monde UNIX. Il est même devenu l'outil utilisé par les organismes de normalisation pour décrire l'interface de programmation du noyau UNIX et de nombreux autres systèmes.

la commande **cc** désigne le compilateur C des systèmes unix. Le nom du compilateur C++, forme objet du langage C, n'est pas normalisé. Les créateurs du langage C ont conçu toute une gamme d'outils pour favoriser et optimiser la production de programmes dans un environnement UNIX. Ces outils performants sont trop souvent méconnus des développeurs d'application qui, à défaut de disposer d'un atelier de production de logiciels, n'utilisent que l'éditeur de texte **vi** et le compilateur **cc**.

Commande	Description
cc	Compilateur C.
f77	Compilateur FORTRAN.
sdb	Débogueur symbolique
delta	Une des commandes du « package » **sccs** qui permet de gérer des bases de données logicielles.
make	Une des commandes du « package » **sccs** qui permet de fabriquer des applications exécutables.

L'environnement TCP/IP

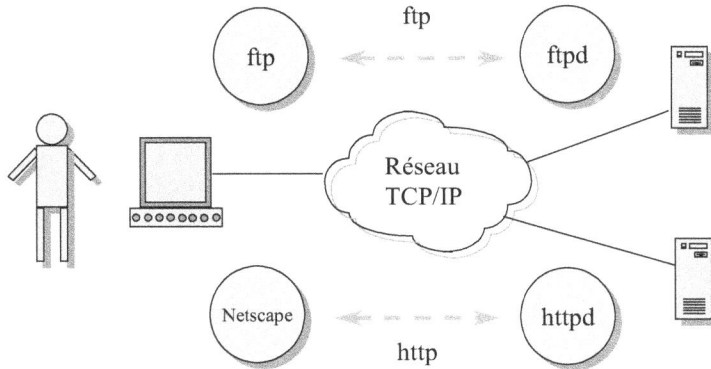

Introduction

Le réseau INTERNET s'est imposé comme standard d'interconnexion des ordinateurs du monde entier. Les protocoles qui sont à la base du réseau INTERNET sont depuis longtemps disponibles dans les systèmes UNIX qui sont souvent les serveurs de données que consultent les « internautes » qui surfent sur le «Web ».

Le réseau est bâti autour des protocoles TCP/IP qui assurent le transport (TCP) et l'acheminement (IP) des informations à travers le réseau. Les applications développées au dessus de TCP/IP s'exécutent selon le modèle client/serveur. Un programme client (ftp, Netscape) adresse une requête à un programme serveur qui s'exécute sur la machine UNIX. Le serveur retourne les informations au client qui les a demandées. Les programmes de service du système UNIX sont habituellement qualifiés de démon, du grec « daemon », qui signifie démon et aussi ange gardien. Ce terme a été introduit par Mick Bailey en 1960 au MIT. La lettre **d** est souvent accolée au nom de l'application à laquelle le démon est associé pour nommer le programme serveur.

Quelques services TCP/IP

Commande	Description
telnet	L'émulation d'un terminal de type texte.
telnetd in.telnetd	Le démon telnet
ftp	Application de transfert de fichiers (« File Transfer Protocol »).
ftpd in.ftpd	Le démon **ftp**.
httpd	Le démon **http** (« Hypertext Transfer Protocol »)

UNIX - un système normalisé

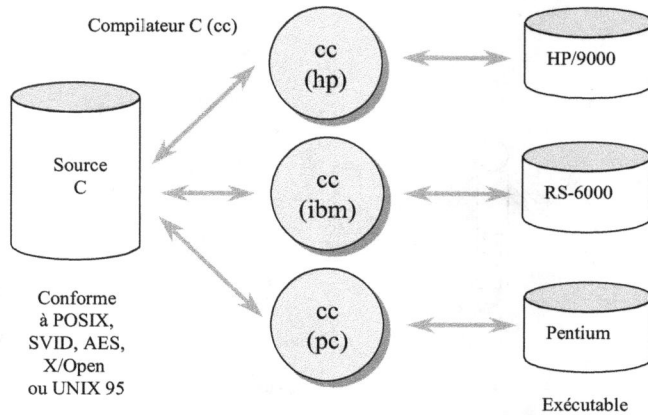

Compilateur C (cc)

cc (hp) ⟷ HP/9000

Source C

cc (ibm) ⟷ RS-6000

Conforme à POSIX, SVID, AES, X/Open ou UNIX 95

cc (pc) ⟷ Pentium

Exécutable

TSOFT - UNIX Utilisateur

Introduction

Le système UNIX est un système qui n'est pas la propriété d'un fabricant d'ordinateurs, comme le sont les systèmes VMS de Digital Equipment Corporation (« DEC ») ou MVS de la société IBM.On dit du système UNIX qu'il n'est pas propriétaire. Il a été conçu pour être indépendant d'une architecture matérielle particulière. Les commandes et les fonctions du système sont décrites dans des normes définies par des organismes qui se sont créés au fil des années, agrégats de fabricants de matériels ou d'éditeurs de logiciels qui avaient souvent comme but d'imposer leur conception du système UNIX. Pour assurer la transparence des fonctions du noyau vis à vis du matériel, les normes les ont exprimées en utilisant la syntaxe du langage C. L'ensemble des fonctions du noyau défini dans une norme, qu'on appelle encore des primitives, constitue une **API** (« Application Program Interface »).

Il est important, pour les programmeurs, de connaître les intersections et les différences qui existent entre les principales API et de suivre les évolutions. La portabilité des programmes qu'ils écrivent en dépend.

Si un programme utilise les primitives des API les plus communes du monde UNIX, une simple compilation suffit alors à produire le code exécutable pour un système UNIX particulier.

Organisation	Norme	Domaine d'application
Berkeley	4.3 BSD	Multi-tâches, temps réel
	Sockets BSD	Réseaux
AT&T	SVID	Multi-tâches, temps réel
X/OPEN	XPG3, XPG4	Multi-tâches, temps réel, commandes
Consortium X	X11	Interface graphique
OSF	Motif	Interface graphique
	AES	Multi-tâches, temps réel

IEEE	POSIX.1	Multi-tâches
	POSIX.2	Shell et commandes
	POSIX.4	Temps réel
Open Group	UNIX 95	Multi-tâches, temps réel, réseaux
	UNIX 98	Multi-threading. Support pour les gros fichiers…
ISO	ISO 9945 :2002	Fusion POSIX et Open Group

Les systèmes UNIX du marché

- AIX (IBM et Bull).
- HP-UX (HP).
- IRIX (SGI).
- Mac OS X (Apple)
- Open UNIX (SCO/Caldera).
- Solaris (Sun).
- TRU64 (HP)
- FreeBSD, OpenBSD, NetBSD
- LINUX
  RedHat, Mandrake, DEBIAN,SuSe, Slackware,
  Open Linux,TurboLinux, Conectiva, easyLinux,
  Lindows, Yellow Dog, …

Introduction

Il n'existe pas un, mais des systèmes UNIX. Si le fond est commun à la plupart d'entre eux, la forme change suivant qu'il se rattache à la filière BSD ou AT&T ou selon les choix spécifiques de la société qui l'a implémenté. Les différences portent aussi bien sur le noyau que sur des aspects externes. Les noyaux intègrent la gestion du ou des processeurs et plus généralement l'architecture matérielle. Les différences externes sont principalement liées à l'arborescence de fichiers et à certains aspects de l'administration. Il n'existe pas de règles absolues qui dictent les choix réalisés dans les systèmes UNIX. L'historique des sociétés et les choix initiaux de UNIX BSD ou AT&T sont souvent déterminants pour expliquer la forme de tel ou tel système.

L'existence d'outils intégrés d'administration, propres, il est vrai, à chaque système, gomme souvent les différences de forme. L'administrateur navigue dans des menus et répond à des questions.

L'architecture matérielle des stations et des serveurs, l'image des constructeurs dans le monde informatique, la montée en puissance des micro-ordinateurs jouent également un rôle important dans les choix opérés par les sociétés qui s'orientent vers des solutions UNIX.

Le cas de Linux est atypique. C'est un logicel libre dont la montée en puissance est régulière, même si elle n'est pas aussi importante qu'on aurait pu le penser. On assiste cependant à une forte progression de l'utilisation des logiciels libres.

Atelier 1 : Introduction

Objectifs :

▪ **Mémoriser les principales caractéristiques du système UNIX.**

▪ **Connaître les acteurs du monde UNIX.**

Durée :

▪ **10 minutes.**

Exercice n°1

Quelles sont les trois principales caractéristiques du système UNIX ?

Exercice n°2

Qu'est-ce qu'un système ouvert ?

Exercice n°3

Citez les fonctions essentielles d'un noyau UNIX .

Exercice n°4

Quel est le rôle du shell ?

Exercice n°5

Citez les noms des principaux systèmes UNIX du marché.

- *Login :*
  Password :
  $ who
  $ exit
- *session et shell*
- *date, cal, uname*
- *man cal*

2

Une session

Objectifs

Après l'étude du chapitre, le lecteur sait se connecter à un système UNIX, exécuter des commandes et se déconnecter.

L'utilisateur exécute aussi quelques commandes élémentaires pour appréhender la syntaxe des commandes et le fonctionnement du shell.

Le chapitre explique également comment utiliser la documentation en ligne.

Contenu

Comment se connecter
Une session
Quelques commandes
Utilisation du clavier
La documentation
Atelier

Comment se connecter

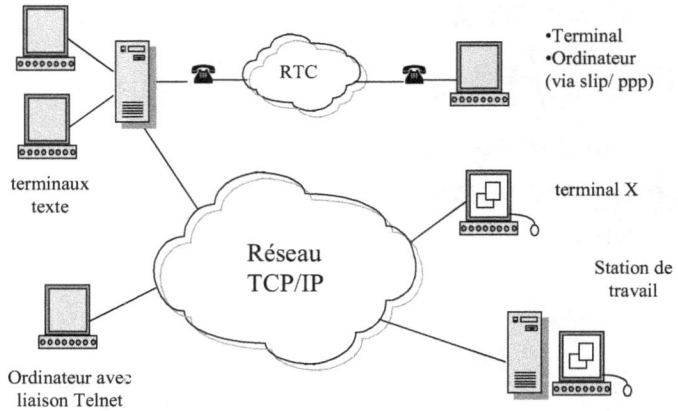

Introduction

Pour se connecter à un ordinateur fonctionnant avec le système UNIX, il faut un terminal et une liaison physique qui le relie au serveur UNIX.

La liaison peut être une liaison filaire, souvent de type série, qui relie directement le terminal à l'ordinateur avec une procédure de commande asynchrone pour piloter la liaison. Le terminal est un terminal de type texte (**vt220** ,...). Le terminal de type texte est habituellement un micro-ordinateur qui *émule* un terminal.

Aujourd'hui, la connexion à un serveur de données ou d'applications sous UNIX se fait de plus en plus souvent à travers le réseau TCP/IP. Des protocoles supplémentaires (**ppp** ou **slip**) sont nécessaires dans le cas d'une liaison qui utilise le réseau commuté téléphonique (**RTC**).

Les deux principaux cas de figure que l'on rencontre alors sont celui du poste client qui établit une liaison avec le serveur UNIX via, par exemple, une liaison **telnet** ou de la station graphique UNIX (ou terminal X) qui donne accès à l'environnement graphique du monde UNIX. Si le premier cas est souvent celui des applications de gestion, le second est fréquemment celui des applications de calcul, de conception ou de dessin assisté par ordinateur.

La connexion en mode texte

Le client telnet　　　　　　**Le terminal**

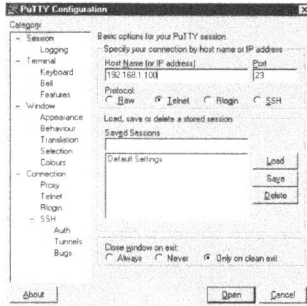 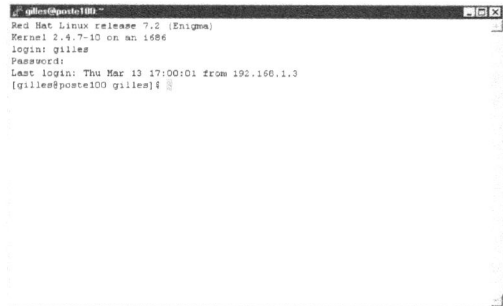

Introduction

Pour se connecter en mode texte à un système UNIX distant, la solution la plus répandue est d'utiliser, sur l'ordinateur à partir duquel on se connecte, le logiciel telnet client.

Il suffit de saisir l'adresse IP ou le nom du serveur UNIX pour établir une connexion. Si la liaison est établie, le client telnet affiche un terminal et vous demande le nom de l'utilisateur et le mot de passe. L'utilisateur peut ensuite travailler, en mode commande, comme il le ferait à partir d'un terminal texte connecté physiquement au serveur UNIX.

Les paramètres de la connexion et les éléments de configuration du client peuvent être mémorisés dans des sessions réutilisables ultérieurement. Outre l'identification du serveur, le choix du mode d'émulation du terminal est l'élément le plus important de la configuration. Il consiste à choisir le terminal dont le client telnet doit simuler le comportement.

La richesse du paramétrage varie énormément selon les clients telnet. Le système Windows propose, en standard, un client telnet d'une extrême pauvreté. L'outil proposé ci-dessus, **putty.exe**, est un logiciel libre qui propose un nombre assez important de choix. C'est également un client ssh, plus sécurisé que telnet (*cf. Module 14 : Utilisation d'UNIX en réseau*). L'autre solution consiste pour l'utilisateur à acquérir un logiciel qui propose un ensemble d'applications TCP/IP, dont telnet.

Le logiciel telnet serveur n'est pas systématiquement installé sur un système Linux. Il est alors préférable de se connecter en utilisant ssh qui l'est tout le temps.

Le mode graphique avec le bureau CDE

La mire de connexion de CDE

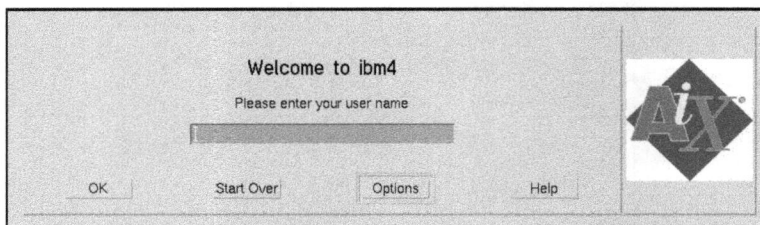

Welcome to ibm4

Please enter your user name

| OK | Start Over | Options | Help |

Introduction

La connexion à un serveur UNIX en mode graphique est possible quand on se connecte à partir d'un terminal X ou si l'on dispose d'un logiciel d'émulation X sur le système client à partir duquel on se connecte.

Les produits d'émulation de terminal X les plus connus sont Reflection X et Exceed. Outre l'émulation X, ils offrent de nombreuses autres fonctionnalités.

Une fois la connexion réalisée, l'utilisateur voit s'afficher un bureau. Le bureau CDE est le bureau traditionnel des systèmes UNIX. De même que le bureau de Windows, son utilisation est intuitive et conviviale.

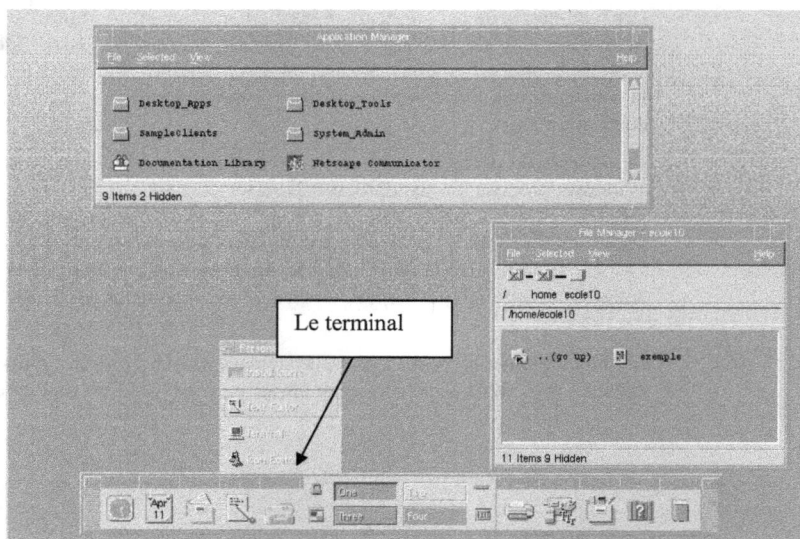

Le terminal

L'écran qui suit montre le bureau CDE et l'accès à la fenêtre terminal qu'il faut activer pour pouvoir passer des commandes.

Les bureaux libres Gnome et KDE sont disponibles, en standard, dans Linux. Le choix du bureau est personnel, surtout guidé par le « look and feel » qu'ils inspirent. En effet, les applications graphiques qui sont associées à un bureau peuvent être utilisées même si l'on a fait le choix de l'autre bureau. Le bureau KDE est assez proche de CDE et rappelle peut-être plus le bureau de Windows.

Il faut noter que le bureau Gnome est un logiciel GNU et qu'il fonctionne sur d'autres systèmes que Linux, par exemple Solaris.

L'écran qui suit est une image du bureau KDE.

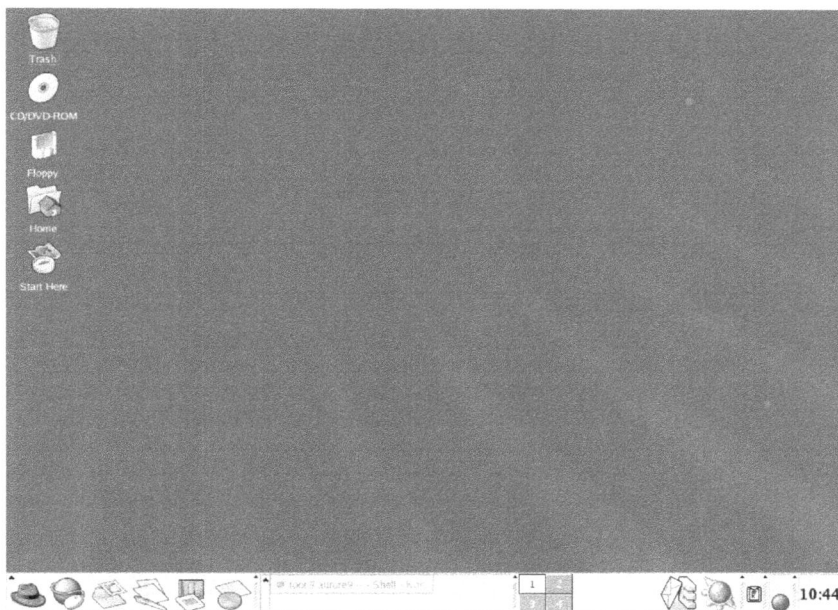

Une session

Introduction

Quelque soit la manière de se connecter à un serveur UNIX, l'utilisateur est finalement invité à se faire reconnaître du système. En réponse à la demande « login: », il saisit son nom de connexion (« login name ») et un mot de passe qui va permettre au système de l'authentifier et d'initialiser une session de travail. Si l'opération réussit, l'interpréteur de commandes « shell » qui lui est alors associé affiche une invite (« prompt ») pour signifier à l'utilisateur qu'il attend la saisie d'une commande. Le prompt, **$** par défaut, est modifiable par l'utilisateur (*cf. module 6*).

La session de travail consiste en l'exécution d'une suite de commandes. L'utilisateur saisit le texte d'une commande à la suite de l'invite du shell et en déclenche l'exécution en appuyant sur la touche « Entrée ». Quand la commande est achevée, le shell affiche à nouveau l'invite, dans l'attente d'une nouvelle commmande. Il en va ainsi jusqu'à la saisie de la commande **exit** qui met fin à la session.

Remarque
L'utilisateur qui travaille dans un environnement graphique ferme le terminal graphique quand il frappe la commande **exit**, mais ne se déconnecte pas. Pour mettre fin à la session de travail, il doit cliquer sur un icône spécifique de déconnexion.

Les commandes du système UNIX qui n'ont pas pour but d'afficher des textes sur l'écran du terminal ne donnent, en général, pas de compte rendu en cas d'exécution réussie et un diagnostic très succinct en cas d'échec. Il arrive fréquemment aux utilisateurs néophytes de ne pas y prêter attention et de croire à tort que l'opération s'est bien déroulée. Ceci peut être lourd de conséquences pour des sauvergardes que l'on pense avoir effectuées alors qu'elles ne l'ont pas été.

Quelques commandes

- date   Affiche la date et l'heure.

- who   Affiche la liste des utilisateurs connectés.

- who am i   Qui-suis-je ?

- cal   Affiche un calendrier.

- uname   Affiche le nom et les caractéristiques du système.

- passwd   Modifie son mot de passe.

Introduction

Les commandes du système UNIX sont nombreuses et variées. Celles qui sont présentées ici, à défaut d'être fondamentales, sont utiles et permettent de se familiariser avec le monde des commandes UNIX . Au delà de l'utilisation quotidienne d'une commande, on découvre grâce à la documentation, une richesse de possibilités qu'il est parfois utile de savoir exploiter; à condition d'être curieux(se).

Les arguments de la commande **date** permettent d'afficher l'heure ou la date sous la fome spécifique que souhaite l'utilisateur.

La commande **uname** permet, grâce à ses options, d'obtenir des informations sur le système d'exploitation: son nom, la version, le nombre d'utilisateurs autorisés par la licence.

La commande **id** affiche l'identification système d'un utilisateur UNIX, notamment son UID (« User IDentification ») (*cf. Module 5 : Les droits*).

Exemples

$ uname
Linux

$ uname -a
Linux aurore9.societe.com 2.4.18-14 #1 Wed Sep 4 13:35:50 EDT 2002 i686 i686 i386 GNU/Linux

$ date
Fri May 9 15:14:47 GMT-0100 1997

$ who
root   tty2   May 9 15:15
gilles   tty1   May 9 15:09

$ who am i
gilles   tty1   May 9 15:09

$ id
uid=502(gilles) gid=100(users) groupes=100(users)

$ date
Fri May 9 15:16:37 GMT-0100 1997

$ date "+Au troisieme top, il sera %H : %M : %S"
Au troisieme top, il sera 15 : 20 : 26

$ cal 8 1953
```
    August 1953
 S  M Tu  W Th  F  S
                   1
 2  3  4 5  6   7 8
 9 10 11 12 13 14 15
16 17 18 19 20 21 22
23 24 25 26 27 28 29
30 31
```

$ passwd
Old password :
New password :
Reenter password :
$

Remarques

- Le système UNIX fait la distinction entre les minuscules et les majuscules.
  $DATE
  sh: DATE: command not found

- Un message d'erreur est affiché si la commande n'existe pas.
  $whp
  sh: whp: command not found

Utilisation du clavier

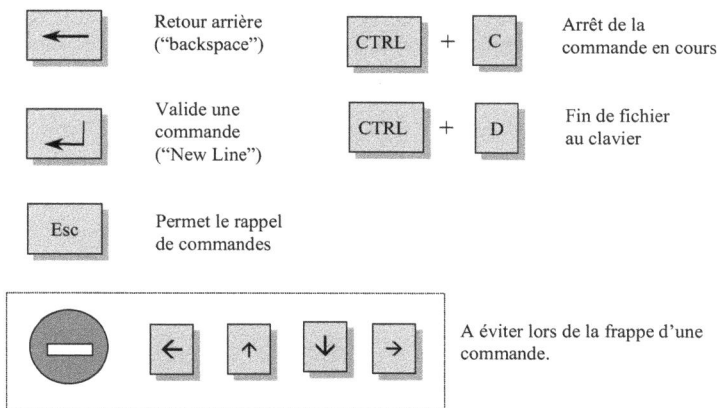

<table>
<tr>
<td>← Retour arrière ("backspace")</td>
<td>CTRL + C Arrêt de la commande en cours</td>
</tr>
<tr>
<td>↵ Valide une commande ("New Line")</td>
<td>CTRL + D Fin de fichier au clavier</td>
</tr>
<tr>
<td>Esc Permet le rappel de commandes</td>
<td></td>
</tr>
<tr>
<td>⊖ ← ↑ ↓ →</td>
<td>A éviter lors de la frappe d'une commande.</td>
</tr>
</table>

Introduction

L'utilisation du clavier d'un terminal est assez classique.

- La touche « Entrée » valide une ligne de commande.

- La touche « Retour arrière » permet d'effacer le dernier caractère saisi.

- La combinaison des touches Ctrl et C, que l'on note aussi ^C, arrête la commande en cours d'exécution.

- La combinaison des touches Ctrl et D ou ^D met fin à la saisie de données dans les commandes telles que **write** ou **mail,** qui obligent l'utilisateur à saisir du texte. Cette combinaison peut aussi, dans certains cas, être équivalente à la commande **exit** qui termine le shell.

Remarque
Lors de la frappe d'une commande, il faut éviter l'usage des flèches de directions. Elles génèrent des caractères de contrôle invisibles à l'écran, mais qui sont pris en compte dans l'orthographe des arguments.

La touche « Esc » ou « Echap » permet, si cela a été demandé, d'activer le rappel de commandes en Korn shell et en shell POSIX. Il convient ensuite d'utiliser les commandes de l'éditeur de textes **vi** pour remonter dans l'historique. Les touches de déplacement gauche, droite, haut et bas sont malheureusement le plus souvent inopérantes.

Le shell bash utilise le mode emacs pour gérer l'historique des commandes et les touches de déplacement fonctionnent pour s'y déplacer. Le mode vi existe aussi en shell bash.

Remarque

Les combinaisons de touches Ctrl et un caractère sont des paramètres de la liaison et ne sont pas des constantes du système. Il est possible que leurs valeurs soient différentes de celles qui sont citées dans les exemples, mais c'est rarement le cas. Il existe d'autres combinaisons, moins significatives, telles que Ctrl et Z pour suspendre l'exécution de la commande en cours (C shell, Korn shell et shell POSIX uniquement) ou Ctrl et U pour effacer toute la ligne de commande en cours de saisie.

La documentation

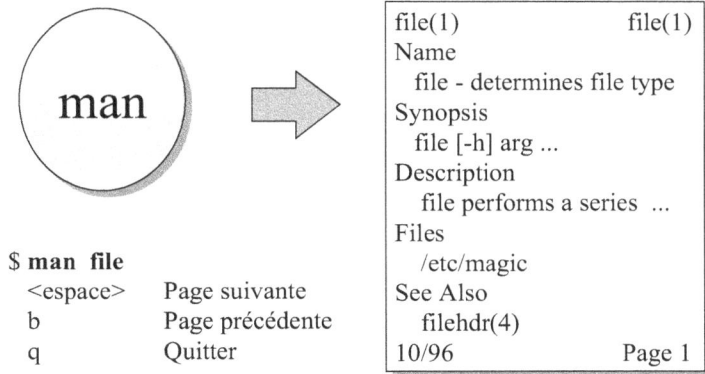

<table>
<tr>
<td>

man

</td>
<td>

file(1)   file(1)
Name
   file - determines file type
Synopsis
   file [-h] arg ...
Description
   file performs a series ...
Files
   /etc/magic
See Also
   filehdr(4)
10/96   Page 1

</td>
</tr>
</table>

$ man file

<espace>	Page suivante
b	Page précédente
q	Quitter

La documentation standard

La documentation du système UNIX est volumineuse. Elle décrit tous les aspects du système et offre, pour chacun d'eux, deux approches complémentaires: le manuel de référence et le guide. Le manuel de référence d'un thème est associé à une section qui s'identifie par un nombre. Le manuel de référence de l'utilisateur (« User reference manual ») qui décrit toutes les commandes de base du système, celles qui se trouvent dans le répertoire /usr/bin, correspond à la section 1 et les commandes y sont classées par ordre alphabétique. Le guide fournit des explications et des exemples d'utilisation des commandes complexes. Les principaux guides sont:

- Le guide de l'utilisateur (« User's guide »).

- Le guide de l'administrateur (« Administrator's guide »).

- Le guide du programmeur (« Programmer's guide »).

L'accès aux guides est possible via un navigateur, sur les sites Internet des éditeurs des systèmes UNIX ou, localement, si la totalité de la documentation est disponible.

Les manuels de référence sont rangés par section. A l'intérieur d'une section, les chapitres sont classés par ordre alphabétique. Les manuels de référence sont accessibles en mode graphique mais aussi en mode texte. C'est la source principale de documentation des utilisateurs avertis.

L'utilisateur n'est normalement concerné que par la section des commandes, la section 1. La connaissance de la numérotation des sections est cependant utile, ne serait-ce que pour reconnaître si la documentation affichée est bien celle d'une commande.

Il existe deux grandes familles pour la numérotation des sections : AT&T et BSD. Le tableau qui suit présente les principales sections :

Thème de la section	System V	BSD (Linux)
• Le manuel de référence de l'utilisateur	1	1
• Le manuel de référence de l'administrateur	1m	8
• Le manuel de référence du programmeur		
les primitives du noyau	2	2
Les fonctions des blibliothèques standard	3	3
• Le format des fichiers de configuration	4	5
• Informations diverses	5	7
• Les jeux	6	6
• Les fichiers spéciaux (périphériques)	7	4

La commande **man** permet d'obtenir, en mode texte, le manuel de référence d'un chapitre, c'est à dire d'une commande quand cela concerne la section 1. Les principales formes d'utilisation de la commande sont les suivantes :

- man commande
  pour visualiser le manuel de la commande

- man N°section chapitre
  ou
  man –s N°Section chapitre
  pour visualiser le chapitre de la section dont on précise le numéro. C'est nécessaire quand le chapitre existe, sous le même nom, dans plusieurs sections. L'option –s est obligatoire dans certains systèmes. La commande **man man** permet de le savoir.

- man –f chapitre
  pour afficher le résumé du chapitre pour toutes les sections où il existe.

- man –k mot_clé
  pour afficher les résumés de tous les chapitres qui contiennent le mot clé.

- man –a chapitre pour afficher le manuel complet du chapitre de toutes les sections où il existe.

Exemples

La page de manuel de la commande **file** se présente comme suit :

file(1)   file(1)

NAME
        file - determine file type

SYNOPSIS
        file [-h] [-m mfile] [-f ffile] arg ...

        file [-h] [-m mfile] -f ffile

        file -c [-m mfile]

DESCRIPTION
file performs a series of test on each file supplied by arg, and optionnally, on each file supplied in ffile in an attempt to classify it. If arg appears to be a text file, file examines the first 512 bytes and tries to guess its programming language. If is an executable a.out, file print version stamp, provided it is greater than 0. If arg is a symbolic link, by default the link is followed and file test the file that the symbolic link references.

-c   Check the magic file for format errors. For reasons of efficiency, this validation is normally not carried out.

-f ffile   ffile contains the names of the files to be examined.

-h   Do not follow symbolic links.

-m mfile Use mfile as an alternate magic file, instead of /etc/magic.
          files uses /etc/magic to identify files that have a magic number. A magic number is a numeric or string constant that indicates the file type. Commentary at the beginning of /etc/magic explains its format.

FILES

/etc/magic

SEE ALSO

filehdr(4) in the System Administrator's Reference Manual.

DIAGNOSTICS

if the -h option is specified and arg is a symbolic link, file prints the error
          message: symbolic link to arg

En haut de la page, le chiffre qui suit le mot clé permet de vérifier que l'on consulte la documentation de la bonne section. Les rubriques qu'il est indispensable de connaître sont :

- **Name** qui décrit en quelques mots l'objet de la documentation.
- **Synopsis** qui présente la syntaxe d'une commande ou d'une fonction.
- **Description** qui donne la description précise du fonctionnement de la commande et de chacune des options.

Les principales rubriques qui permettent d'approfondir la connaissance d'une commande sont:

- **Files** qui fournit la liste des fichiers de configuration ou de données que la commande va mettre en oeuvre.
- **See Also** qui renvoie à des éléments connexes de la documentation
- **Return Values** qui renseigne, pour certaines commandes, les codes de retour d'exécution, informations utiles pour programmer des scripts « shell ».

Standards Conformance, rubrique présente dans de nombreux systèmes UNIX, qui indique la conformité aux standards.

Exécution de la commande man

$ **man file**   # le manuel de la commande file

$ **man passwd**   # le manuel de la commande passwd

$ **man 4 passwd** # le manuel du format du fichier /etc/passwd des utilisateurs

$ **man –s 4 passwd** # la même chose sur un système Solaris

$ **man -k copy**   # la liste des mots clés où la rubrique « *Name* » contient copy

La commande **man** fait appel à la commande **more** pour afficher le manuel (*cf. Module 8 : Les filtres*). Nous mentionnons ici les quatre touches nécessaires à la navigation dans le manuel :

- <espace>   Avancer d'une page.
- <Entrée>   Avancer d'une ligne.

- b   Reculer d'une page.
- q   Terminer la commande **man**.

Il suffit d'appuyer sur la touche « b » pour reculer d'une page. Il n'est pas nécessaire de valider.

Les autres sources de documentation

En sus de la documentation de base, Internet est une source quasi inépuisable d'informations. La difficulté réside d'ailleurs souvent dans la sélection des plus intéressantes à exploiter.

Les HOWTO

Citons principalement les HOWTO qui décrivent comment installer et utiliser un service. Ils concernent, il est vrai, des utilisateurs avertis.

Ils ne se limitent pas au système Linux. La plupart des éditeurs en publient.

Les FAQs

Les FAQs (« *Frequently Asked Questions* ») sont aussi un moyen intéressant d'obtenir des informations sur un sujet et la manière de résoudre un problème. Les FAQs sont généralement les réponses trouvées par celui qui a résolu un problème à un débutant.

Annexe Linux

Les composants du bureau KDE

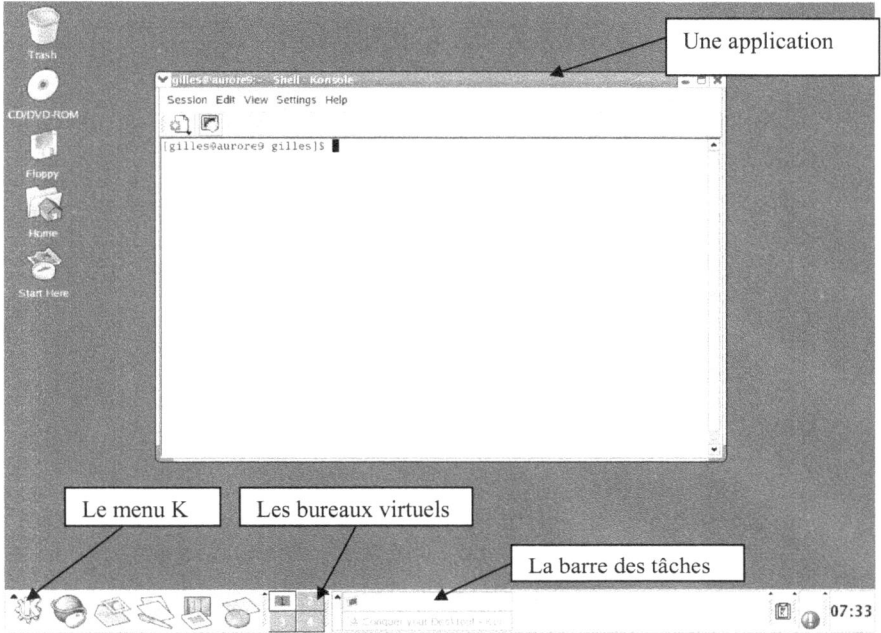

Le bureau KDE a deux composants principaux : le panneau que l'on appelle le tableau de bord, généralement situé en bas de l'écran, et le reste de l'écran qui constitue le bureau proprement dit.

Le tableau de bord

Le tableau de bord est lui-même composé de plusieurs catégories d'éléments :

- Le bouton K est le plus important car c'est le lanceur d'applications. Il est l'équivalent du bouton « démarrer » de Windows. En cliquant sur l'onglet, on accède à toutes les applications de KDE, via un ensemble de menus.

- Les bureaux virtuels sont le moyen de répartir les nombreuses fenêtres des applications actives dans des espaces distincts. Par défaut, il existe quatre bureaux. C'est normalement le bureau un qui est activé au démarrage de KDE. Il suffit de cliquer sur l'icône d'un bureau pour l'activer. Ce que l'on voit au-dessus du tableau de bord est le bureau virtuel sélectionné.

- La liste des tâches actives. Elle comprend toutes les applications activées dans l'ensemble des bureaux. Pour restaurer la fenêtre d'une application, il suffit de cliquer sur la tâche qui nous intéresse. Cela provoque le changement de bureau si nécessaire.

- Les icônes sont associées à différents types de composants :
  - Les boutons qui sont liés à des applications. Un clic sur le bouton démarre l'exécution de l'application.
  - Les applets sont des applications qui s'affichent directement dans le tableau de bord.
  - Les boutons spéciaux sont associés à des menus. Le clic sur l'onglet fait apparaître le menu.

- Les extensions qui permettent d'avoir des tableaux de bord supplémentaires (les fils du tableau principal) et des barres de tâches supplémentaires.

Le bureau KDE

On y trouve des icônes associées à des fichiers, des dossiers et des raccourcis vers des applications. Dans le bureau qui est présenté on voit la corbeille, le lecteur de CD/DVD-ROM, le lecteur de disquette, le <Dossier personnel> correspondant au répertoire de connexion de l'utilisateur et un lanceur d'application baptisé <Démarrer ici> qui est une variante du « Menu K ».

L'utilisateur peut ajouter sur le bureau les fichiers et les répertoires les plus fréquemment utilisés ainsi que de nouveaux raccourcis vers des applications.

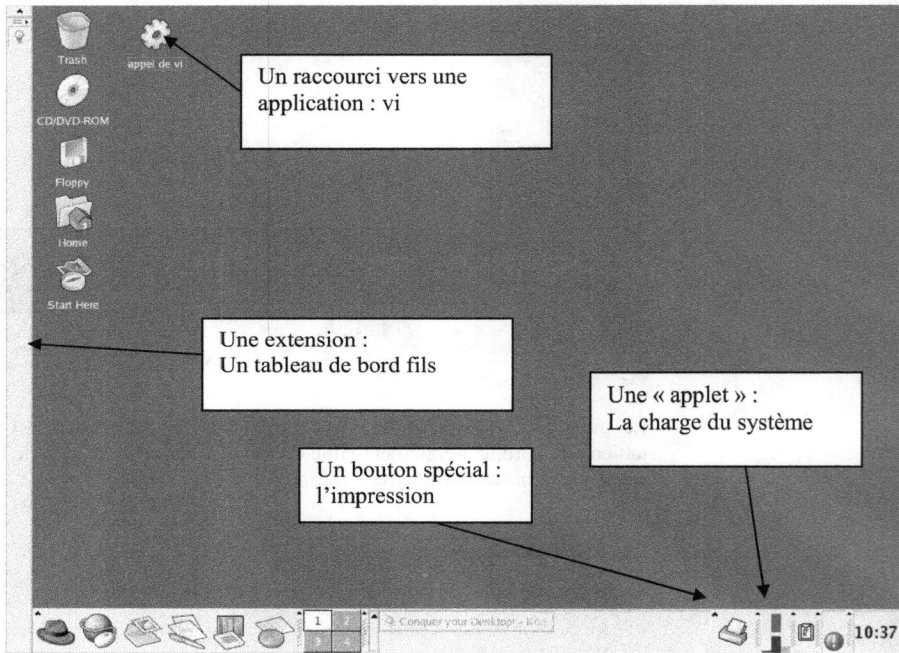

Remarque
Le bouton droit de la souris déclenche, comme dans tous les bureaux, un menu contextuel qui permet d'atteindre rapidement une fonctionnalité qui serait par ailleurs toujours accessible par une navigation traditionnelle. C'est une fonctionnalité à utiliser sans modération.

Démarrer une application

Il y a plusieurs façons de démarrer une application :

- Utiliser les icônes du bureau.

- Sélectionner l'application dans l'un des menus accessibles par le menu K. La navigation mentionnée dans les annexes Linux peut varier selon les distributions.

- Utiliser le menu « Exécuter une commande » accessible depuis le menu K.

- Exécuter la commande à partir d'une fenêtre terminal.

Quelques applications significatives de KDE

Les applications fournies avec le bureau KDE sont très nombreuses. Il faut d'ailleurs noter que ce sont des clients X (*cf. Module 14 : Utilisation d'UNIX en réseau*) et qu'à ce titre on peut aussi exécuter à partir de KDE des applications du bureau GNOME, tout comme des utilisateurs du bureau GNOME peuvent exécuter des applications KDE. La liste qui suit, loin d'être exhaustive, ne fait que mentionner quelques applications significatives.

kedit	Un éditeur de texte.
kwrite, kate	Des traitements de texte.
kcalc	Une calculatrice.
kpaint	Un outil pour dessiner.
kview	Un visualiseur d'images.
ksnapshot	Un outil pour capturer des écrans.
korganizer	Un outil de type agenda.
kmail	Un gestionnaire de courriers.
konqueror	Un gestionnaire de fichiers et un navigateur Web.
khelpcenter	L'aide en ligne.
kghostview	Un visualiseur de documents Postscript ou PDF.
kfind	Un outil de recherche de fichiers.
kpackage	Un gestionnaire de paquetages (« *package* »).
kdat	Un gestionnaire de sauvegarde.
khexedit	Un outil d'affichage de fichiers en hexadécimal.
kdevelop	Un outil de développement intégré pour les programmeurs C et C++.

Exécuter une commande UNIX depuis KDE

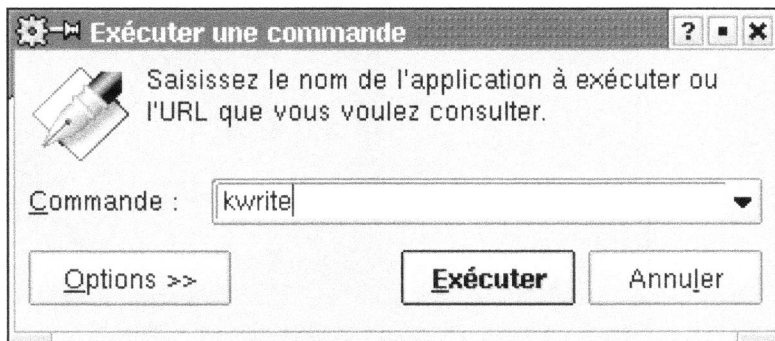

Chemin : Menu K – Exécuter une commande
Raccourci clavier : Touches <ALT> < F2>

Le terminal de KDE

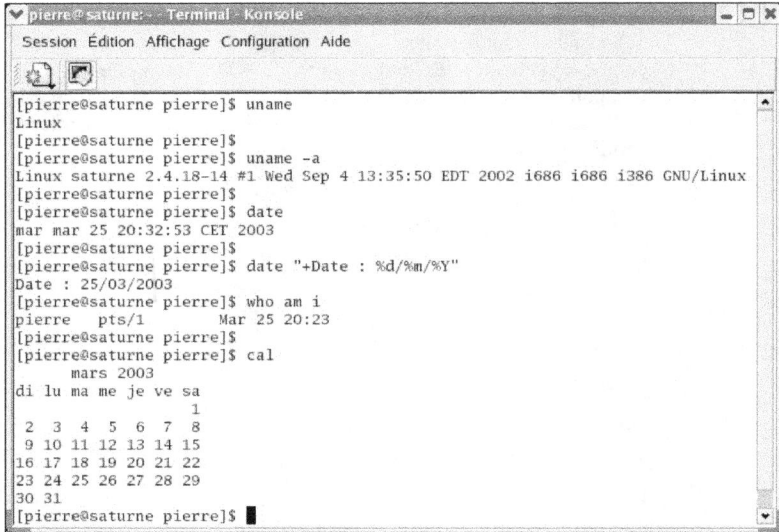

```
pierre@saturne: - Terminal - Konsole                                    _ □ ✕
Session  Édition  Affichage  Configuration  Aide

[pierre@saturne pierre]$ uname
Linux
[pierre@saturne pierre]$
[pierre@saturne pierre]$ uname -a
Linux saturne 2.4.18-14 #1 Wed Sep 4 13:35:50 EDT 2002 i686 i686 i386 GNU/Linux
[pierre@saturne pierre]$
[pierre@saturne pierre]$ date
mar mar 25 20:32:53 CET 2003
[pierre@saturne pierre]$
[pierre@saturne pierre]$ date "+Date : %d/%m/%Y"
Date : 25/03/2003
[pierre@saturne pierre]$ who am i
pierre    pts/1        Mar 25 20:23
[pierre@saturne pierre]$
[pierre@saturne pierre]$ cal
      mars 2003
di lu ma me je ve sa
                  1
 2  3  4  5  6  7  8
 9 10 11 12 13 14 15
16 17 18 19 20 21 22
23 24 25 26 27 28 29
30 31
[pierre@saturne pierre]$ █
```

Chemin : Menu K – Outils système - Terminal

Configuration du bureau

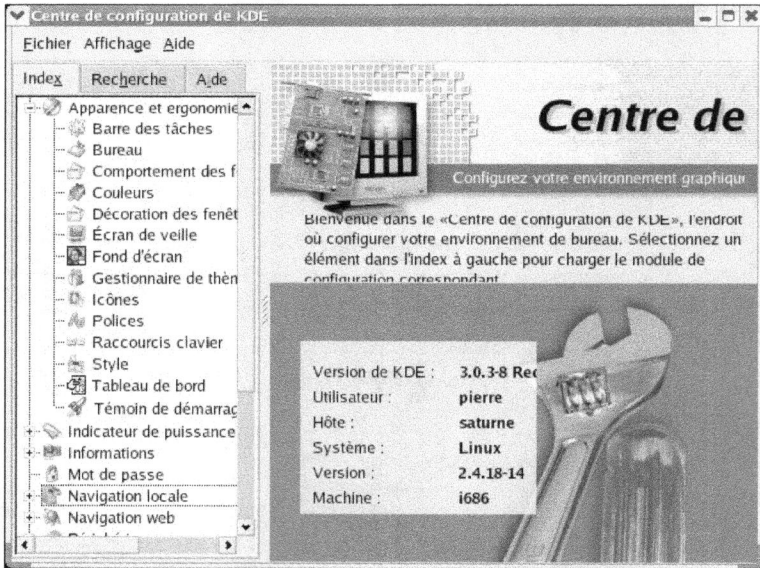

```
Centre de configuration de KDE                                         _ □ ✕
Fichier  Affichage  Aide

Index    Recherche    Aide

☐ Apparence et ergonomie                          Centre de
   Barre des tâches
   Bureau                          Configurez votre environnement graphique
   Comportement des f
   Couleurs                        Bienvenue dans le «Centre de configuration de KDE», l'endroit
   Décoration des fenêt            où configurer votre environnement de bureau. Sélectionnez un
   Écran de veille                 élément dans l'index à gauche pour charger le module de
   Fond d'écran                    configuration correspondant.
   Gestionnaire de thèn
   Icônes
   Polices                         Version de KDE :    3.0.3-8 Red
   Raccourcis clavier              Utilisateur :       pierre
   Style                           Hôte :              saturne
   Tableau de bord                 Système :           Linux
   Témoin de démarra               Version :           2.4.18-14
 Indicateur de puissance          Machine :           i686
 Informations
   Mot de passe
 Navigation locale
 Navigation web
```

Chemin : Menu K – Centre de configuration de KDE

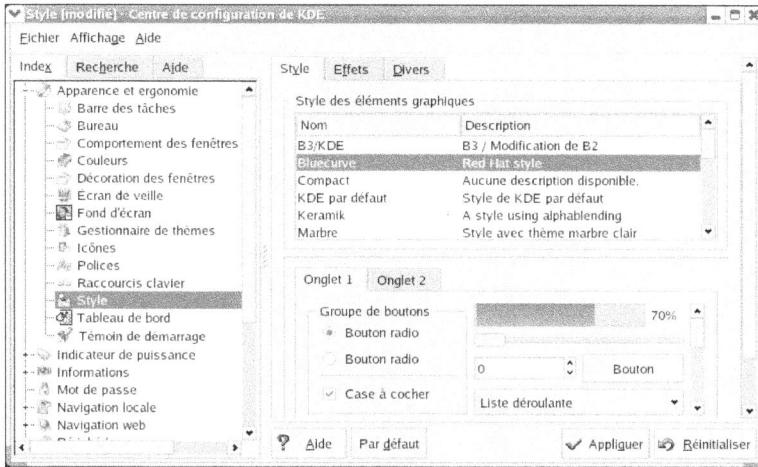

A titre d'exemple : Apparence et ergonomie. Cliquer ensuite sur l'élément à configurer.

Configurer l'apparence du tableau de bord

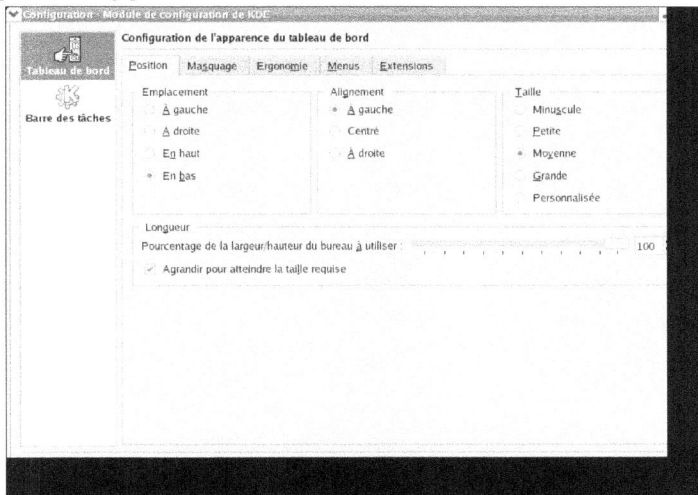

Clic droit sur une zone vide du tableau de bord - Configuration

Ajouter une application dans le bureau

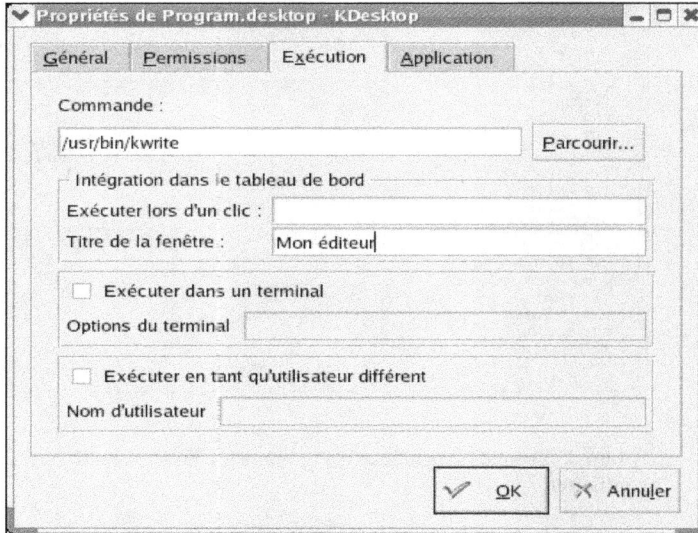

Clic droit dans une zone vide du bureau – Nouveau – Lien vers une application, dans l'onglet Général, saisir le titre de l'application, puis dans l'onglet Exécution, saisir le chemin du programme exécutable ou utiliser le bouton Parcourir

Ajouter une application au menu K

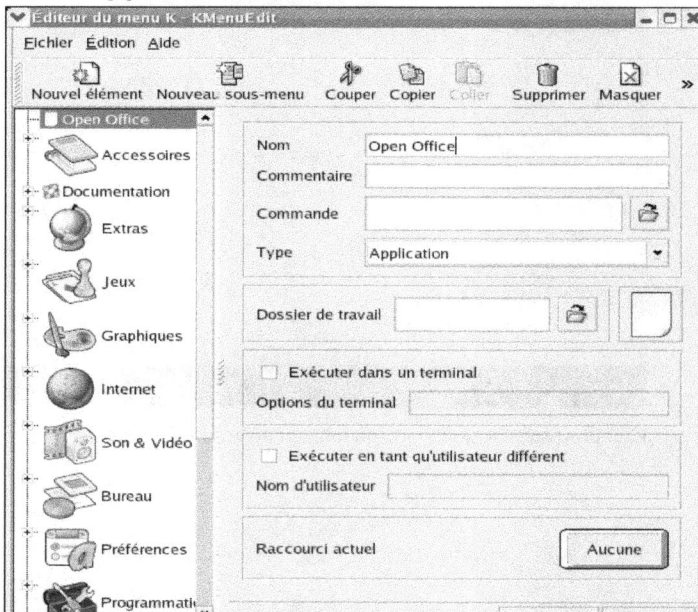

Clic droit sur bouton Menu K - onglet Nouvel élément ou sélectionner au préalable un des menus affichés puis onglet nouveau sous-menu. Entrer ensuite le nom de l'application et le chemin de l'exécutable ou utiliser le bouton Parcourir.

Ajouter une application ou un menu au tableau de bord

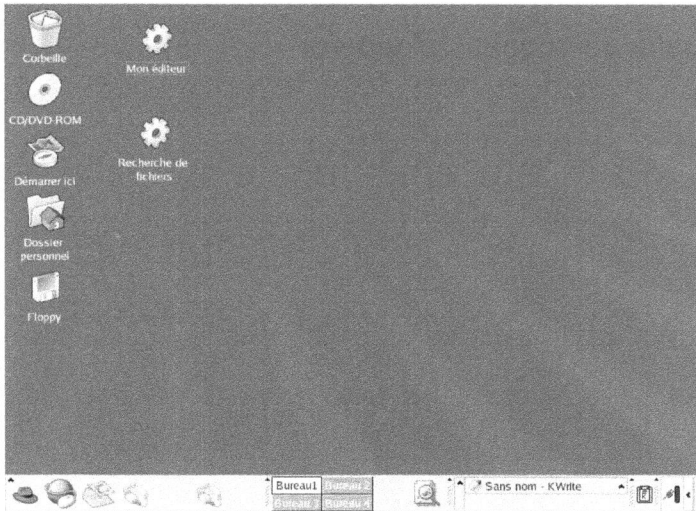

Ajouter un bouton au tableau de bord : clic droit sur une zone vide du tableau de bord – Ajouter – Bouton, puis clic sur l'application ou sur « Ajouter ce menu » pour ajouter toutes les applications.
Supprimer un bouton du tableau de bord : clic droit – Supprimer.

Modifier le nombre de bureaux virtuels

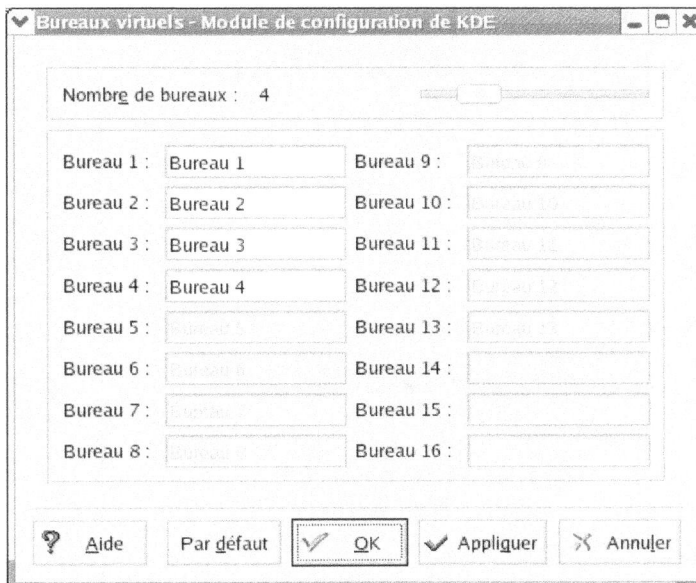

Clic droit dans la zone des bureaux du tableau de bord - Configuration
Augmenter ou diminuer le nombre de bureaux : utiliser le curseur en haut de la fenêtre.
On peut renommer directement un bureau. Pour changer le bureau d'une application ou la fixer sur tous les bureaux : clic gauche sur la flèche située dans l'angle en haut à

gauche de la fenêtre, puis clic sur <vers le bureau> ou positionner le curseur de la souris sur la tâche dans la barre des tâches et cliquer sur le bouton droit.

Dossier personnel - konqueror

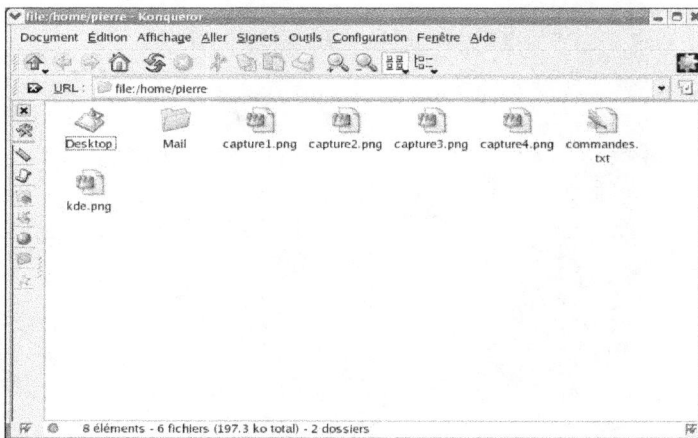

Chemin : Menu K – Dossier personnel
Konqueror est un navigateur Web qui sert aussi de gestionnaire de fichiers pour KDE. Il est aussi accessible depuis les icônes « Dossier personnel » et « Démarrer ici » du bureau.

Changer son mot de passe sous KDE

Chemin : Menu K – Préférences – Mot de passe

L'aide en ligne KDE

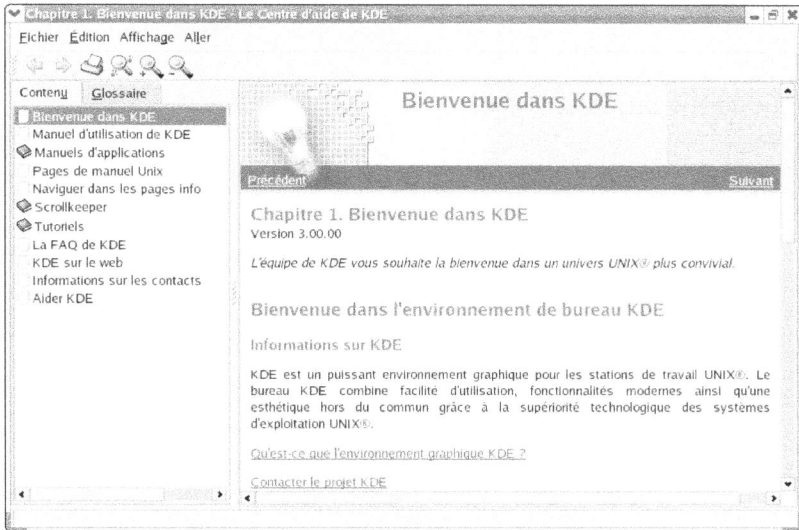

Chemin : Menu K - Aide
L'aide en ligne : les pages « man » UNIX, les FAQ de KDE, le guide de KDE

Les pages « man » UNIX

Chemin : Menu K – Aide – Pages de manuel UNIX

Atelier 2 : Une session

Objectifs :

■ **Pouvoir exécuter une session sur un serveur UNIX.**

■ **Connaître les informations élémentaires sur le système.**

■ **Savoir utiliser la commande man.**

Durée :

■ **15 minutes.**

Exercice n°1

Affichez le calendrier de l'année 1997.

Exercice n°2

Affichez le calendrier du mois de Septembre 1752, et utilisez la commande man pour avoir des explications sur la sortie.

Exercice n°3

Affichez la date avec le format jj-mm-aa (Exemple : 07-07-97).

Exercice n°4

La commande « touch » existe, que fait-elle ?

Exercice n°5

Affichez le nom d'hôte (nom réseau) , le numéro de « Release » et le numéro de version de votre machine UNIX.

Exercice n°6

Affichez les noms de login des utilisateurs connectés ainsi que leur nombre.

Exercice n°7

Retrouvez le format du fichier /etc/passwd (fichier de définition des utilisateurs) en partant du mot-clé password.

Exercice n°8

Avant de passer au module suivant, exécutez une déconnexion, suivie d'une connexion.

Exercice n°9

Essayez chacune des commandes présentées dans le chapitre « Quelques commandes » (**date**, **who**, **whoami**, **id**, **cal**, **uname** et **passwd**).

Exercice n°10

Exécutez la commande **cal**. Saisissez à nouveau la commande en majuscules. Que constatez-vous ?

3

Les fichiers et les répertoires

Objectifs

Après l'étude du chapitre, le lecteur connaît l'arborescence standard des fichiers du système UNIX, sait écrire les deux formes de chemin d'accès à un fichier et lire les attributs des fichiers. L'utilisateur maîtrise les commandes de base du système.

Il existe des outils graphiques qui facilitent l'utilisation du système UNIX. Ils sont propres à chaque implémentation du système et ne permettent pas d'ignorer l'architecture du système de fichiers et les commandes fondamentales.

Contenu

L'arborescence des fichiers
Les chemins
Les attributs des fichiers
La syntaxe d'une ligne de commande
Les commandes de gestion de fichiers
La commande **ls**
Copier, détruire, renommer un fichier
La commande **cat**
La commande **file**
Les commandes de gestion de répertoires
La commande **cd**
Création et suppression de répertoires
Copie et suppression d'arborescence
Atelier

L'arborescence des fichiers

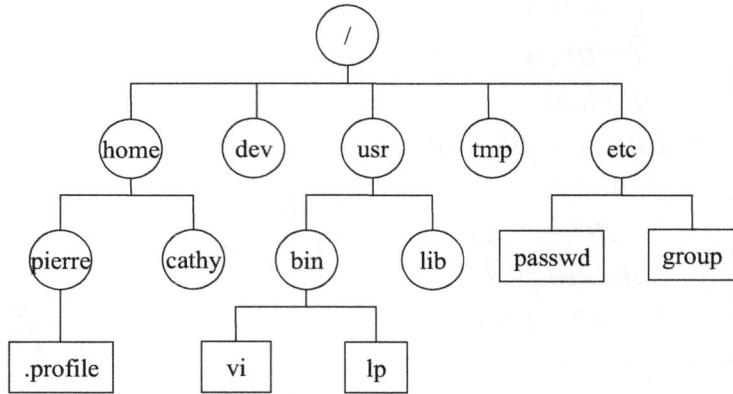

Introduction

L'organisation hiérarchique des fichiers du système UNIX est un arbre où chaque nom désigne un fichier. Cette architecture, également utilisée dans les systèmes d'exploitation MS-DOS et WINDOWS, permet une gestion à la fois simple et efficace des fichiers de données et des programmes.

UNIX divise les fichiers en trois catégories:

- Les répertoires contiennent d'autres fichiers. Ils rassemblent souvent les fichiers d'une application, d'un utilisateur ou d'un service du système UNIX. Pour faciliter le travail de l'administrateur, les fichiers d'un même ensemble sont souvent répartis dans au moins deux répertoires. Le premier contient les fichiers, souvent les commandes, dont le contenu est invariant. Dans le second, on range les fichiers qui changent en permanence, principalement les fichiers de données.

- Les fichiers spéciaux, du répertoire dev (« device »), désignent les périphériques. Ils ne contiennent pas de données. Comme ils sont stockés dans l'arborescence, l'expression du nom d'un périphérique n'est pas différente, dans la forme, de celle d'un fichier de données (*cf. les chemins*).

Remarque

Il existe d'autres formes de fichiers spéciaux. les liens symboliques sont étudiés dans le module 11. Les autres, sockets et tubes nommés, sont utiles pour la communication, et sont présentés dans le support *UNIX Administration* et développés dans le support *UNIX programmation système*.

- Les fichiers ordinaires, on dit aussi réguliers (« regular file »), rassemblent tous les autres fichiers. Cette catégorie contient les fichiers de données et les programmes, que leurs contenus soient du texte ou du binaire.

Remarque

Le type du contenu d'un fichier n'est pas un critère distinctif pour le système de gestion de fichiers de UNIX. La mémorisation du type du contenu est à la charge des commandes. Les utilisateurs exécutent ensuite la commande **file** pour le visualiser.

L'arborescence des fichiers est unique et les utilisateurs n'ont normalement pas à connaître sa répartition sur les disques de l'ordinateur, tâche qui incombe à l'administrateur. Le nombre de niveaux où elle s'étend en largeur et en profondeur n'a pas de limite théorique. Un répertoire peut contenir autant de répertoires que l'on veut.

Dans la pratique, l'arborescence évolue assez peu. Elle est créée à l'installation du système et seul l'administrateur peut en modifier la structure. Il le réalise souvent indirectement en installant un nouveau logiciel.

Chaque utilisateur possède un répertoire, dit de connexion (« home directory »), où il peut agir en toute liberté et y créer sa propre arborescence. La facilité d'opérer des copies, des destructions et des sauvegardes de fichiers dépend en grande partie de son organisation.

L'arborescence standard est très complexe et comporte plusieurs milliers de fichiers. La connaissance d'un nombre minimum de répertoires, parmi les principaux, est suffisante pour avoir une compréhension globale de son organisation:

/opt/	Contient les progiciels et les applications spécifiques.
/usr/bin/	Contient les commandes de base du système.
/usr/local/bin/	Contient les commandes créées localement.
/usr/contib/bin/	Contient les commandes du domaine public.
/usr/sbin/	Contient les commandes d'administration du système.
/sbin/	Contient les commandes de démarrage et d'arrêt du système.
/etc/	Contient les fichiers de données pour l'administration et la configuration du système.
/etc/passwd	Contient la liste et la description des utilisateurs.
/etc/group	Contient la liste des groupes d'utilisateurs.
/usr/lib/	Contient les bibliothèques de sous-programmes.
/usr/share/man/	Contient les manuels de référence (l'aide en ligne).
/tmp/	Le répertoire tmp est utilisé par des commandes pour créer des fichiers de travail. Leur destruction n'est pas automatique mais ils peuvent être supprimés *à n'importe quel moment.*
/dev/	Contient les noms des périphériques.
/var/mail/	Contient les boîtes aux lettres des utilisateurs.
/stand/unix	Ce fichier, qu'on appelle le noyau (« kernel »), est l'image exécutable du système UNIX. C'est lui qui est chargé en mémoire, au démarrage du système.
/home/pierre/	C'est le répertoire de connexion de l'utilisateur pierre.

Remarques

- L'arborescence peut varier suivant les systèmes UNIX.
- Contrairement au système MSDOS, il n'y a pas, sous UNIX, de volumes A :, B :, C :, ... Par exemple le CD-ROM est atteint par le répertoire /cdrom.

Connaître les disques du système UNIX

Bien que les utilisateurs n'aient pas à connaître les disques d'un système UNIX, il peut être intéressant d'obtenir la répartition de l'arborescence sur ces disques pour savoir la place qui reste disponible sur chacun d'eux ou l'existence de systèmes de fichiers réseau comme NFS ou Samba (*cf. Module 14 : Utilisation d'UNIX en réseau*).

A titre d'illustration, nous donnons un exemple d'exécution des commandes **mount** et **df**. La commande **df** donne des informations sur la place libre et occupée et la commande **mount** sur les paramètres du montage. Nous renvoyons sinon le lecteur aux ouvrages *UNIX Administration* et *Linux Administration* des mêmes auteurs.

Exemples

La présentation de la sortie des commandes varie légèrement d'un système à un autre. Afin de ne présenter qu'un seul type d'exemple pour illustrer un comportement UNIX, les exemples qui suivent sont des exemples Linux.

$ df

Système de fichiers	1K-blocs	Utilisé	Disponible	U.%	Monté sur
/dev/hda3	2482556	1741656	614792	74%	/
/dev/hda2	54447	5271	46365	11%	/boot
/dev/hdd6	199085	4900	183905	3%	/home

…

L'exemple nous montre que le répertoire */home* est en fait sur le disque /dev/hdd6. Un disque ne peut être associé qu'à un seul répertoire et réciproquement.

$ mount
```
/dev/hda3 on / type ext3 (rw)
 /dev/hda2 on /boot type ext2 (rw)
 /dev/hdd6 on /home type ext3 (rw,usrquota)
```
…

L'exemple nous indique, comme dans **df**, l'association des disques aux répertoires, le type du système de fichiers et les paramètres de montage. Le système de fichiers /home est monté en lecture et en écriture et l'administrateur a installé des quotas par utilisateur.

Les chemins (1/2)

■ **Les chemins relatifs (au répertoire courant)**

mot/mot/mot/...

Un mot représente :

.	**Le répertoire courant.**
..	**Le répertoire père.**
nom	**Le nom d'un sous-réperoire.**

■ **Les chemins complets ou absolus**

/mot/mot/mot/...

Introduction

Le *chemin* d'accès à un fichier est l'expression, dans la ligne de commande, de l'itinéraire à emprunter pour l'atteindre.

A l'exception des commandes internes du shell, les commandes sont des fichiers. Pour les exécuter, le shell a besoin de les localiser dans l'arborescence. Les commandes agissent de manière identique pour les fichiers de données qui leur sont fournis en argument. Il existe deux types de chemin d'accès:

- Le chemin d'accès complet ou absolu décrit l'itinéraire à emprunter depuis la racine de l'arborescence jusqu'au fichier. */etc/group* est le chemin d'accès absolu au fichier group du répertoire *etc* situé sous la racine /. Le caractère « / », placé en tête d'un chemin, est la marque distinctive d'un chemin absolu. Il désigne la racine de l'arbre. Les autres symboles « / » servent à séparer les noms des répertoires.

Remarque
Les interpréteurs C shell, Korn shell et shell POSIX utilisent le caractère « ~ » pour désigner le répertoire de connexion des utilisateurs. Si pierre est connecté, ~/f1 est synonyme de /home/pierre/f1 et ~cathy/f1 de /home/cathy/f1.
La variable HOME désigne également le répertoire de connexion d'un utilisateur.

- Le chemin d'accès relatif décrit l'itinéraire à emprunter depuis le répertoire de travail courant. Si le fichier à atteindre est situé sous le répertoire de travail, l'utilisateur doit mentionner le chemin à parcourir pour atteindre le fichier. Le symbole « . » désigne le répertoire courant et le symbole « .. » son père. Leurs valeurs changent automatiquement selon de répertoire de travail. Le symbole « .. » permet, dans des chemins relatifs, de remonter dans l'arbre (*cf. Les chemins 2/2*).

Remarque
On dispose toujours d'un répertoire de travail. C'est d'abord son répertoire de connexion, puis celui sélectionné par la commande cd. Le chapitre *shell* montre comment afficher le répertoire de travail dans l'invite (« prompt ») de commande.

Les chemins (2/2)

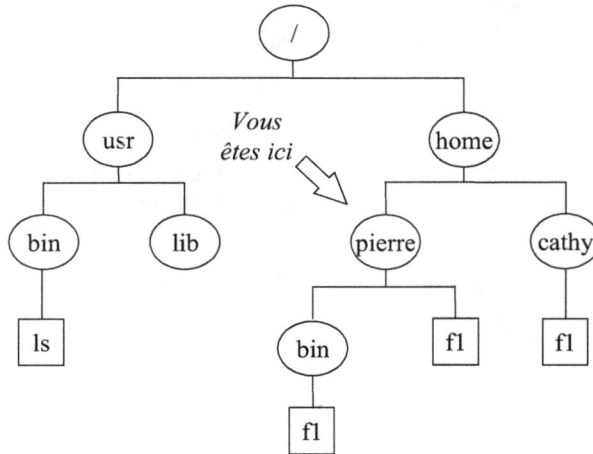

L'arborescence simplifiée qui est présentée va nous permettre de conforter notre compréhension à travers des exemples de chemins absolus et relatifs.

Exemples de chemins absolus

/home/pierre/f1 est le chemin d'accès absolu au fichier f1 situé dans le répertoire de connexion de pierre.

/usr/bin/ls est le chemin d'accès absolu à la commande **ls** du répertoire des commandes /usr/bin.

Exemples de chemins relatifs

Le répertoire de travail « . » est le répertoire */home/pierre*.

Chemin relatif	Chemin absolu équivalent
f1	/home/pierre/f1
./f1	/home/pierre/f1
bin/f1	/home/pierre/bin/f1
../cathy/f1	/home/cathy/f1

Le répertoire de travail « . » est le répertoire */home/pierre/bin*.

Chemin relatif	Chemin absolu équivalent
f1	/home/pierre/bin/f1
../f1	/home/pierre/f1
../../cathy/f1	/home/cathy/f1

Les attributs des fichiers

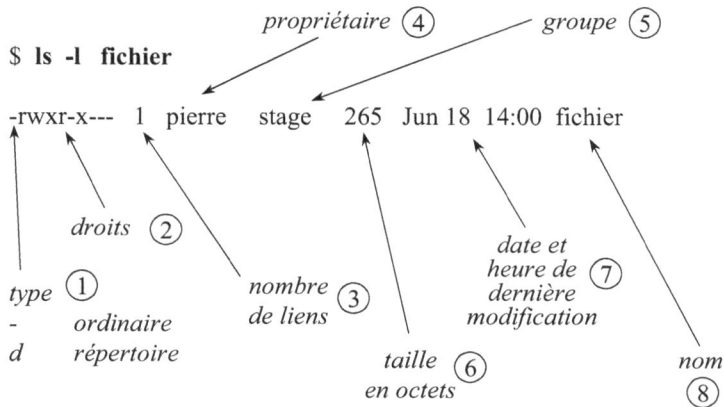

propriétaire ④   groupe ⑤

$ **ls -l fichier**

-rwxr-x--- 1 pierre   stage   265 Jun 18 14:00 fichier

droits ②

date et
heure de ⑦
dernière
modification

type ①   nombre ③
-      ordinaire   de liens
d   répertoire

taille ⑥   nom
en octets   ⑧

Introduction

Les principaux attributs des fichiers peuvent être visualisés en exécutant la commande **ls** avec l'option **-l** qui veut dire « long ».

1. Le premier champ, d'un seul caractère, indique le type du fichier. Les symboles les plus couramment rencontrés sont les suivants:

   - -   pour les fichiers ordinaires (réguliers).
   - d   pour les répertoires (« directory »).
   - c   pour les fichiers spéciaux associés à des périphériques qui traitent des caractères, comme les liaisons série.
   - b   pour les fichiers spéciaux associés à des périphériques qui traitent des blocs, comme les disques.
   - l   pour les liens symboliques (*cf. Module 11*).

2. Le deuxième champ, de neuf caractères, indique les droits (*cf. Module 5*).

3. Le troisième champ, indique le nombre de liens, dits matériels, du fichier. Le module 11 « les liens » explique complètement ce concept. On peut simplement noter que, sous UNIX, le terme de lien est synonyme de nom de fichier.

4. Le quatrième champ nomme le propriétaire du fichier. Le propriétaire désigne, sauf exception, l'utilisateur qui l'a créé.

5. Le cinquième champ indique le groupe d'utilisateurs associé au fichier. C'est généralement le groupe dont est membre le propriétaire du fichier à sa création.

6. Le sixième champ indique la taille en octet du fichier, ou les caractéristiques majeur et mineur d'un périphérique (*cf. cours UNIX Administrateur*).

7. Le septième champ indique la date de dernière modification du fichier.

8. Le huitième champ représente le nom du fichier. Ce nom est l'un des liens comptabilisés dans le nombre de liens matériels du fichier (troisième champ).

Remarques

- L'option -s de la commande ls permet d'obtenir le nombre de blocs physiques de 512 octets occupés par un fichier. Pour optimiser la gestion de l'espace disque, les blocs alloués pour un fichier sont, dans les systèmes UNIX actuels, d'au moins 1024 octets. C'est pourquoi le nombre de blocs physiques alloués est toujours pair.
  2 -rw-r--r-- 1 pierre oracle 186 Dec 5 16:26 pere.c
- Au delà d'une durée de six mois, l'année remplace l'heure dans l'affichage.
  drwxr-xr-x 2 pierre oracle 512 Aug 10 1996 bin
- Le nombre maximum de caractères autorisés dans un nom de fichier est habituellement de quatorze. Dans certains systèmes UNIX, il est possible d'avoir des noms de fichier exprimés sur 255 positions. C'est un paramètre déterminé par l'administrateur au moment de la création des disques.
- Tout caractère est autorisé dans un nom de fichier, sauf le « / ».
- Le système UNIX mémorise les dates de création et de dernier accès en plus de la date de dernière modification.
- L'option -n remplace les noms d'utilisateur et de groupe par les identifiants correspondant : UID et GID.

Exemples

Fichier ordinaire « a.out » de 3422 octets, modifié le 14 octobre 2003, appartenant à pierre et associé au groupe oracle.

```
-rwxr-xr-x    1 pierre    oracle       3432 Oct 14 13:06
a.out
```

Fichier répertoire « bin » de 512 octets, modifié le 10 août 2003, appartenant à pierre et associé au groupe oracle.

```
drwxr-xr-x    2 pierre    oracle        512 Aug 10  2003 bin
```

Fichier spécial « fd0 » désignant le lecteur de disquette, du répertoire « /dev », de type bloc, appartenant à root et associé au groupe sys.

```
brw-rw-rw-    5 root      sys         1,  0 Jun 12  2001 fd0
```

Fichier spécial « tty00 » désignant une liaison série, du répertoire « /dev », de type caractère, appartenant à root et associé au groupe tty.

```
crw--w----    1 root      tty         3,  0 Dec  5 08:49
tty00
```

La syntaxe d'une ligne de commande

■ **Exemple, la commande ls**
    ls [option...] [(chemin | fichier) ...]

■ **Les symboles utilisés**

[x]	**L'élément x est optionnel.**
x...	**Une suite d'éléments x.**
(...)	**Réalise un groupement.**
x|y	**L'élément x ou bien l'élément y.**

Introduction

Le premier mot d'une ligne de commande désigne toujours la commande à exécuter. Le reste de la ligne précise les options et les arguments de la commande. Il existe plusieurs formes de syntaxe:

- Le premier mot de la ligne est la commande à exécuter. Chaque lettre des mots qui suivent le nom de la commande et dont le premier caractère est « - » ou « + » représente une option. Les mots terminaux sont les arguments de la commande. Si une option a besoin d'un argument, il la suit immédiatement.

Remarque
Quand plusieurs commandes ont une option identique, c'est souvent la même lettre qui la désigne. Ceci n'est pas une règle absolue et il existe de nombreuses exceptions.

- Le premier mot d'une ligne est la commande à exécuter. Chaque lettre du deuxième mot qui suit est une clé et le reste des mots les arguments des clés. Les clés sont des options où l'association entre une clé et son argument est *positionnelle*.

- le premier mot est la commande à exécuter. Les mots qui suivent sont des options et des arguments dont la forme est spécifique à la commande.

Exemples

La commande **ls**, utilisée dans les exemples qui suivent, affiche la liste des fichiers des répertoires cités en argument et, selon les options, certains de leurs attributs.

La commande **tar** est une commande de sauvegarde de fichiers.

La commande **dd** réalise des copies physiques de fichiers et la commande **find** recherche des fichiers.

Commande	Options	Arguments
ls -l	-l	
ls -ls	-l, -s	
ls -l -s	-l, -s	
ls /usr/bin		/usr/bin
ls -ls /usr/bin /dev	-l, -s	/usr/bin, /dev
ls -l -s -- -repertoire	-l, -s	-repertoire

Les mots qui suivent l'argument -- ne sont pas considérés comme des options, même commençant par -.

Commande	Clés et arguments
tar cfvk /dev/fd0 20000	/dev/fd0 est argument de la clé f, 20000 de la clé k
tar cvkf 20000 /dev/fd0	20000 est argument de la clé k, /dev/fd0 de la clé f

Autres cas
dd if=Fichier_d_entree of=Fichier_de_sortie
find /home -name .profile -print

Les commandes du système Linux reconnaissent les options d'UNIX mais aussi des options longues de la forme « --mot_clé ». Le manuel de référence des commandes les décrit complètement. Il existe quelques cas, assez rares, où une option n'existe que dans sa forme longue. C'est toujours une option qui vient en plus des options standard.

$ ls --size # ls -s

Toutes les commandes possèdent une option longue « --help » pour afficher un résumé de l'utilisation de la commande.

$ ls --help
Usage: ls [OPTION]... [FICHIER]...
Afficher les informations au sujet des FICHIERS (du répertoire
courant par défaut). Trier les entrées alphabétiquement si aucune
des options -cftuSUX ou --sort n'est utilisée.
Les arguments obligatoires pour la forme longue des options sont aussi
obligatoires pour les formes courtes qui leur correspondent.
  -a, --all   do not hide entries starting with .
  -A, --almost-all   do not list implied . and ..
      --author   print the author of each file

Les commandes de gestion de fichiers

■ **ls**   Affiche les attributs d'un fichier.

■ **cp**   Copie un fichier.

■ **rm**   Détruit un fichier.

■ **mv**   Change le nom d'un fichier, déplace un fichier.

■ **cat,more**   Affiche le contenu d'un fichier texte.

■ **od**   Affiche le contenu d'un fichier en octal, en hexa.

■ **file**   Affiche le type d'un fichier.

■ **cmp,comm,diff**
                  Comparent des fichiers.

■ **vi**   Edite un fichier texte.

Les principales commandes

Les opérations que l'on réalise quotidiennement sur des fichiers sont assez peu nombreuses. Le tableau qui suit donne la liste des commandes pour les exécuter.

ls   La commande **ls** (« list ») affiche les attributs d'un fichier. Les nombreuses options de la commande permettent de sélectionner les attributs que l'on veut voir (*cf. ls*).

cp   La commande **cp** (« copy ») copie un ou des fichiers. La commande cp permet même de copier des arbres (*cf. cp*).

rm   La commande **rm** (« remove ») détruit des fichiers, ou des arbres. La demande de confirmation est optionnelle (*cf. rm*).

mv   La commande **mv** (« move ») change le nom d'un fichier. Elle permet également de déplacer des fichiers (*cf. Module 11*). Cette seconde utilisation explique son nom.

cat   La commande **cat** (« catenate ») affiche des fichiers, sans discontinuer, sur la sortie standard. On peut dire qu'elle les concatène.

more   La commande **more** affiche des fichiers, page par page.

od   La commande **od** (« octal dump ») affiche les octets d'un fichier en octal mais aussi en héxadécimal et sous de nombreuses autres formes.

file   La commande **file** indique le type du contenu d'un fichier (*cf. file*).

cmp   La commande **cmp** compare deux fichiers octet par octet.

comm   La commande **comm** recherche les concordances entre les lignes de deux fichiers.

diff   La commande **diff** recherche les lignes qui diffèrent dans deux fichiers.

vi   La commande **vi** permet d'éditer le contenu d'un fichier texte (*cf. vi*)

La commande ls

- ■ **Syntaxe**
    ls [option...] [(chemin | fichier) ...]

- ■ **Principales options**

-l	**Affiche les attributs.**
-a	**Affiche tous les fichiers.**
-b	**Affiche les caractères non imprimables.**
-d	**Affiche les répertoires et non leur contenu.**
-R	**Affiche le contenu d'une arborescence.**
-F	
-p	**Distingue les répertoires.**
-s	**Affiche le nombre de blocs.**

Introduction

La commande **ls** affiche des noms de fichiers et, selon les options indiquées, certains de leurs attributs.

Dans sa forme la plus simple, la commande **ls** s'applique, à défaut d'argument, au répertoire courant « . » dont elle donne la liste des fichiers. Si la commande **ls** a des arguments, deux cas de figures se présentent:

- L'argument est un fichier régulier ou un fichier spécial. La commande **ls** affiche le nom et les attributs du fichier.
- L'argument est un répertoire. La commande **ls** s'applique aux fichiers de ce répertoire.

La commande **ls** possède de très nombreuses options. Certaines sont peu employées. La liste qui suit donne la description de celles qui sont utilisées dans la très grande majorité des cas et qu'il est suffisant de connaître.

Description

-l   Affiche les principaux attributs des fichiers (*cf. Les attributs des fichiers*). La première ligne produite par l'option **-l** indique, si l'argument est un répertoire, le nombre total de blocs de 512 octets occupés par tous les fichiers du répertoire.

-a   Affiche les noms de tous les fichiers, y compris ceux dont le nom commence par le caractère « **.** ». Un fichier qui a cette caractéristique est très souvent associé à une commande dont il permet de paramétrer le fonctionnement. Le fichier *.profile* en est le représentant le plus connu, qui permet de configurer le shell de connexion (shell Bourne, Korn shell et shell POSIX).

-s   Affiche le nombre de blocs de 512 octets occupés par le fichier.

-p, -F   Affiche le nom des fichiers, suivi du caractère « / » pour un répertoire et du caractère « * » pour une commande.

-R   Affiche la liste des fichiers de tout un arbre. L'option **-R** conduit la commande **ls** à parcourir récursivement l'arborescence donnée en argument.

-d   Affiche les attributs du répertoire donné en argument et non des fichiers qu'il contient.

-b   Affiche le code octal des caractères de contrôle qui sont dans un nom de fichier. Tous les caractères du code ASCII peuvent être utilisés dans un nom de fichier, excepté « / », même si l'usage recommande de n'employer que les lettres minuscules ou majuscules, les chiffres et quelques caractères particuliers comme « . », « _ » ou « + ».
Il arrive, souvent par erreur, que l'on glisse un caractère de contrôle, invisible, dans le nom d'un fichier. L'option **-b** permet de le visualiser.

Exemples

Liste des noms de fichiers du répertoire courant.

```
/home/pierre>ls
a.out       exercice   f888       pere.c    shell+
bin         f111       lecteur    prod      systeme
com.shell   f222       lecteur.c  psliste   tuezombi
differe
```

Les principaux attributs du fichier mbox.

```
/home/pierre>ls -l mbox

-rw-------   1 pierre    oracle   1100 Dec   6 13:32 mbox
```

Les principaux attributs des fichiers du répertoire /home.

```
/home/pierre>ls -l /home

total 110

drwxr-xr-x   2 Unix6    other    1024 Oct 15   1993 Unix6
drwxr-xr-x   2 alain    other     512 Jun 12   1995 alain
drwx--x--x   9 pierre   oracle   1536 Feb  6 15:35 pierre
drwxr-xr-x   3 guest    o ther    512 Mar  6   1992 guest
drwxr-xr-x   2 pauline  other     512 Jun  6   1996 pauline
drwxr-xr-x   2 pierre   other     512 Apr 10   1996 pierre
```

Distinguer les noms des répertoires dans la liste des fichiers.

```
/home/pierre>ls -p

a.out       exercice/  f888       pere.c    shell+/
bin/        f111       lecteur    prod/     systeme/
com.shell   f222       lecteur.c  psliste   tuezombi
differe
```

Voir le nombre de blocs occupés par les fichiers

```
/home/pierre>ls -s
```

```
total 72        2 ecrivain.c    8 pere          2 shell+
    8 a.out       2 exercice      2 pere.c        4 systeme
    2 bin        10 lecteur       2 prod          2 tuezombi
    2 com.shell   2 lecteur.c     2 psliste
    2 differe     2 macrontab     2 r1
   10 ecrivain    4 mbox          2 serial
```

Voir tous les noms de fichiers.

```
/home/pierre>ls -a
```

```
.               .sh_history    exercice      lecteur
psliste

..              a.out          f111          lecteur.c     qui
.exrc           bin            f222          macrontab     r1
.kshrc          com.shell      f5            mbox          serial
.mwmrc          differe        f6            pere          shell+
.news_time      ecrivain       f7            pere.c        systeme
.profile
```

Voir les caractères de contrôle dans les noms de fichier.

```
/home/pierre>cat fiche
```

```
cat: cannot open fiche
```

```
/home/pierre>ls -b f*
```

```
f\030iche     f111    f222    f5      f6      f7      f888
```

Voir la totalité d'un arbre.

```
/home/pierre>ls -R systeme
a.out       fichbas.c   mux_ip.c    prodconp.c   shr2.c
tictac.c    alarme.c    fichier.c   nbloque.c    redir.c
shra.c      tictub.c
aufeu.c     ficloc.c    nom.c       rpc          shrb.c    timout.c

systeme/rpc:
rpccli.c    rpcmainc.c   rpcserv.c   ser_clnt.c   sp.c

systeme/sockets:
cli         ds.c         rdtgrsrv.c  rstrcli.c    rstrserv.c
ds          rdtgrcli.c   rstrcli     rstrserv     serv

systeme/tli:
infos.c     tli_cli.c    tlicli.c    tliserv.c
tli2.c      tli_serv.c   tliclijf.c
```

Voir les attributs du répertoire /home.

```
/home/pierre>ls -ld /home
```

```
drwxr-xr-x  46 root    root    1024 Dec  4 13:39 /home
```

Copier, détruire, renommer un fichier

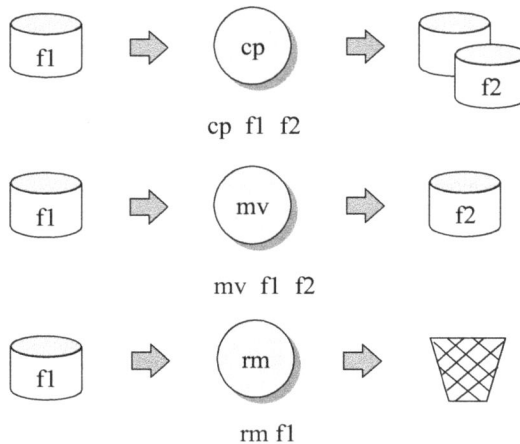

cp f1 f2

mv f1 f2

rm f1

La commande cp

La commande **cp** qui, dans tous les cas, copie des fichiers, a deux syntaxes selon que l'on veut copier un ou plusieurs fichiers.

Copie d'un fichier

cp [-if] fichier1 fichier2

Crée une copie du fichier origine *fichier1* sous le nom de destination *fichier2*. Le mode création entraîne le remplacement du fichier *fichier2* s'il existait déjà.

Copie de plusieurs fichiers

cp [-if] fichier ... répertoire

Crée la copie du(des) fichier(s) origine(s) dans le répertoire destination, le dernier argument de la ligne de commande, où il(s) conservent le même nom.

Avec l'option **-i**, la commande **cp** demande une confirmation de remplacement d'une destination déjà existante. L'option **-f** a l'effet inverse de supprimer la demande de confirmation implicite pour les destinations déjà existantes et protégées.

La commande rm

La commande **rm** détruit des fichiers. Les fichiers détruits ne sont pas récupérables, à moins qu'il existe plusieurs liens matériels pour les atteindre (*cf. Module 11 : les liens*).

Remarque
Les liens sont les noms des fichiers, inscrits dans les répertoires.

rm [-if] fichier ...

Avec l'option **-i**, la commande **rm** demande une confirmation de détruire un fichier. L'option **-f** a l'effet inverse de supprimer la demande de confirmation implicite pour les fichiers protégés en écriture.

La commande mv

La commande **mv** renomme un fichier.

mv [-if] fichier1 fichier2

Avec l'option **-i**, la commande **mv** demande une confirmation avant d'écraser fichier2. L'option **-f** a l'effet inverse de supprimer la demande de confirmation.

Remarque
La commande mv (« move »), permet également de déplacer un ou plusieurs fichiers (*cf. Module 11 : les iiens*).

Exemples

```
$ ls -l f*              # liste des fichiers dont le nom commence par f
-rw-r--r-- 1 pierre  users      19 Jun 11 16:15 f1

$ cp f1 f2              # création du fichier f2
$ ls -l f*
-rw-r--r-- 1 pierre  users      19 Jun 11 16:15 f1
-rw-r--r-- 1 pierre  users      19 Jun 11 16:18 f2

$ cp /etc/passwd f2    # remplacement du fichier f2

$ ls -l f*
-rw-r--r-- 1 pierre  users      19 Jun 11 16:15 f1
-rw-r--r-- 1 pierre  users     695 Jun 11 16:20 f2

$ cp -i f1 f2          #demande de confirmation avant remplacement
cp: overwrite `f2'?y

$ ls -l f*
-rw-r--r-- 1 pierre  users      19 Jun 11 16:15 f1
-rw-r--r-- 1 pierre  users      19 Jun 11 16:27 f2

$ chmod a=r f2    # empêche la modification du fichier f2

$ ls -l f*
-rw-r--r-- 1 pierre  users      19 Jun 11 16:15 f1
-r--r--r-- 1 pierre  users      19 Jun 11 16:27 f2

$ cp f1 f2        # on ne peut remplacer un fichier protégé
cp: cannot create regular file `f2': Permission denied

$ cp -f f1 f2    # l'option f force le remplacement

$ ls -l f1 f2
-rw-r--r-- 1 pierre  users      19 Jun 11 16:15 f1
-rw-r--r-- 1 pierre  users      19 Jun 11 16:18 f2

$ ls -l
total 4
-rw-r--r-- 1 pierre  users      19 Jun 11 16:15 f1
-rw-r--r-- 1 pierre  users      19 Jun 11 16:29 f2
-rw-r--r-- 1 pierre  adm       271 Oct 23  1994 f3
drwxr-xr-x 2 pierre  users    1024 Jun 11 16:39 rep.copie
```

$ cp f1 f2 f3 rep.copie   **# copie de fichiers dans un répertoire**

$ ls -l rep.copie
total 3
-rw-r--r-- 1 pierre users   19 Jun 11 16:39 f1
-rw-r--r-- 1 pierre users   19 Jun 11 16:39 f2
-rw-r--r-- 1 pierre users   271 Jun 11 16:39 f3

$ rm f1   **# suppression du fichier f1**

$ ls -l f*   **# liste des fichiers dont le nom commence par f**
-rw-r--r-- 1 pierre users   19 Jun 11 16:29 f2
-rw-r--r-- 1 pierre adm   271 Oct 23 1994 f3

$ rm -i f2 f3   **# demande de confirmation avant destruction**
rm: remove `f2'?y
rm: remove `f3'?n

$ ls -l f*   **# liste des fichiers dont le nom commence par f**
-rw-r--r-- 1 pierre adm   271 Oct 23 1994 f3

$ chmod a=r rep.copie/* # empêche la modification des fichiers du répertoire rep.copie

$ rm rep.copie/*   **# Une confirmation est exigée pour les fichiers protégés**
rm: remove `rep.copie/f1', overriding mode 0444?y
rm: remove `rep.copie/f2', overriding mode 0444?n
rm: remove `rep.copie/f3', overriding mode 0444?n

$ ls -l rep.copie
-rw-r--r-- 1 pierre users   19 Jun 11 16:39 f2
-rw-r--r-- 1 pierre users   271 Jun 11 16:39 f3

$ rm -f rep.copie/*   **# Suppression de la confirmation pour les fichiers protégés**

$ ls -l rep.copie
total 0

$ mv f3 fter   # renomme f3 en fter
$ ls -l f*
-rw-r--r-- 1 pierre adm   271 Oct 23 1994 fter

La commande cat

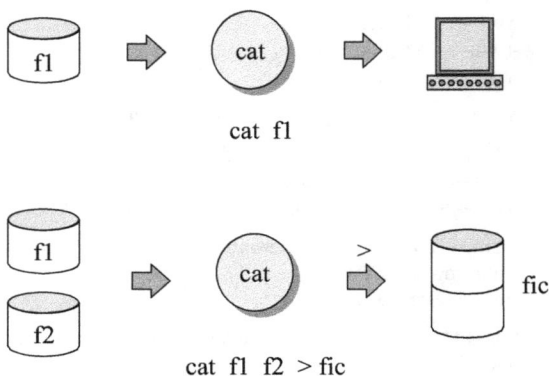

cat f1

cat f1 f2 > fic

Introduction

La commande **cat** (« catenate ») affiche les fichiers fournis en argument sur la sortie standard (l'écran), les uns à la suite des autres, sans aucun entête. La commande **cat**, contrairement à la commande **more**, n'offre pas de possibilités d'affichage page à page, aussi est elle peu employée pour visualiser de grands fichiers. Elle permet par contre, combinée avec la redirection de la sortie standard (*cf. Module 4 : Le shell*), de concaténer des fichiers.

Exemples

$ **cat f1**
Voici la première ligne

$ **cat f2**
et voilà la suite...

$ **cat f1 f2 > fic**

$ **cat fic**
Voici la première ligne
et voilà la suite...

$ **more fic**
Voici la première ligne
et voilà la suite...

La commande file

file /bin/sh

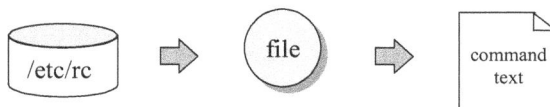

file /etc/rc

Introduction

La commande **file** affiche le type du contenu du fichier sur la sortie standard, l'écran par défaut. Cela permet à l'utilisateur d'avoir une information plus précise sur la nature du fichier que celle fournie par la commande **ls** qui se contente d'indiquer le type du fichier. Cette commande est surtout utilisée pour repérer les fichiers ASCII (affichables et imprimables) qui sont dits de type *text*.

Exemples

$ file /etc/passwd
/etc/passwd: ascii text

$ file /usr/bin
/usr/bin: directory

$ file /usr/bin/banner
/usr/bin/banner: i386 executable

$ file /dev/lp0
/dev/lp0: character special (6/0)

Remarque
Le droit de lecture sur le fichier est nécessaire pour que la commande file reconnaisse et affiche le type du contenu. Cette information, présente dans le fichier sous une forme numérique, est connue sous le nom de « magic number ». Le fichier /etc/magic donne la liste des « magic number » et des libellés standards associés.

Les commandes de gestion de répertoires

- ▪ pwd   **Affiche le répertoire courant.**

- ▪ cd   **Change de répertoire.**

- ▪ ls   **Affiche le contenu d'un répertoire.**
  ls -R   **Affiche les fichiers d'une arborescence.**

- ▪ mkdir   **Crée un répertoire.**

- ▪ rmdir   **Supprime un répertoire.**

- ▪ rm -r   **Supprime une arborescence.**

- ▪ cp   **Copie des fichiers dans un répertoire (cp fic... rep).**
  cp -r   **Copie une arborescence.**

- ▪ du   **Affiche la taille d'une arborescence.**

- ▪ find   **Recherche de fichiers dans une arborescence.**

Les principales commandes

Les commandes de gestion de répertoire sont en nombre réduit. Le tableau qui suit en donne la liste.

pwd	La commande **pwd** (« print working directory ») affiche le chemin d'accès au répertoire courant. Ce chemin est souvent renseigné dans l'invite de l'interpréteur de commandes.
cd	La commande **cd** permet de changer de répertoire de travail.
ls	Les nombreuses options de la commande **ls** permettent de connaître les répertoires et leurs attributs.
ls -R	Affiche les fichiers d'une arborescence.
mkdir	La commande mkdir (« make directory ») crée un répertoire.
rmdir	La commande rmdir (« remove directory ») supprime un répertoire, à condition qu'il soit vide.
rm -r	Détruit une arborescence.
cp	La commande cp copie des fichiers dans un répertoire.
cp -r	Copie une arborescence.
du	Affiche les répertoires qui constituent une arborescence, ainsi que sa taille. L'option -s n'affiche que la taille de l'arborescence. L'option -k affiche les tailles en kilo-octets.
find	**find** recherche des fichiers dans une arborescence et permet également d'exécuter des commandes sur les fichiers d'une arborescence (*cf. Module 14 : Les outils*).

La commande cd

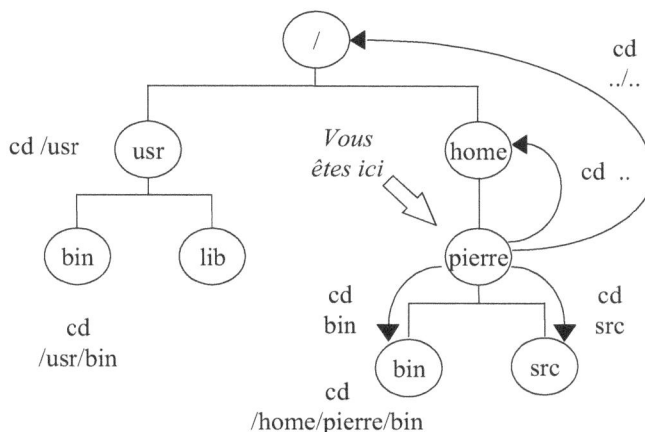

Introduction

L'ouverture d'une session de travail positionne l'utilisateur sur son répertoire de connexion (« home directory »), son premier répertoire de travail.

La commande **cd** (« Change Directory ») est ensuite le seul moyen de changer de répertoire de travail au cours de la session. Le changement est utile quand l'utilisateur doit travailler, pendant une longue période, sur les fichiers de ce répertoire. Il évite la répétition, pour nommer les fichiers dans les commandes, du chemin d'accès au répertoire sur lequel il s'est positionné.

L'exécution de la commande **cd**, sans argument, provoque le retour à son répertoire de connexion.

Exemples

$ pwd
/home/pierre

$ cd src

$ pwd
/home/pierre/src

$ cd

$ pwd
/home/Pierre

$ cd ../..

$ pwd
/

$ cd

$ pwd
/home/pierre

$ cd bin

$ pwd
/home/pierre/bin

$ cd

$ pwd
/home/pierre

$ cd /usr

$ pwd
/usr

$ cd

$ pwd
/home/pierre

$ cd ..

$ pwd
/home

$ cd

$ pwd
/home/pierre

$ cd /usr/bin

$ pwd
/usr/bin

$ cd

$ pwd
/home/pierre

Création et suppression de répertoires

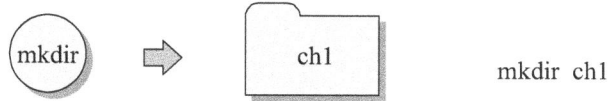

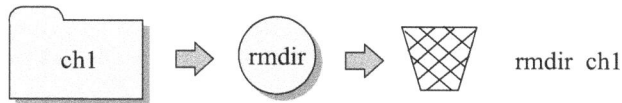

La commande mkdir

mkdir [-p] répertoire [répertoire]...

La commande **mkdir** crée les répertoires qui sont fournis en argument. Les sous répertoires qui peuvent figurer dans le chemin d'accès à un répertoire à créer doivent exister, sinon la commande échoue. L'option **-p** force leur création.

La commande rmdir

rmdir [-p] répertoire [répertoire]...

La commande **rmdir** supprime les répertoires qui sont fournis en argument, à condition qu'ils soient vides. Avec l'option **-p**, les sous répertoires qui peuvent figurer dans le chemin d'accès à un répertoire sont eux aussi détruits s'ils sont vides, après que le répertoire terminal ait été détruit.

Exemples

```
$ pwd
/home/pierre

$ mkdir auto
$ mkdir auto/renault
$ cd auto/renault
$ mkdir espace
$ mkdir megane

$ cd ../..
$ mkdir -p auto/peugeot/306   # création du répertoire peugeot et peugeot/306
$ mkdir auto/peugeot/406

$ ls -R auto
peugeot/
```

renault/

auto/peugeot:
306/
406/

auto/peugeot/306:

auto/peugeot/406:

auto/renault:
espace/
megane/

auto/renault/espace:

auto/renault/megane:

$ rmdir -p auto/peugeot/306   # destruction du répertoire auto/peugeot/306

$ rmdir -p auto/peugeot/406   # destruction du répertoire auto/peugeot/406 et de
**   # auto/peugeot qui est maintenant vide**

$ ls -R auto

renault/

auto/renault:
espace/
megane/

auto/renault/espace:

auto/renault/megane:

Copie et suppression d'arborescence

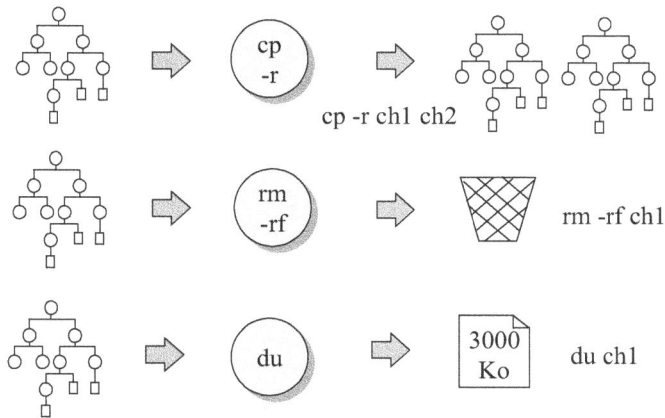

En dehors des commandes de gestion de répertoire, il n'y a pas de commandes particulières de gestion d'une arborescence. Quelques commandes, utilisées avec des options spécifiques, permettent aux utilisateurs d'opérer efficacement sur les arbres qu'ils manipulent.

La commande cp

cp -r   r1   r2

La commande **cp -r** copie l'arbre issu du répertoire r1 vers le répertoire r2 en une seule opération. Deux cas de figure se présentent :

- Le répertoire destination r2 n'existe pas.
  L'arbre situé sous r1 est copié sous le répertoire r2 qui est créé par la commande.

- Le répertoire destination r2 existe.
  Le répertoire source r1 et l'arbre situé sous r1 sont copiés sous le répertoire r2.

Remarques
- Attention à la copie récursive (sans fin)
  $ cp -r   r1   r1/r2
- Les commandes de sauvegardes **tar**, **cpio**, **pax** permettent également de copier des arborescences (*cf. Module 9 : La sauvegarde*).

La commande rm

rm -rf   r1

La commande **rm -r** détruit l'arbre situé sous le répertoire r1 et r1 lui-même. L'option **-f**, qui n'est pas une obligation, supprime la demande de confirmation pour les fichiers protégés.

La commande du

du [-as] [répertoire...]

La commande **du** affiche le total des tailles, en blocs de 512 octets, des fichiers des répertoires nommés en argument, par défaut « . », et des sous répertoires. Le détail par fichier peut être obtenu en précisant l'option -a. Avec l'option -s, la commande n'affiche que le total pour le répertoire.

Exemples

```
$ ls -R outils       # l'arbre issu du répertoire outils
marteau/

tournevis/

outils/marteau:
charpentier
cordonnier

outils/tournevis:
cruciforme
normal

$ cp -r outils ustensiles    # copie de l'arbre issu d'outils sous ustensiles

$ ls -R ustensiles
marteau/

tournevis/

ustensiles/marteau:
charpentier
cordonnier

ustensiles/tournevis:
cruciforme
normal

$ mkdir outils.copie        # création du répertoire destination

$ cp -r outils outils.copie  # copie de l'arbre dans outils.copie

$ ls -R outils.copie        # afficher l'arbre outils créé sous outils.copie
outils/

outils.copie/outils:
marteau/
tournevis/

outils.copie/outils/marteau:
charpentier
cordonnier

outils.copie/outils/tournevis:
cruciforme
normal

$ rm -rf ustensiles    # suppression de l'arbre ustensiles et du répertoire ustensiles

$ ls -R ustensiles     # vérification
/bin/ls: ustensiles: No such file or directory

$ du outils          # espace occupé par outils et ses sous répertoires
3    outils/marteau
3    outils/tournevis
7    outils
```

$ du -a outils   # avec le détail des fichiers

```
1     outils/marteau/cordonnier
1     outils/marteau/charpentier
3     outils/marteau
1     outils/tournevis/normal
1     outils/tournevis/cruciforme
3     outils/tournevis
7     outils
```

$ du -s outils   # le total seulement

```
7     outils
```

La commande find

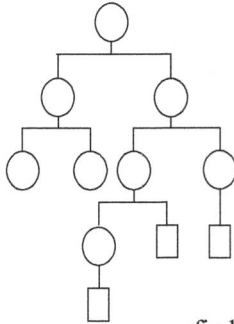

-type
-perm
-links
-user
-group
-size
-mtime
-atime
-ctime
-name

find / -name fic -print

Introduction

find répertoire [-critère [argument_du_critère]] ...

La commande **find** recherche des fichiers dans un arbre et exécute une action sur ces fichiers. Les critères sont très nombreux, mais le plus utilisé est le nom, et l'action la plus fréquente est l'affichage du chemin d'accès aux fichiers sélectionnés.

La commande **find** parcourt l'arbre issu du répertoire désigné par le premier argument et vérifie, pour chaque fichier, s'il répond aux critères énoncés. Les critères sont contrôlés dans l'ordre de la ligne de commande. Le dernier de la liste est un pseudo critère qui entraîne l'affichage du chemin d'accès au fichier ou l'exécution d'une commande. Quand un critère n'est pas vérifié, la commande passe au fichier suivant.

Critères de sélection	
-name nomfichier	Le fichier doit se nommer nomfichier.
-type typefichier	Les valeurs possibles de typefichier sont :
	f ordinaire (régulier)
	d répertoire
	c,b fichier spécial caractère ou bloc (/dev/xxx)
-size taille	Le fichier doit avoir la bonne taille. L'unité est par défaut le bloc de 512 octets. On peut préciser l'unité 1515c (1515 caractères).
-user unpropriétaire	Le fichier a unpropriétaire comme propriétaire.
-group ungroupe	Le fichier a ungroupe comme groupe.
-perm lesdroits	Le fichier a lesdroits comme droits d'accès.
-ctime nbjours	Le fichier a été créé il y a nbjours.
-mtime nbjours	La dernière modification remonte à nbjours.
-atime nbjours	Le dernier accès remonte à nbjours.
Critères d'exécution	
-print	Afficher le chemin d'accès aux fichiers.
-exec cmde {} \;	Exécuter la commande **cmde** avec comme argument le fichier.
-ok cmde {} \;	Exécuter la commande **cmde** et demander une confirmation..

Les arguments des critères qui expriment une quantité peuvent prendre trois formes différentes :

« -critère n » signifie exactement n. Ainsi, « -ctime 5 » exprime créé il y a cinq jours.

« -critère –n » signifie inférieur à n. « -size -1000 » exprime taille inférieure à 1000 blocs.

« -critère +n » signifie supérieur à n. « -size +1000 » exprime taille supérieure à 1000 blocs.

La liaison qui existe par défaut entre les critères est un ET. Il existe des opérateurs logiques explicites pour connecter les critères. Leur utilisation est assez peu fréquente.

Opérateur logique	Expression dans la commande find
ET	-a
OU	-o
NON	!
(expression)	\(expression \)

Exemples

```
$ find . -name marteau -print    # rechercher tous les fichiers marteau
./outils.copie/outils/marteau
./outils/marteau

$ find /home -name '*.c' -print # afficher les fichiers dont le suffixe est .c

$ find . -type d -print          # afficher les noms des répertoires seulement
./outils
./outils/marteau
./outils/tournevis

$ ls -l f*                       # le groupe de f3 n'est pas users
-rw-r--r--  1 pierre  users     24 Jun 11 16:51 f1
-rw-r--r--  1 pierre  users     21 Jun 11 16:51 f2
-rw-r--r--  1 pierre  adm      271 Oct 23  1994 f3

$ # rechercher les fichiers dont le groupe n'est pas users
$ find /home/pierre ! -group users -print
/home/pierre/f3

$ # rechercher les fichiers modifiés aujourd'hui
$ find /home -mtime 0 -print

$ # rechercher les fichiers qui n'appartiennent pas à pierre, dont la taille est
supérieure à 10000 octets ou dont le dernier accès remonte à moins de 30 jours
$ find /home ! -user pierre \( -size +10000c -o -atime -30 \)

$ # rechercher et détruire tous les fichiers réguliers dont la taille est nulle
$ find /home -type f -size 0 -exec rm -f {} \;
```

Remarques

L'opérateur logique –a est pris par défaut.

Pour ignorer les messages d'erreur, on les redirige vers la poubelle :

find ... 2> /dev/null

Annexe Linux

Le gestionnaire de fichiers du bureau KDE s'appelle **Konqueror**. C'est aussi un navigateur Web facile à configurer. Son usage est simple et intuitif.

En sus de la barre de menus et des boutons proposés, le bouton droit de la souris propose un menu contextuel pratique à utiliser.

La zone URL supporte évidemment les préfixes traditionnels tels que « file: », « http: » mais aussi le préfixe « man: » pour accéder aux manuels de référence.

Le navigateur **Konqueror** est accessible de plusieurs façons : dossier personnel, menu K... C'est pourquoi nous ne mentionnerons pas le cheminement quand ce qui est présenté concerne la fenêtre de **Konqueror**.

L'arborescence Linux

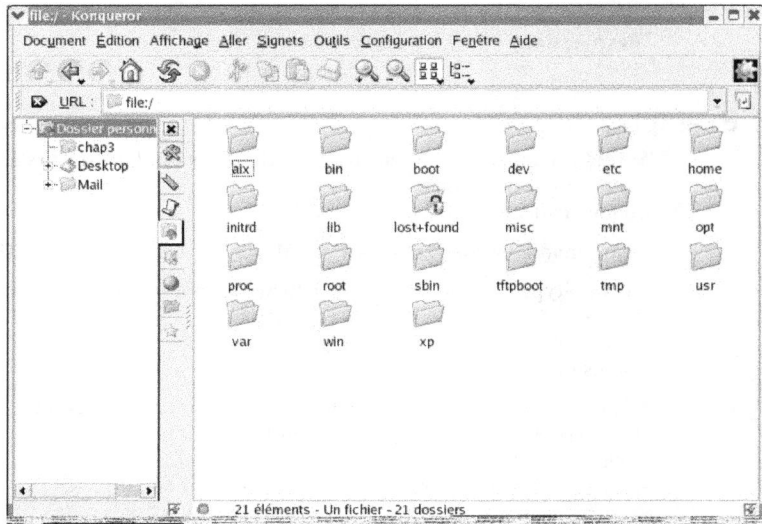

L'icône d'un répertoire inaccessible porte un verrou. Les répertoires */mnt/floppy* et */mnt/cdrom* correspondent respectivement aux lecteurs de disquettes et de CDROMs.

Les types de fichiers

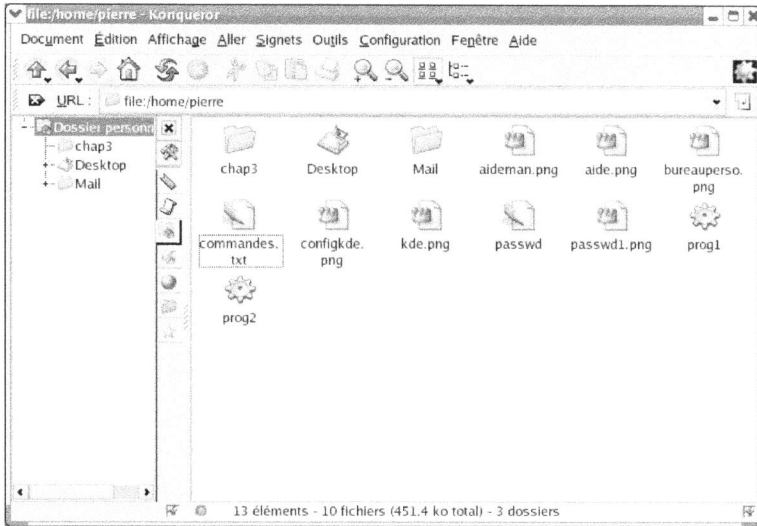

L'icône d'un fichier définit son type : répertoire, exécutable, texte… Un double clic provoque son ouverture par l'application qui lui est associée et un clic droit permet de choisir l'application à utiliser avec l'item « ouvrir avec ».

Edition – Modifier le type du fichier permet de modifier le type d'un fichier.

L'association des fichiers

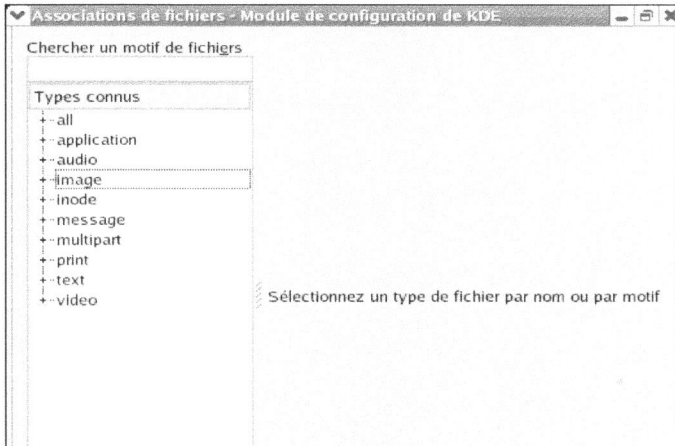

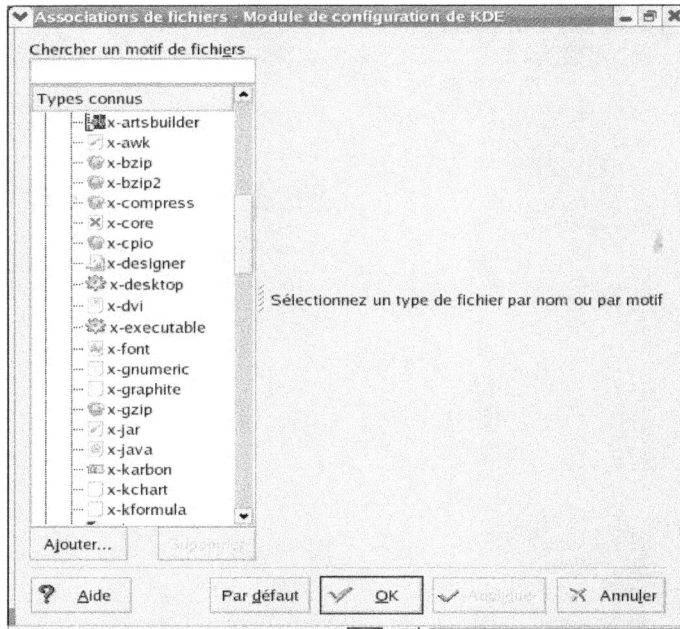

Chemin : Menu K – Préférences – Navigation locale – Association de fichiers

Montrer/Cacher les fichiers cachés

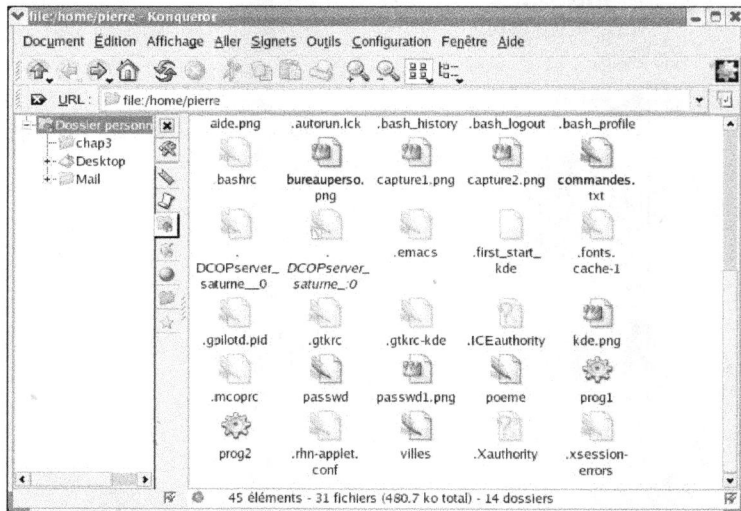

Affichage – Afficher les fichiers cachés, ceux dont le nom est de la forme .*xxx*.

Afficher les attributs de fichiers

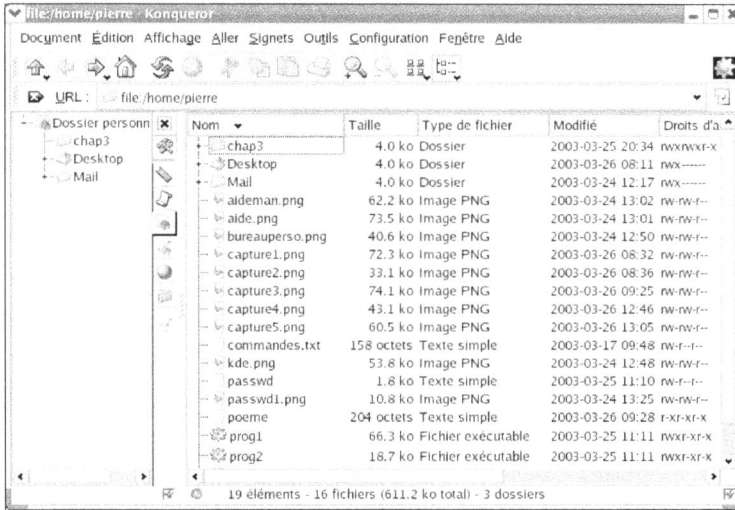

Affichage – Type d'affichage – Liste détaillée
Ce type d'affichage donne les mêmes informations que la commande **ls –l**.
Les boutons situés à droite de la loupe permettent aussi de sélectionner le type d'affichage détaillé ou non.

Affichage – Type d'affichage – Arborescence (écran présenté).
Ce type d'affichage donne les mêmes informations que la commande **ls –lR**.

Créer un répertoire

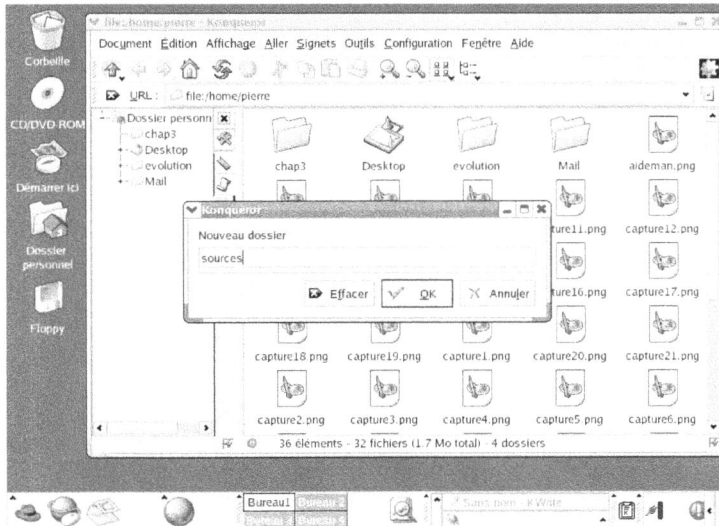

Edition – Nouveau – Dossier

Un clic sur le bouton droit quand le curseur de la souris est positionné sur une zone vide de **Konqueror** propose un menu contextuel avec le choix Nouveau Dossier.

Visualiser le contenu d'un fichier

Double clic sur le fichier

Réaliser un aperçu de tous les fichiers d'un type donné

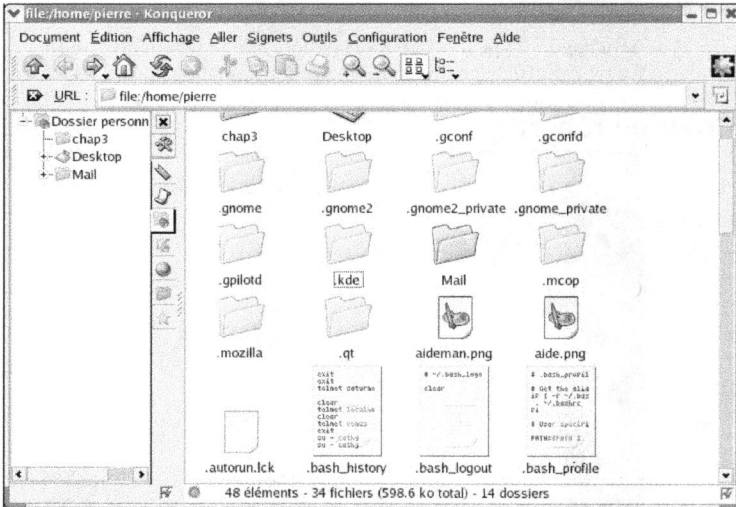

Affichage – Aperçu – Type_de_fichiers
Dans l'exemple, nous faisons l'aperçu des fichiers texte.
Des « zooms » sont possibles avec les boutons « loupe » du menu.

Renommer un fichier

Clic droit quand le curseur de la souris est positionné sur la zone du fichier. Le menu contextuel propose « Renommer le fichier ».

Copie de fichiers

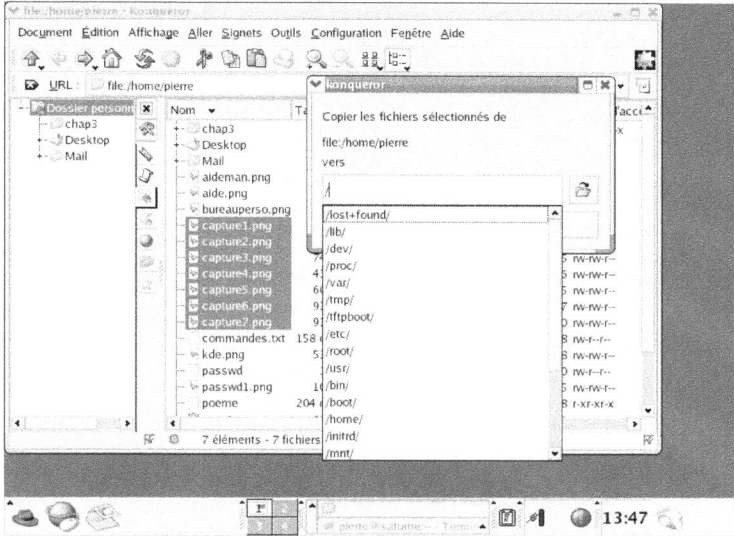

Edition – Copier des fichiers
Sélectionnez au préalable les fichiers à copier, les touches « CTRL » et « Maj »
permettent des sélections multiples. Le « Copier/Coller » standard fonctionne aussi.

Déplacement de fichiers

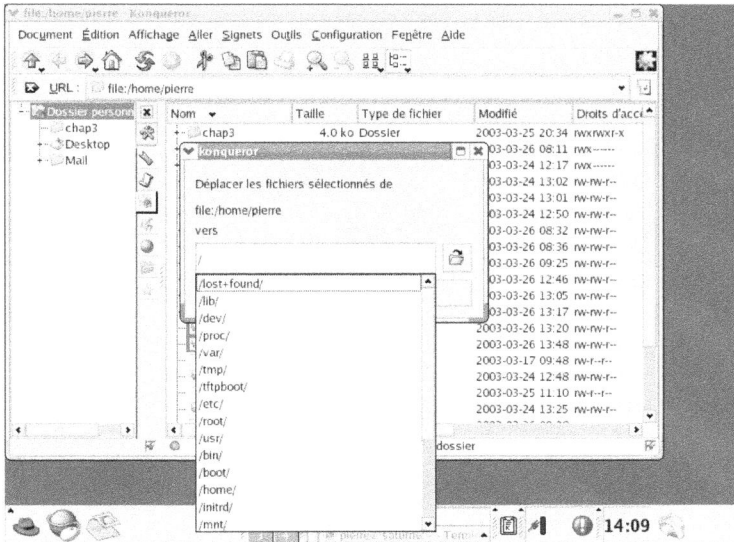

Edition – Déplacer des fichiers
Sélectionnez au préalable les fichiers à copier, les touches « CTRL » et « Maj »
permettent des sélections multiples. Le « Couper/Coller » standard fonctionne aussi.

Envoyer des fichiers dans la corbeille

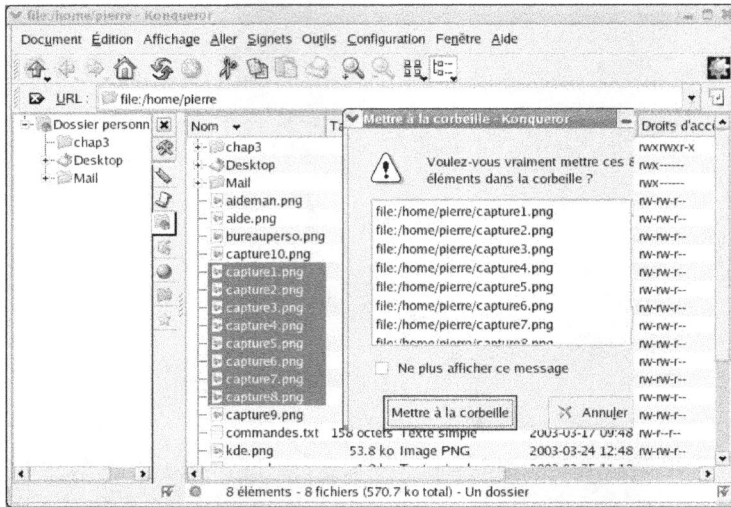

Dossier personnel –   Edition – Mettre à la corbeille
Raccourci : sélectionner les fichiers et presser la touche <Suppr>.

Supprimer définitivement des fichiers

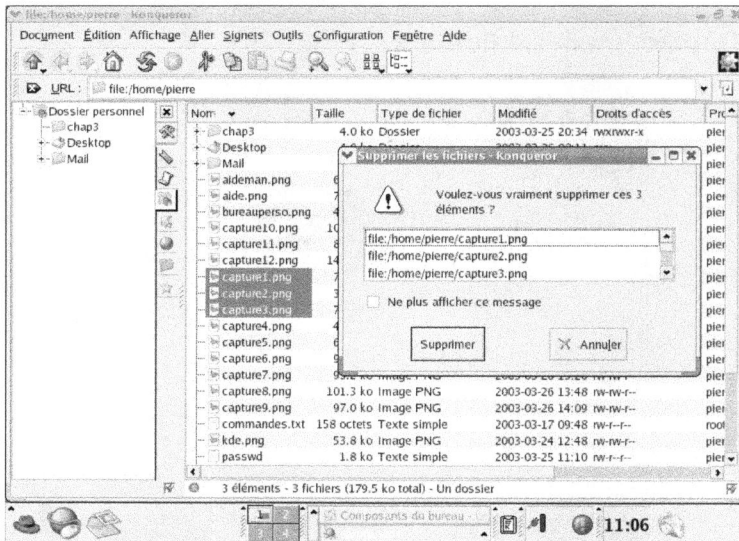

Edition – Supprimer
Raccourci : Sélectionner les fichiers et presser les touches < maj.> <Suppr>.
Il existe aussi la fonction « Broyer », qui supprime les fichiers et remplit leurs zones
de données par des données aléatoires. Raccourci : touches <CTRL> <Maj> <Suppr>.

Rechercher des fichiers d'un nom donné

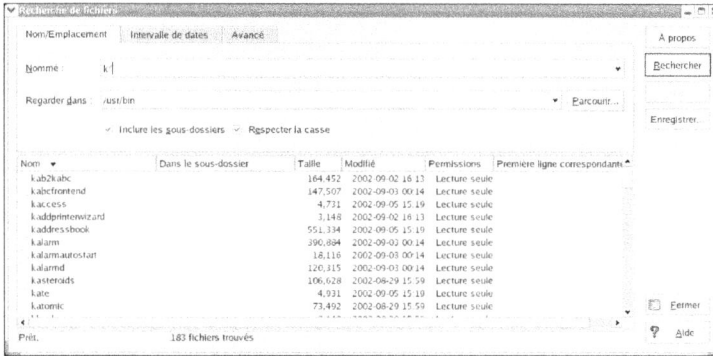

Menu K – Recherche de fichiers

Il faut saisir le nom du fichier, on peut utiliser les jokers « * » et « ? » et demander ou pas le respect de la casse. Pour effectuer une recherche récursive dans toute l'arborescence, il faut cocher la case <Inclure les sous-dossiers>. Dans l'exemple, on recherche les programmes KDE, ils ont un nom commençant par « k ».

Le résultat de la recherche peut être enregistré dans un fichier.

Rechercher des fichiers d'une date donnée

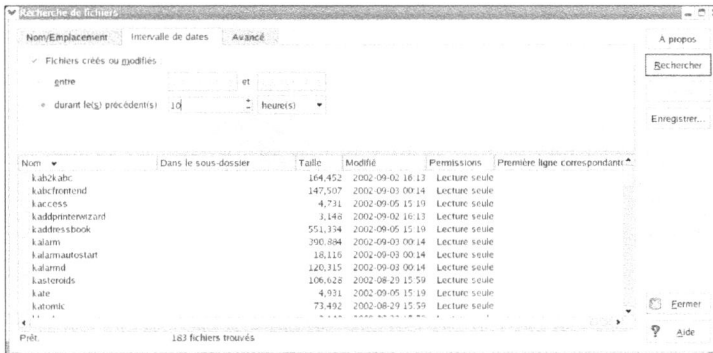

Menu K – Recherche de fichiers – Intervalle de dates

Rechercher des fichiers contenant un texte donné

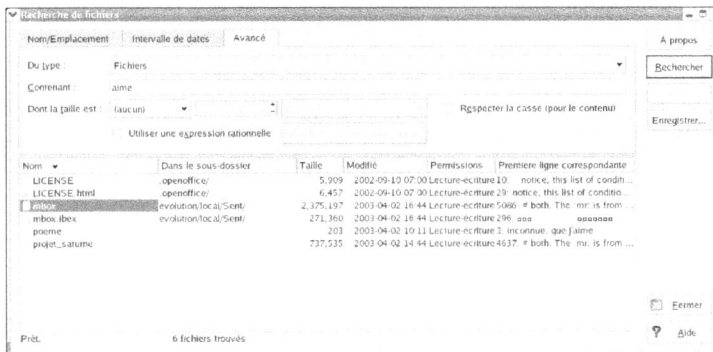

Menu K – Recherche de fichiers – Avancé

Atelier 3 : Les fichiers et les répertoires

Objectifs :

- **Prise en main et mise en œuvre élémentaire d'un poste de travail connecté à un serveur UNIX.**

- **Maîtriser les commandes de base du système**

Durée :

- **45 minutes.**

Exercice n°1

Dans votre répertoire de connexion, créez le répertoire de nom exercices, et dans ce dernier les sous répertoires serie_1 et serie_2.

Exercice n°2

Affichez l'arborescence créée précédemment en utilisant deux commandes différentes.

Exercice n°3

Affichez, dans votre répertoire de connexion, la liste des fichiers en utilisant deux commandes différentes pour reconnaître les répertoires.

Exercice n°4

Copiez le fichier /etc/passwd dans votre répertoire en le nommant fic_pass.

Exercice n°5

Renommez le fichier fic_pass en password.

Exercice n°6

Déplacez le fichier password dans le répertoire serie_1 (sous-répertoire d'exercices).

Exercice n°7

Copiez les fichiers /etc/passwd et /etc/group dans le répertoire serie_2 (sous-répertoire d'exercices), en étant :
a) Dans le répertoire /etc.
b) Dans le répertoire serie_2.
c) Dans un répertoire quelconque.

Exercice n°8

Sélectionnez le sous répertoire serie_1 comme répertoire de travail et listez depuis ce dernier les fichiers du sous répertoire serie_2 .

Exercice n°9

Pour créer le fichier « document », exécutez la commande suivante.
$ touch document
Affichez ses caractéristiques avec les commandes ls et file..

Exercice n°10

Positionnez vous dans votre répertoire de connexion. Affichez les attributs, y compris la taille en blocs, de tous les fichiers, y compris ceux dont le nom commence par « . ».

Exercice n°11

Affichez les attributs de votre répertoire de connexion.

Exercice n°12

Quelles sont les commandes qui permettent de comparer des fichiers ? Utilisez l'une d'elles pour comparer votre fichier .profile avec celui d'un autre utilisateur.

Exercice n°13

Créez, dans votre répertoire de connexion, un répertoire de nom « exemples », et copiez dans ce répertoire l'arborescence située sous « exercices ».

Exercice n°14

Supprimez l'arborescence exercices avec une seule commande et sans demande de confirmation pour les fichiers en lecture seule.

Exercice n°15

Affichez les attributs de tous vos sous répertoires (de tous les niveaux).

Exercice n°16

Dans l'arborescence des utilisateurs, recherchez tous les fichiers qui ont plus d'un lien.

Exercice n°17

Affichez tous les fichiers de votre arbrescence qui ne sont pas des fichiers réguliers.

Exercice n°18

Supprimez de votre arborescence tous les fichiers de taille nulle avec une double demande de confirmation.

- Les jokers : *, ? , [...]
- La protection des caractères spéciaux : \, ' ....', "....."
- Les redirections et les tubes : >, <, >>, |

4

Le shell

Objectifs

Après l'étude du chapitre, le lecteur sait se servir des redirections, échanger des données entre commandes. Il sait également utiliser les caractères de remplacement de noms de fichiers : les jockers. Il sait également protéger ses commandes d'une interprétation abusive du shell grâce aux caractères de protections ou d'échappement.

Contenu

Le shell, généralités
Les jokers
La protection des caractères spéciaux
La redirection des entrées sorties standard
Les redirections, les tubes
Atelier

Le shell, généralités

- Le shell interprète les commandes.

- Le shell est indépendant des commandes externes, mais il possède quelques commandes internes (cd, exit, ...).

- Il existe plusieurs shell (C-shell, Bourne, Korn, POSIX et le shell bash), le shell standard est le shell POSIX (sh).

- Le shell possède des caractères spéciaux : les jokers, les caractères de protection, et de redirection (*, ?, \, <,>,|, ...).

- Le shell est un langage de programmation et les procédures de commandes s'appellent des scripts.

- Le script .profile paramètre la session.

Introduction

Le terme shell est générique. Il désigne les interpréteurs de commandes des systèmes UNIX. Les interpréteurs sont indépendants des commandes externes, celles qui se trouvent dans le répertoire /usr/bin. Ils possèdent cependant quelques commandes internes (« *built in commands* ») qui, pour les principales, sont communes aux différents shells. Il n'est pas possible de donner une liste exhaustive des shell's: un interpréteur est une commande externe binaire et il peut en exister autant que de programmeurs C en environnement UNIX. Les interpréteurs disponibles dans tous les systèmes UNIX sont le shell Bourne, le C shell et le Korn shell. Le shell POSIX est aujourd'hui considéré comme le standard de la majorité des systèmes UNIX.

Le Korn shell, créé par monsieur David Korn, et le shell POSIX, sont entièrement compatibles avec le shell Bourne, oeuvre de monsieur Steve Bourne. Le C shell, créé à l'origine par Bill Joy, pour le système UNIX BSD n'est pas compatible avec le shell Bourne, même s'il n'en remet pas en cause les principes.

Le shell bash (« Bourne Again shell ») est le produit d'un projet GNU. C'est le shell par défaut du système Linux. Bash est compatible avec le shell Bourne. Il incorpore les éléments les plus pratiques de Korn shell et C shell. Il est conforme au standard shell IEEE POSIX P1003.2/ISO 9945.2 La plupart des scripts écrits en shell Bourne peuvent être exécutés, sans modification, par le shell bash. Le shell bash fonctionne sur d'autres systèmes UNIX que Linux et, inversement, le Korn shell et le C shell existent sous Linux.

Commandes internes et commandes externes

Nous connaissons l'existence des commandes externes et nous avons mentionné l'existence de commandes internes au shell. L'utilisateur peut aussi définir des alias (*cf. Module 6 : Compléments shell*) et des fonctions (*cf. Ouvrage UNIX shell des mêmes auteurs*). Les commandes **type**, **whereis** et **which** nous permettent de connaître la nature de la commande qu'il va exécuter, le répertoire où se trouve la commande, si elle est externe, et l'existence éventuelle d'un manuel.

La commande **type** est une commande interne des shells. Elle indique ce que le shell va exécuter si l'utilisateur active cette commande. Avec l'option « -a », elle indique toutes les formes connues de la commande.

La commande **whereis** recherche le code binaire, les sources et les pages de manuel de la commande.

La commande **which** recherche la commande dans les répertoires *bin*.

Exemples

```
$ type -a ls
ls is aliased to `ls –a'
ls is a function
ls ()
{
    ls  -alsd
}
ls is /bin/ls

$ type ls
ls is aliased to `ls -a'

$ which sh
/usr/bin/sh

$ whereis sh
sh: /usr/bin/sh /usr/share/man/man1/sh.1.gz

$ type quoi
-sh: type: quoi: not found

$ which quoi
/usr/bin/which: no quoi in
(/usr/local/bin:/bin:/usr/bin:/usr/X11R6/bin:/home/gilles/bin)
```

Les caractères spéciaux

Les shells possèdent des caractères spéciaux dont les utilisateurs doivent connaître la liste, même s'ils n'en ont pas nécessairement besoin en mode interactif car les shells leur donnent une signification particulière quand ils interprètent la ligne de commandes. Ceux que l'utilisateur doit maîtriser sont étudiés ultérieurement, c'est pourquoi nous ne faisons qu'en donner la liste. Les shells distinguent plusieurs catégories de caractères spéciaux. On trouve :

- Les méta-caractères qui sont constitués des séparateurs. Ce sont les symboles « ; », « & », « (», «) », « | », « < », « > », « passage à la ligne », « espace » et « tabulation ».

- Les caractères de génération des noms de fichiers « * », « ? », « [» «] ».

- Les caractères utilisés dans les remplacements de variables ou de commandes « $ », « ` », « { » et « } ».

- Les caractères de protection des caractères spéciaux « \ », « ' » et « " ».

Les autres caractéristiques

Les shells, sauf le shell Bourne, conservent un historique des commandes exécutées et qu'il est ensuite possible de rappeler. Ils autorisent, sauf le shell Bourne, la définition d'alias pour les commandes.

Les shells possèdent un fichier de démarrage exécuté à la connexion d'un utilisateur. Ce fichier a pour nom *.profile* pour le shell Bourne, le Korn shell et le shell POSIX et

.login pour le C shell. Il permet aux utilisateurs de personnaliser leur session de travail.

Le fichier de démarrage du shell bash a pour nom .bash_profile. S'il n'existe pas, c'est le fichier .profile qui est exécuté.

Les shells sont de véritables langages de programmation utilisés pour écrire des procédures qui simplifient l'utilisation d'une commande ou l'exploitation du système. Le terme *script* désigne les programmes écrits en langage shell.

Remarque

Il existe, dans la plupart des systèmes UNIX, une commande **script** qui permet de conserver dans un fichier une copie de tout ce qui a été affiché sur son terminal, un « log » de la session.

```
$ script
Le script a commencé, le fichier est typescript
$ who
root     tty1     Mar 24 08:21
pierre   pts/0    Mar 24 08:23 (192.168.1.200)
$ pwd
/home/pierre
$ exit
$ cat typescript
Début du script sur Mon Mar 24 08:25:27 2003
[pierre@poste100 pierre]$ who
root     tty1     Mar 24 08:21
pierre   pts/0    Mar 24 08:23 (192.168.1.200)
[pierre@poste100 pierre]$ pwd
/home/pierre
[pierre@poste100 pierre]$ exit
exit
Script terminé sur Mon Mar 24 08:27:02 2003
```

Les jokers

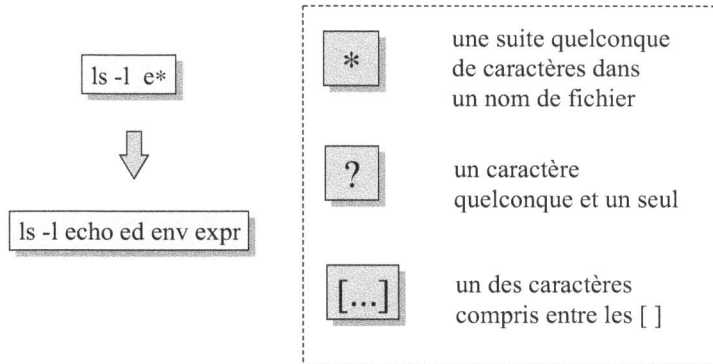

Introduction

Les caractères de substitution dans les noms de fichiers, les jokers, permettent à un utilisateur de donner, dans une ligne de commande, des noms incomplets de fichiers. Le shell remplace les modèles par les noms qui correspondent, quelqu'en soit la position dans la ligne de commande. Le shell remplace les jockers en tenant compte des chemins exprimés.

Le caractère * remplace une suite quelconque, *y compris vide*, de caractères.

Le caractère ? remplace *un caractère et un seul.*

La liste de caractères entre les crochets peut prendre plusieurs formes:

* [agtu] représente le caractère a ou g ou t ou u.
* [0-9] représente le caractère 0 ou 1 ou 2 ou 3 ou 4 ou 5 ou 6 ou 7 ou 8 ou 9.
* [!agtu] représente un caractère autre que a, g, t et u.
* [!0-9] représente un caractère autre qu'un chiffre.

Le nombre de jockers que l'on peut utiliser dans un nom de fichier n'est pas limité.

Exemples

```
$ ls
a123b444c56    a123b4c56  echo      ed       env
expr           f+         f1        f11      f12
f13            f2         f3        fa       fb
t1.txt         t2.txt

$ echo bonjour    # affiche bonjour à l'écran
bonjour

$ echo *
a123b444c56 a123b4c56 echo ed env expr f+ f1 f11 f12 f13 f2 f3 fa fb t1.txt t2.txt
```

```
$ echo f*
f+ f1 f11 f12 f13 f2 f3 fa fb

$ echo f?
f+ f1 f2 f3 fa fb

$ ls f[123]
f1              f2              f3

$ ls f[1-3]
f1              f2              f3

$ ls f[!123ab]
f+

$ ls a*b*c*
a123b444c56  a123b4c56

$ ls a*b?c*
a123b4c56

$ ls /usr/bin/a*
ar              at              awk

$ ls z*
z*
```

Remarque

Les jokers ne sont pas remplacés s'il n'existe pas de noms de fichiers qui correspondent au modèle proposé.

La protection des caractères spéciaux

```
rm -i "*"
```

⬇

```
rm -i  *
```

détruit le fichier dont
le nom est "*", et
non l'ensemble des
fichiers

' ... '	Echappe tout les caractères
" ... "	Echappe tout sauf \, ' et $
\x	Echappe le caractère qui suit

Introduction

Les shell's interprètent systématiquement les caractères spéciaux qu'ils recontrent sur une ligne de commandes. Il en résulte, avec les jokers, une ligne de commande modifiée ou un mode particulier d'exécution de la commande dans le cas des symboles de redirection.

Pour que les caractères spéciaux soient ignorés par le shell, et ainsi transmis à la commande, il faut les protéger. Il existe pour cela différents moyens, communs à tous les interpréteurs shell's. On dit souvent que l'on procède à l'échappement des caractères spéciaux, par analogie avec des mécanismes utilisés en transmission de données et mis en oeuvre grâce au caractère « Escape ».

- Le caractère \ protège le caractère qui le suit immédiatement.
- Tous les caractères encadrés par ' sont protégés, sauf le caractère ' lui même qui sert de délimiteur.
- Tous les caractères encadrés par " sont protégés, sauf les caractères $, ` et \ qui conservent leur signification (*cf. cours shell*), ainsi que " qui sert de délimiteur.

Exemples

```
$ echo \*\*\* bonjour \*\*\*
*** bonjour ***

$ echo \\
\

$ echo '<<< bonjour >>>'
<<< bonjour >>>

$ echo 'double quote  " '
double quote "

$ echo "simple quote  ' "
simple quote '
```

$ echo "*** Le terminal est du type $TERM ***"
*** Le terminal est du type console ***

$ echo "Le remplacement de TERM se dit \$TERM"
Le remplacement de TERM se dit $TERM

Remarque

Il est possible de mélanger plusieurs types de protection sur la même ligne de commande. $ echo "Le symbole \$ est protege entre ' " 'mais pas entre " '.Le symbole $ est protege entre ' mais pas entre "

La redirection des entrées sorties standard

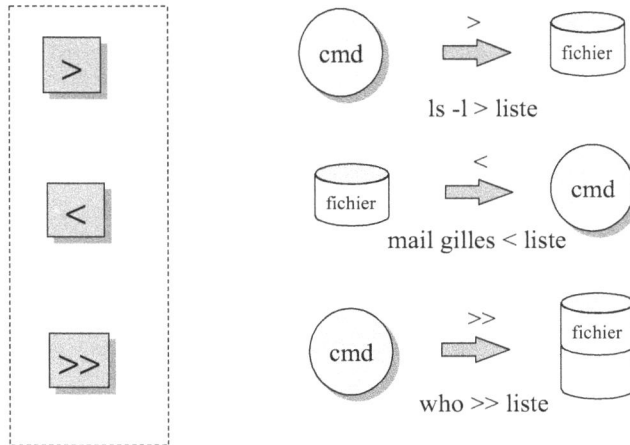

ls -l > liste

mail gilles < liste

who >> liste

Introduction

Les commandes qui nécessitent des données ou qui produisent des résultats attendent, par défaut, que les données soient saisies à partir du clavier et envoient les résultats sur l'écran du terminal, respectivement appelés fichiers d'entrée et de sortie standard. Le système UNIX possède un mécanisme, dit de redirection des entrées sorties standards, mis en œuvre très facilement grâce aux symboles <, > et >>, qui remplace le clavier ou l'écran par des fichiers.

Rediriger l'entrée standard

$ commande [options] [arguments] < fichier

Le symbole < , qui signifie « venant de », substitue le fichier à l'entrée standard par défaut: le clavier. Les données qui alimentent la commande viennent du fichier.

Rediriger la sortie standard

$ commande [options] [arguments] > fichier

Le symbole >, qui signifie « vers », est suivi du nom du fichier dans lequel les résultats produits par la commande vont être écrits, en *remplacement* de l'ancien contenu si le fichier existe déjà. Il est créé sinon.

$ commande [options] [arguments] >> fichier

Les caractères >> signifie que l'on *ajoute* les résultats produits par la commande au contenu actuel du fichier. Il est créé s'il n'existe pas. Ce moyen est très souvent utilisé, dans des scripts, pour constituer des fichiers historiques qui cumulent les résultats de commandes.

Remarques

- La redirection des entrées sorties, exprimées de cette façon, n'est valide que pour la ligne de commande où elle s'applique.
- Les fichiers peuvent être des fichiers spéciaux (des périphériques /dev/xxx). Il suffit que l'utilisateur dispose des droits de lecture ou d'écriture.
- On peut combiner une redirection en entrée et en sortie sur la même ligne de commande.
- Une redirection en sortie sans commande efface le contenu du fichier s'il existe ou le crée vide, sinon.
  $ > fichier
- Les symboles de redirection peuvent être mis n'importe où dans la ligne de commande
  $ > fichier ls -l
- On peut utiliser les redirections de manière absurde, par exemple rediriger la sortie d'une commande qui n'a pas de sortie. L'usage des redirections n'a de sens que si la redirection fait référence à une entrée sortie manipulée par la commande.
  $ cp f1 f2 > sortie   # le fichier sortie est vide
  $ ls -l < entree   # la commande **ls** ne lit pas le fichier d'entrée standard
- Une commande qui lit l'entrée standard comme la commande **cat** ou la commande **mail**, réalise par défaut une lecture au clavier. La combinaison des touches Ctrl et D (notée ^D) met fin à la saisie.

Exemples

$ **cat**
bonjour
bonjour
^D

$ **cat > message**
La redirection des entrées sorties standard est un moyen très pratique, car elle est valable pour toutes les commandes, y compris mes propres scripts.
^D

$ **cat message   # ou   cat < message**
La redirection des entrées sorties standard est un moyen très pratique, car elle est valable pour toutes les commandes, y compris mes propres scripts.

$ **mail gilles < message**

$ **mail**
Mail version 5.5 6/1/90. Type ? for help.
"/var/spool/mail/gilles": 1 message 1 new
>N 1 root@goubet.goubet   Sun May 11 16:47 12/483
& Message 1:
From root@goubet.goubet Sun May 11 16:47:25 1997
Date: Sun 11 May 2003 16:47:24 -0100
From: root <root@goubet.goubet>
To: gilles@goubet.goubet
La redirection des entrées sorties standard est un moyen très pratique, car elle est valable pour toutes les commandes, y compris mes propres scripts.

$ **echo ========================= > resultats**

$ **date >> resultats**

$ **echo ========================= >> resultats**

$ **cat resultats**

=========================

Sun May 11 16:50:06 GMT-0100 2003

============================

$ ls e* > resultats

$ cat resultats
ed
env
expr

$ echo echo Bonjour > le_script

$ echo date >> le_script

$ sh < le_script
Bonjour
Sun May 11 16:51:06 GMT-0100 2003

$

Les redirections, les tubes

$$\boxed{ls\ \text{-}l\ |\ pr\ |\ lp}$$

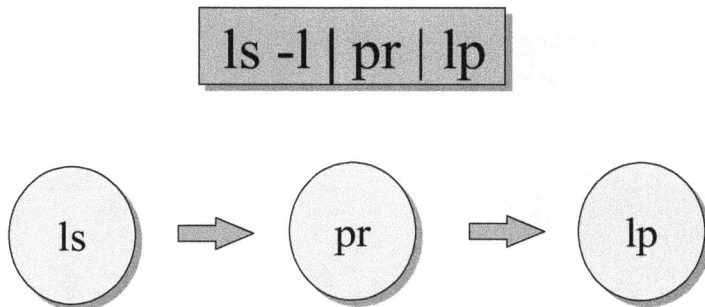

Introduction

Si les résultats produits par une commande, la sortie standard, constituent les données, l'entrée standard, de la commande qui suit, il est préférable d'enchaîner les deux commandes par un tube (« pipe »), plutôt que de passer par un fichier de redirection (symboles < et >). Le tube, exprimé par le symbole |, est un mécanisme de communication, limité dans le temps à l'exécution des commandes, qui leur permet d'échanger des données pendant qu'elles s'exécutent simultanément.

Redirection dans un fichier	**Utilisation du tube**

$ commande1 > f
$ commande2 < f
$ rm f
	$ commande1 | commande2

$ commande1 > fa
$ commande2 <fa >fb
$ commande3 <fb
	$commande1 | commande2 | commande3

Remarque

Le nombre de commandes que l'on peut enchaîner par des tubes n'est pas illimité. Il dépend du nombre de tâches qu'un utilisateur peut exécuter simultanément. Les utilisateurs doivent consulter l'administrateur du système pour connaître ce nombre, généralement assez élevé pour ne pas être bloquant.

Exemples

$ **ls -l | more**   # affiche le résultat de la commande ls, page par page

$ **ls -l | lp**   # imprime le résultat d'une commande

$ **ls -l | pr | lp**   # imprime le résultat de la commande ls après une mise en page

$ **ls | wc -l**   # affiche le nombre de fichiers du répertoire

La commande tee

La sortie standard d'une commande ne peut être redirigée que dans un seul fichier ou un tube, mais pas dans deux directions simultanées. La commande **tee** est un filtre (*cf. Module 8 : Les filtres*) simple d'utilisation et qui permet de simuler facilement des redirections multiples. La commande **tee** envoie l'entrée standard sur la sortie standard et dans le fichier qu'on lui fournit en argument. Comme avec la redirection « > », le fichier est créé. L'option « -a » ouvre le fichier en mode ajout, comme avec la redirection « >> ».

Exemples

```
$ ls -l | tee liste
total 2
-rw-r--r--   1 pierre   pierre        191 mar 24 08:20 typescript
…
$ cat liste
total 2
-rw-r--r--   1 pierre   pierre        191 mar 24 08:20 typescript
…
$ ls -l | tee liste |more
total 2
-rw-r--r--   1 pierre   pierre        191 mar 24 08:20 typescript
…
$ cat liste
total 2
-rw-r--r--   1 pierre   pierre        191 mar 24 08:20 typescript
…
$ ls -l | tee liste1 > liste2
$ cat liste1
total 2
-rw-r--r--   1 pierre   pierre        144 mar 24 10:40 liste
…
$ cat liste2
total 2
-rw-r--r--   1 pierre   pierre        144 mar 24 10:40 liste
…
$ pwd | tee -a liste
/home/pierre
$ cat liste
total 2
-rw-r--r--   1 pierre   pierre        191 mar 24 08:20 bash_profile
…
/home/pierre
```

Annexe Linux

Le terminal Konsole – une session shell

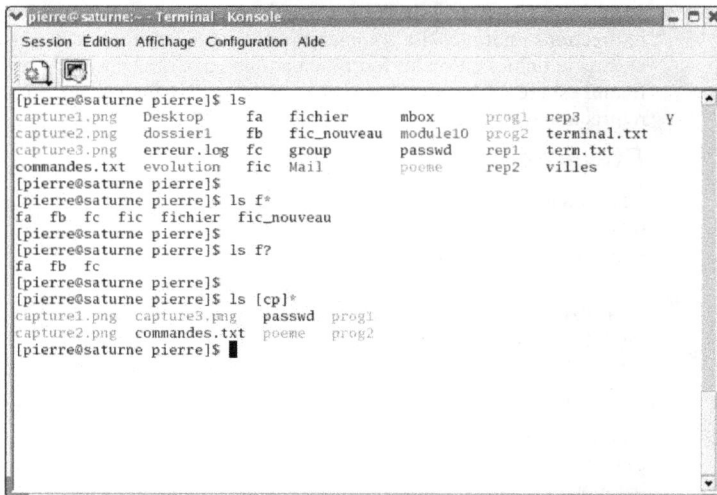

La commande **ls** utilise une couleur différente pour chaque type de fichier.

Configuration du terminal Konsole

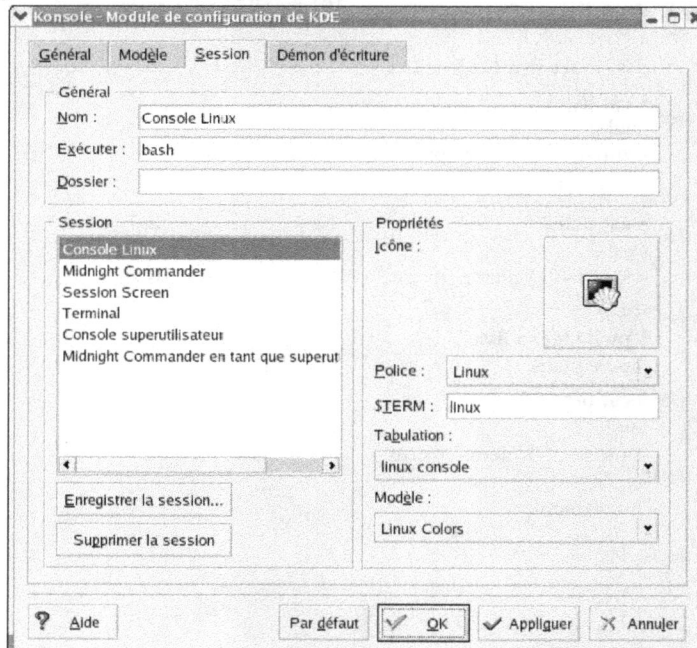

Dans la fenêtre terminal : Configuration – Configurer Konsole
Principales configurations : la police et les couleurs.

Lancer un terminal depuis la ligne de commande

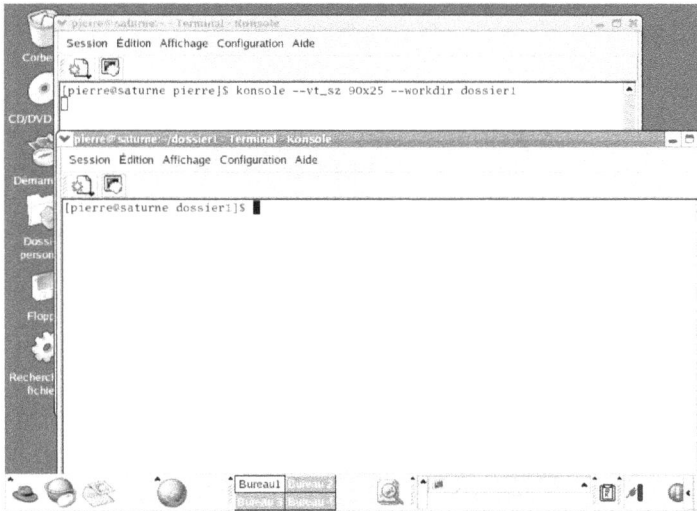

Lancement d'un terminal Konsole dans une fenêtre de 25 lignes et 80 colonnes, le
répertoire courant est « dossier1 », sans historique des commandes.

Atelier 4 : Le shell

Objectifs :

■ **Utiliser correctement les caractères spéciaux pour que le shell génère et exécute les commandes attendues.**

■ **Savoir se servir des redirections.**

Durée :

■ **30 minutes.**

Exercice n°1

Déplacez-vous dans le répertoire /usr/bin et affichez la liste des fichiers dont le nom comporte exactement 4 caractères.

Exercice n°2

Affichez la liste des fichiers dont le nom commence par une lettre comprise entre a et e.

Exercice n°3

Afficher la liste des fichiers dont le nom possède la lettre « t » en deuxième caractère.

Exercice n°4

Utilisez la commande echo pour afficher le message suivant sur votre terminal :
Il fait beau aujourd'hui.

Exercice n°5

Affichez le message " bonjour monsieur " en entrant la commande sur 3 lignes.

Exercice n°6

Revenez dans votre répertoire de connexion et créez un fichier de nom info.txt contenant la date et l'heure. Exécutez la commande « cat info.txt » pour visualier le fichier.

Exercice n°7

En utilisant exactement le même mécanisme, envoyer le résulat de la commande « ls » dans le fichier info.txt.
Visualisez le fichier. Que constatez-vous ?

Exercice n°8

Refaites l'exercice numéro 6 et ajoutez au contenu du fichier info.txt le résulat de la commande « ls », visualisez le résulat.

Exercice n°9

Utilisez la commande mail pour vous envoyer le fichier info.txt.

Exercice n°10

Affichez page par page, la liste des fichiers du répertoire /etc.

Exercice n°11

A l'aide de la commande **tee**, faites que le résultat de la commande **ls –l** soit envoyé dans deux fichiers et également affiché à l'écran.

Exercice n°12

A l'aide de la commande **cat**, ajoutez quelques commandes à la fin de votre fichier de démarrage, mettez fin à la session et reconnectez-vous. Que constatez-vous ?

- *Explication des droits (rwxr-xr-x).*
- *Les commandes chmod, chgrp.*
- *Les droits sur les répertoires.*
- *La gestion des groupes.*

5

Les droits

Objectifs

Après l'étude du chapitre, le lecteur sait lire et modifier les droits de tous les types de fichier et définir les droits par défaut.

Une attention particulière est portée aux répertoires. La maîtrise de leurs droits est fondamentale pour gérer correctement l'accès, la création et la destruction des fichiers qu'ils contiennent.

Le chapitre explique également la gestion des groupes d'utilisateurs. Bien qu'elle incombe à l'administrateur du système, sa connaissance est nécessaire pour la compréhension globale des droits.

Contenu

La gestion des droits
Connaître les droits (**ls -l**)
Modifier les droits (**chmod**)
Les droits sur les répertoires
Les droits par défaut (**umask**)
La gestion des groupes
Atelier

Les utilisateurs et les groupes

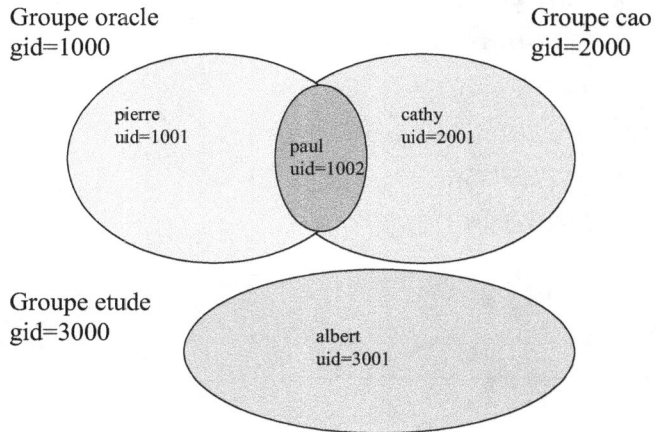

Groupe oracle
gid=1000

Groupe cao
gid=2000

pierre
uid=1001

paul
uid=1002

cathy
uid=2001

Groupe etude
gid=3000

albert
uid=3001

Introduction

Chaque utilisateur d'un système UNIX est désigné par une valeur numérique unique, l'UID (« *User Identification* »), que l'administrateur définit quand il crée le compte de l'utilisateur. La description d'un compte utilisateur comprend principalement cet UID, le nom de connexion et le mot de passe.

Les utilisateurs sont répartis en groupes et chaque utilisateur appartient à au moins un groupe. Chaque groupe est identifié par un GID (« *Group Identification* »). L'affectation d'un utilisateur à des groupes est réalisée par l'administrateur du système et se fait selon les besoins que l'utilisateur a d'exécuter ou d'accéder à tel ou tel fichier.

L'un de ces groupes est appelé le groupe initial et les autres les groupes secondaires. Le groupe initial détermine le groupe courant de l'utilisateur et fixe le groupe des fichiers créés.

Le fichier */etc/passwd* contient la liste des comptes utilisateurs. Pour chacun d'entre eux, il mémorise le nom, l'UID, le groupe initial, le répertoire de connexion et le shell de l'utilisateur.

Le fichier */etc/group* contient la liste des groupes. Pour chacun, il mémorise son nom, son GID et la liste de ses membres.

Exemples

L'utilisateur pierre a l'UID 1001 et il appartient au groupe oracle.

L'utilisateur paul a l'UID 1002 et il appartient au groupe oracle, son groupe initial, et au groupe cao, son groupe secondaire.

L'utilisateur albert a l'UID 3001 et il appartient au groupe etude.

$ **grep pierre /etc/passwd**
pierre:x:1001:1000::/home/pierre:/bin/ksh

$ grep paul /etc/passwd
paul:x:1002:1000::/home/paul:/bin/ksh

$ grep albert /etc/passwd
albert:x:3001:3000::/home/albert:/bin/ksh

$ grep paul /etc/group
cao:x:2000:paul

Remarque
Dans le fichier */etc/group*, un utilisateur n'apparaît généralement pas dans la liste des membres de son groupe principal.

La gestion des droits

- ▪ ls -l   **Affiche les droits.**
- ▪ chmod   **Change les droits d'un fichier.**
- ▪ umask   **Positionne les droits par défauts.**
- ▪ chgrp   **Change le groupe d'un fichier.**
- ▪ id   **Affiche l'identité de l'utilisateur**
- ▪ su   **Change l'identité de l'utilisateur**
- ▪ newgrp   **Change le groupe de l'utilisateur**

Introduction

Le système UNIX est un système multi-utilisateurs où l'accès aux fichiers est contrôlé par des droits. La commande ls -l permet de les afficher.

Chaque fichier appartient à un seul utilisateur, le propriétaire (« user »), qui l'a créé en exécutant une commande (**vi,cp**,...). Il peut en modifier les droits en exécutant la commande **chmod.**

Un groupe d'utilisateurs (« group ») est aussi associé à un fichier. Si un utilisateur n'est pas le propriétaire et n'est pas membre du groupe du fichier, il fait partie des autres (« other »). Pour connaître la catégorie à laquelle on appartient quand on accède à un fichier, il suffit de savoir lire les fichiers */etc/passwd* et */etc/group* ou, plus simplement, d'exécuter la commande **id**.

La commande **chmod** permet au propriétaire de modifier ses droits, ceux du groupe et des autres. Le propriétaire du fichier exécute la commande **chgrp** pour modifier le groupe associé au fichier.

La commande **id** est très importante. Elle affiche l'identité de l'utilisateur, son groupe courant et la liste des groupes dont il est membre, informations définies par l'administrateur.

L'utilisateur qui crée un fichier en est le propriétaire et son groupe, le plus souvent son groupe initial, est celui qui est attribué au fichier.

Quand une commande est exécutée et qu'elle crée un fichier, le système UNIX attribue des droits par défaut à ce fichier. La commande **umask** permet de définir la valeur du masque par défaut.

Dans le système UNIX, les fichiers de données, les programmes, les répertoires et les périphériques sont des fichiers. Ils ont tous un propriétaire, un groupe et des droits. Les principes et les commandes qui sont à la base du contrôle d'accès sont les mêmes quel que soit le type des fichiers.

Remarque

Il existe d'autres commandes de gestion des droits :

chown	Elle permet de changer le propriétaire d'un fichier. Son usage est réservé à l'administrateur « root ».
su	Permet de changer de compte utilisateur.

Connaître les droits (ls -l)

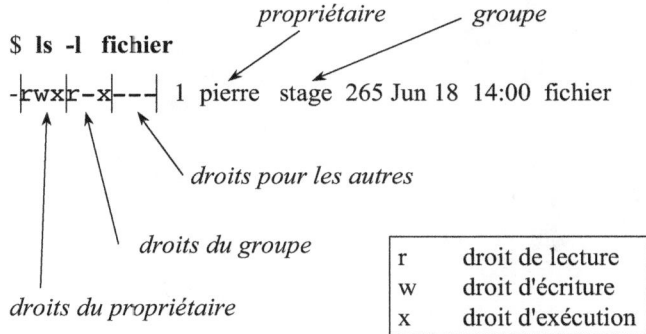

$ **ls -l fichier**

propriétaire   *groupe*

-rwxr-x--- 1 pierre stage 265 Jun 18 14:00 fichier

droits pour les autres

droits du groupe

droits du propriétaire

r	droit de lecture
w	droit d'écriture
x	droit d'exécution

Introduction

Rappelons que pour contrôler l'accès à un fichier, le système UNIX divise les utilisateurs en trois catégories :

- Le propriétaire.
- Les membres du groupe associé au fichier.
- Les autres, terme générique qui désigne tous les utilisateurs autres que le propriétaire et les membres du groupe.

Pour chaque catégorie, il existe trois droits d'accès:

- Le droit de lecture (« read ») qui permet de lire les octets du fichier, ce qui autorise par exemple la copie du fichier.
- Le droit d'écriture (« write ») qui permet d'ajouter, de retirer ou de modifier des octets.
- Le droit d'exécution (« execute ») qui permet de considérer le fichier comme une commande. Ce droit qui peut être positionné quelque soit le fichier n'a de sens que si le fichier est un binaire exécutable ou un script.

La commande **ls -l**, permet de connaître le propriétaire d'un fichier, son groupe, et les droits d'accès de chaque catégorie d'utilisateurs.

Remarques

- Les droits d'accès d'un fichier ne s'appliquent pas à l'administrateur.
- Il existe d'autres droits, dits d'endossement (SGID, SUID) et le « sticky-bit ». Ils sont étudiés en administration (*cf. Droits particuliers*).
- La plupart des systèmes UNIX proposent en plus des commandes qui mettent en œuvre le concept d'ACL (« *Acces Control List* »). Il permet d'accorder des droits particuliers à des utilisateurs ou des groupes. Leur mise en œuvre est souvent propre à chaque système. Cependant, POSIX définit les commandes **setacl** et **getacl** pour positionner ou connaître les ACL (*cf. Droits particuliers*).

Modifier les droits (chmod) (1/2)

$ chmod u-w fichier

u		r
g		w
o		x
ug	+	rw
uo	-	rx
go	=	wx
ugo		rwx
(ou a)		-

u	le propriétaire
g	le groupe
o	les autres
a	tout le monde
+	ajout de droits
-	retrait de droits
=	affecte des droits
r	droit de lecture
w	droit d'écriture
x	droit d'exécution
-	absence de droits

Introduction

La commande **chmod** permet à un propriétaire ou à l'administrateur de modifier les droits de ses fichiers. Sa syntaxe est la suivante :

> **chmod mode[, ...] fichier ...**

L'argument mode, qui indique la modification des droits, peut être représenté symboliquement (*planche 1/2*) ou numériquement, en octal (*planche 2/2*). La chaîne de caractères qui le définit ne doit pas comporter d'espace.

Dans sa forme symbolique, il est composé de trois parties qui représentent successivement la ou les catégories d'utilisateurs auxquelles s'appliquent la modification, la nature de l'opération et les droits mis en œuvre.

Exemples

Retirer le droit d'écriture, pour le propriétaire, au fichier essai.c :
```
$ ls –l essai.c
-rw-rw-r--  1 gilles  cao        0 mar 24 14:57 essai.c
$ chmod   u-w  essai.c
$ ls –l essai.c
-rw-r--r--  1 gilles  cao        0 mar 24 14:57 essai.c
```

Ajouter le droit de modification pour le groupe, et retirer le droit d'exécution pour les autres au fichier a.out :

```
$ ls –l a.out
-rwxr-xr-x  1 gilles  cao        0 mar 24 14:57 a.out

$ chmod  g+w,o-x   a.out

$ ls –l a.out
-rwxrwxr--  1 gilles  cao        0 mar 24 14:57 a.out
```

Ajouter les droits de modification et de lecture pour le groupe et les autres aux fichiers salut.c et essai.c :

$ ls –l *.c
-rw-r--r--   1 gilles   cao   0 mar 24 14:57 essai.c
-rw-r--r--   1 gilles   cao   0 mar 24 14:57 salut.c

$ chmod go+rw   salut.c   essai.c

$ ls –l *.c
-rw-rw-rw-   1 gilles   cao   0 mar 24 14:57 essai.c
-rw-rw-rw-   1 gilles   cao   0 mar 24 14:57 salut.c

Donner les droits de lecture et d'écriture à tout le monde pour les fichiers *.txt
$ chmod a=rw *.txt

$ ls –l *.txt
-rw-rw-rw-   1 gilles   cao   0 mar 24 14:57 f1.txt
-rw-rw-rw-   1 gilles   cao   0 mar 24 14:57 f2.txt

Remarque
Dans le cas de l'opération « = », les nouveaux droits ne se déduisent pas des droits antérieurs. les droits que l'on mentionne derrière le symbole « = » remplacent et annulent ceux qui étaient positionnés avant.

Modifier les droits (chmod) (2/2)

$ **chmod 740 fichier**

400	droit de lecture pour le propriétaire
200	droit d'écriture pour le propriétaire
100	droit d'exécution pour le propriétaire
040	droit de lecture pour le groupe
020	droit d'écriture pour le groupe
010	droit d'exécution pour le groupe
004	droit de lecture pour les autres
002	droit d'écriture pour les autres
001	droit d'exécution pour les autres

Introduction

Sur disque, dans le descripteur d'un fichier, le système UNIX mémorise les droits en binaire. Chaque droit élémentaire est codé sur un bit. Le champ mode de la commande **chmod** peut être défini sous forme numérique. Il représente alors le masque des droits, tel que représenté en interne par le système.

Il est obtenu en réalisant une opération « ou logique » entre les droits élémentaires à positionner. L'addition des nombres définis dans le tableau ci-dessus permet d'obtenir le même résultat sans avoir besoin de connaître les opérateurs logiques.

Quand on modifie les droits numériquement, le changement s'applique nécessairement aux trois catégories d'utilisateurs : propriétaire, groupe et autres, et les droits exprimés dans le masque remplacent les droits antérieurs.

Exemple

Donner tous les droits au propriétaire (400+200+100), les droits de lecture et d'exécution pour le groupe (40+10), et le droit de lecture pour les autres (4), au fichier a.out :

$ **chmod   754   a.out**

Donner tous les droits aux autres, rien au groupe ni au propriétaire

$ **chmod 7 a.out   # chmod 007 a.out**

Donner tous les droits au propriétaire

$ **chmod 700 a.out**

Remarque
Le fait que le propriétaire n'ait plus de droit ne lui retire pas la propriété du fichier, donc il conserve le droit de se redonner tous les droits.

Droits sur les répertoires

$ **ls -ld repertoire**

drwxr-x--- 1 pierre stage 265 Jun 18 14:00 repertoire

r	droit de lire la liste des fichiers du répertoire
w	droit d'ajouter et de supprimer des fichiers dans le répertoire
x	droit d'accès aux fichiers du répertoire

Introduction

Le mécanisme de lecture et de positionnement des droits d'un répertoire est identique à celui des autres fichiers. Les droits d'un répertoire s'interprètent cependant d'une manière différente et revêtent, au regard de la sécurité, une importance particulière pour l'accès, la création et la suppression des fichiers qu'ils contiennent.

Le droit de lecture permet de connaître la liste des fichiers du répertoire en la visualisant grâce à la commande **ls**, appliquée au répertoire.

Le droit d'exécution permet l'accès aux fichiers d'un répertoire. Un fichier n'est accessible que si le droit « x » est positionné. C'est la clé indispensable pour que les droits d'accès d'un fichier soient contrôlés. A défaut, aucune opération n'est possible sur le fichier, quel que soient les droits de l'utilisateur. Le droit d'exécution est aussi nécessaire pour qu'un répertoire devienne le répertoire courant, grâce à la commande **cd**.

Le droit d'exécution, sans le droit de lecture, est suffisant sur le répertoire, pour accéder à un fichier, à condition qu'on en connaisse le nom.

Le droit d'écriture, qui n'a de sens qu 'accompagné du droit d'accès aux fichiers, donne le droit de créer ou de supprimer des fichiers dans le répertoire, sans qu'il soit nécessaire d'en être le propriétaire.

Des remarques précédentes on peut déduire les combinaisons de droit significatives pour les répertoires, pour une catégorie d'utilisateurs :

- rwx   Tous les droits.
- r-x   Le droit d'accéder aux fichiers du répertoire.
- ---   Aucun droit.
- --x   Le droit d'accéder aux fichiers dont on connaît le nom

Exemples

Transformer son répertoire de connexion en répertoire privé :

```
$ chmod   700  ~
$ ls  -ld   /home/pierre
```
drwx------ 2 pierre other 91 Juil 18 09:54 /home/pierre

Transformer un répertoire en répertoire public.

```
$ ls -ld tmp
```
drwxr-xr-x   2 pierre   cao   1024 mar 24 16:04 tmp

```
$ chmod 777 tmp
```

```
$ ls –ld tmp
```
drwxrwxrwx   2 pierre   cao   1024 mar 24 16:04 tmp

Tout le monde peut détruire des fichiers dans tmp.

```
$ rm tmp/fiche
```
rm: remove write-protected file `tmp/fiche'? y

```
$ ls tmp/fiche
```
ls: tmp/fiche: Aucun fichier ou répertoire de ce type

Le droit « x » suffit pour accéder à un fichier. Il faut connaître le nom des fichiers, nous savons que le répertoire contient un fichier *fiche*.

```
$ chmod 100 tmp
```

```
$ ls tmp
```
ls: tmp: Permission non accordée

```
$ ls –l tmp/fiche
```
-rw-rw-r--   1 pierre   cao   23 mar 24 16:08 tmp/fiche

```
$ cat tmp/fiche
```
Le fichier est visible

Droits par défaut (umask)

■ **Connaître le masque courant**
$ umask
022

■ **Positionner un nouveau masque**
$ umask 77

Introduction

La commande **umask** permet d'afficher ou de positionner les droits d'accès que le système retirera aux fichiers créés par les commandes exécutées jusqu'à la fin de la session. : **umask [masque_des_droits]**

Dans sa forme usuelle, l'argument « masque_des_droits» est numérique. Quand la commande **umask**, accepte un masque symbolique, son fonctionnement est absolument identique à celui de la commande **chmod**.

La commande **umask** est une commande interne des shells (**sh**, **ksh** et **csh**). Le masque qu'elle définit a un effet limité à la durée de vie du shell où elle a été exécutée.

L'utilisateur qui veut rendre un masque permanent, reconnu à chaque session, doit inclure la commande **umask** dans le fichier de démarrage de son shell de connexion (~/.profile pour **ksh**). A défaut, la valeur définie par l'administrateur est utilisée.

Pour des raisons de sécurité, il est conseillé de définir un masque assez restrictif. Le propriétaire des fichiers peut ensuite étendre les droits d'accès aux fichiers en exécutant la commande **chmod** .

Seules les commandes créant les fichiers décident de l'utilisation de l'umask. Les éditeurs de textes ne positionnent pas le droit « x », même si son retrait n'a pas été demandé.

Exemples

```
$ umask
022
$ mkdir rep_non_existe
$ ls -ld rep_non_existe
drwxr-xr-x  2 pierre   cao    1024  15 Oct 10 :32 rep_non_existe

$ touch fiche
```

```
$ ls -l fiche
-rw-r--r--   1 pierre   cao    0 mar 24 16:22 fiche
```

```
$ umask  77
$ touch  f_non_existe  # crée le fichier f_non_existe
$ ls -l  f_non_existe
-rw-------  1 pierre   cao    0  15 Oct 10 :35 f_non_existe
```

Les commandes peuvent ne pas utiliser le umask. C'est le cas de la commande **cp** avec l'option « -p » qui préserve les attributs.

```
$ umask
077
```

```
$ ls -l /etc/passwd
-rw-r--r--   1 root    root       1948 mar 24 08:21 /etc/passwd
```

```
$ cp -p /etc/passwd util
```

```
$ ls -l util
-rw-r--r--   1 gilles   gilles     1948 mar 24 08:21 util
```

Gestion des groupes

■ **Les commandes**

- *ls -l*   Indique le groupe auquel appartient un fichier.

- *chgrp*   Modifie le groupe d'un fichier.

- *newgrp*   Change de groupe courant.

- *id*   Permet de connaître le groupe courant.

■ **Les fichiers**

- */etc/group*   Mémorise les différents groupes, et les membres de chaque groupe.

- */etc/passwd*   Initialise le groupe courant.

Les utilisateurs appartiennent à un ou plusieurs groupes, et leurs droits d'accès aux fichiers dont ils ne sont pas propriétaires, dépendent de cette appartenance.

Les fichiers créés par un utilisateur font normalement partie du groupe courant de l'utilisateur. Ce groupe courant est initialisé à la connexion grâce au fichier */etc/passwd*. L'utilisateur peut ensuite en changer grâce à la commande **newgrp**.

Le fichier /etc/group

Ce fichier, rappelons-le, définit les différents groupes et les membres de chaque groupe. La modification de ce fichier est réservée à l'administrateur du système. Le fichier est composé d'une ligne par groupe. Sa structure est la suivante :

nom_du_groupe:mot_de_passe:numéro_du_groupe:liste_des_membres

Exemple :

```
$  cat  /etc/group
root::0:root
other::1:root
stage::101:paul,louise
develop::102:pierre,paul
```

La commande chgrp

La commande **chgrp** permet au propriétaire d'un fichier (et à l'administrateur), de changer le groupe auquel est associé un fichier. Sa syntaxe est la suivante :

chgrp nouveau_groupe fichier ...

Remarque
La modification du groupe d'appartenance est définitive. Une nouvelle exécution de la commande chgrp est nécessaire pour à nouveau changer le groupe associé au fichier.

La commande newgrp

La commande **newgrp** permet de changer le groupe courant de sa session. Ce groupe a été déterminé, en début de session, par le fichier */etc/passwd* (étudié en administration). Après qu'un utilisateur ait changé de groupe, les fichiers qu'il crée sont associés au nouveau groupe de l'utilisateur. La connexion à un groupe n'est possible que si l'on en est membre. La syntaxe de la commande **newgrp** est la suivante :

    newgrp [nouveau_groupe]

Si l'on n'indique pas de groupe, on revient dans son groupe de connexion. La connexion à un nouveau groupe prend fin avec la session.

Exemples

Connaître le groupe courant, ici: other
    $ **id**
    uid=101(pierre)   gid=1(other)

Changer de groupe courant
    $ **newgrp   stage**
    UX: newgrp : ERROR : Sorry
    $ **newgrp   develop**
    $ **id**
    uid=101(pierre)   gid=1(develop)

Changer le groupe d'un fichier
    $ **ls -l essai.c**
    -rw-r--r-- 1 pierre other 91 Juil 18 09:54 essai.c
    $ **chgrp   stage   essai.c**
    -rw-r--r-- 1 pierre stage 91 Juil 18 09:54 essai.c

Remarques
- La notion de groupe courant qui vient d'être décrite est celle adoptée par la majorité des systèmes UNIX. Certains systèmes adoptent la logique du système UNIX BSD de l'Université de Berkeley : Un fichier est associé au même groupe que celui du répertoire qui le contient. Il est possible, dans de nombreux systèmes UNIX récents comme SVR4, AIX et UNIX 95 de choisir ce comportement (*cf. le manuel de chmod*).
- Quand on utilise la commande **chgrp**, sur les systèmes UNIX récents, il faut être membre du nouveau groupe.

Des droits complémentaires

■ **Les droits d'endossement et le « sticky bit »**

- Le droit d'endossement du propriétaire SUID (4000)

- Le droit d'endossement du groupe SGID (2000)

- Le « sticky bit » (1000)

■ **Les ACL's POSIX**

- getacl   Connaître les ACL's

- setacl   Positionner les ACL'

Introduction

La présentation qui suit a comme but principal la culture générale. La mise en œuvre des droits complémentaires qui sont présentés relève essentiellement de l'administration. C'est pourquoi la présentation en reste volontairement succincte.

Les droits d'endossement

Pour limiter l'accès à un fichier, on peut créer une commande dont c'est le rôle. Un utilisateur ne pourra pas accéder au fichier avec un outil ordinaire (**cat**, **vi**…), mais se verra contraint d'utiliser la commande spécifique. On donne l'autorisation à la commande plutôt qu'à l'utilisateur. Ceci s'obtient en faisant que la commande s'exécute avec l'identité du propriétaire ou du groupe de la commande plutôt qu'avec celle de l'utilisateur. Pour cela on attribue le droit « s » à la commande. C'est le droit SUID quand il s'applique au propriétaire (4000) et SGID quand il s'applique au groupe. Il se positionne avec la forme symbolique de la commande **chmod**.

Exemples

Le fichier des mots de passe est le fichier */etc/shadow*.

$ ls –l /etc/shadow
-r--------   1 root   root   1489 mar 24 08:21 /etc/shadow

Pierre n'a aucun droit sur ce fichier. Il peut cependant modifier son mot de passe grâce à la commande **passwd**.

$ ls -l /usr/bin/passwd
-r-s--x--x   1 root   root   13476 août 7 2001 /usr/bin/passwd

Quand Pierre exécute la commande **passwd**, elle s'exécute avec l'identité de root, l'administrateur.

Le sticky bit

Le « sticky bit » correspond au droit « t », 1000 numériquement. Quand on l'applique à un répertoire public ayant les droits « rwx » pour le propriétaire mais aussi pour le groupe ou les autres, les utilisateurs conservent le droit d'y créer des fichiers mais ne peuvent plus détruire que les fichiers dont ils sont le propriétaire. On le trouve appliqué, entre autres, à */tmp* et */var/tmp*.

Exemples

$ ls -ld /tmp
drwxrwxrwt   10 root   root   2048 mar 24 07:45 /tmp

$ ls -l /tmp/fiche
-rw-------   1 gilles   cao   0 mar 24 19:16 /tmp/fiche

$ id
uid=2012(pierre) gid=2012(cao) groupes=2012(cao)

$ rm /tmp/fiche
rm: remove write-protected file `/tmp/fiche'? y
rm: cannot unlink `/tmp/fiche': Opération non permise

Les ACL's POSIX

Les ACL's permettent de spécifier des droits additionnels aux droits de base pour donner des autorisations spécifiques à tel ou tel utilisateur ou groupe. Une ligne de définition d'une ACL consiste en trois champs :

Catégorie:[Nom]:droits

La commande **getacl** permet de lire l'ACL d'un fichier et la commande **setacl** de les positionner.

Les ACL's POSIX sont déjà implémentées dans certains systèmes Linux.

Exemples

$ getacl fichier
user::rwx
user:paul:rw-
user:cathy:r--
user:gilles
group::r--
other::---

$ getacl fichier > l_acl

$ setacl -U l_acl fichier2

Annexe Linux

Voir et modifier les droits des fichiers

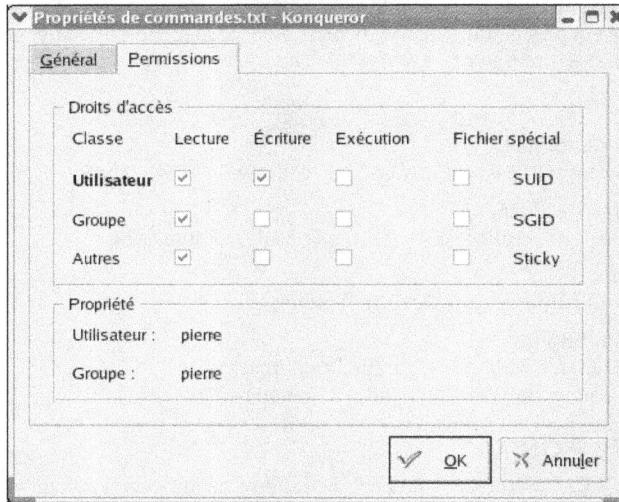

Sélection des fichiers : clic droit – propriétés – permissions

Les droits sur les répertoires

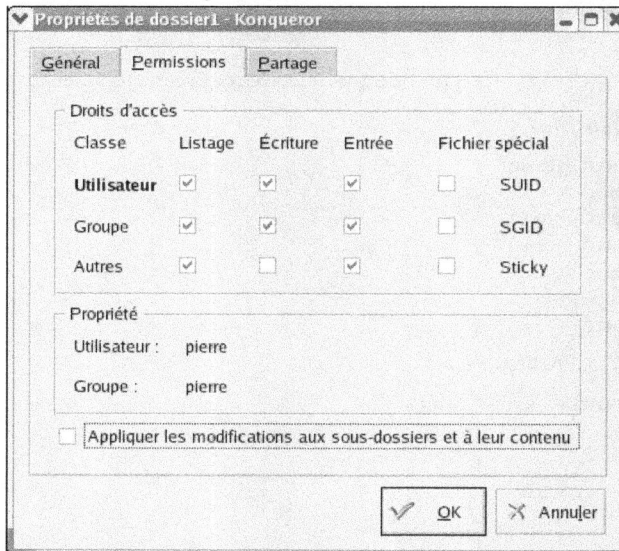

Sélection des répertoires : clic droit – propriétés – permissions
Les colonnes <Listage> et <Entrée> correspondent respectivement aux droits UNIX
« r » et « x ». Si besoin, on coche aussi <Appliquer les modifications aux sous-dossiers>.

Un répertoire verrouillé inaccessible à l'utilisateur

Atelier 5 : Les droits

Objectifs :

■ **Comprendre quels sont ses droits d'accès aux ressources du sytème UNIX.**

■ **Mettre en place un contrôle d'accès cohérent sur ses ressources.**

Durée :

■ **30 minutes.**

Exercice n°1

Exécutez la commande **touch**, pour créer un fichier vide de nom essai.txt :

$ touch essai.txt

a) Sans connaître les droits positionnés, mettez le fichier en lecture seule pour tous de deux manières (symbolique et numérique) et visualisez ses droits.

b) Ajoutez le droit d'exécution au propriétaire et au groupe. Ajoutez le droit d'écriture au propriétaire.

Exercice n°2

Que donnera la commande suivante :

$ rm essai.txt

Exercice n°3

Quels seront les droits du fichier essai.txt après l'exécution de la commande suivante :

$ chmod u+wx,g+w,o-r essai.txt

Exercice n°4

La commande ls -l /home/cathy/prog.exe fournit la sortie suivante :

-r-xr-x--x 2 cathy personnel   452460 Apr 25 1996 /home/cathy/prog.exe

Qui peut exécuter ce programme?

Exercice n°5

La commande ls -ld /home/pierre fournit la sortie suivante :

drwxrwxr-x 2 pierre   compta   512 Apr 10 1996 /home/pierre

Quels utilisateurs sont autorisés à créer ou supprimer des fichiers dans ce répertoire.

Exercice n°6

Pierre peut-il supprimer de son répertoire de connexion un fichier qui possède les atttibuts suivants :

-r-------- 2 cathy   compta   2416 Apr 10 1996 fic.txt

Exercice n°7

Créez un répertoire de nom « prive », et protégez le contre tout accès des autres utilisateurs

Exercice n°8

Rendez-le répertoire « prive » accessible en lecture aux utilisateurs membres du groupe de ce répertoire.

Exercice n°9

Pourriez-vous renommer votre répertoire de connexion ? pourquoi ?

Exercice n°10

Quelle valeur de "umask" utiliser pour que lors d'une création les droits soient :

drwxr-x---   pour un répertoire
-rw-r-----   pour un fichier

Exercice n°11

Connectez-vous au groupe « bin ». Expliquez le résultat de la commande.

Exercice n°12

Le répertoire « prive » possède les attributs suivants :

$ ls -ld prive

drwxr-x--- 2 pierre compta 1024 Nov 27 10 :35 prive

Exécutez la commande qui attribue le groupe « paye » (dont vous êtes membre), au répertoire « prive ».

Exercice n°13

Pierre peut-il changer le groupe du fichier « fic.txt » qui se trouve dans son répertoire de connexion.

$ ls -l fic.txt

-r-------- 2 cathy   compta   2416 Apr 10 1996 fic.txt

Exercice n°14

Quelles informations fournissent les commandes suivantes :
$ who am i
$ id

Exercice n°15

Vérifier si, sur votre système, vous pouvez écrire sur la console opérateur
« /dev/console ».

- *2>/dev/null*
- *alias*
- *~/.profile*
- *$ whp am i <ESC>*
- *TERM=vt100 ;*
  export TERM
- *scripts*

6

Compléments shell

Objectifs

Après l'étude du chapitre, le lecteur a une meilleure maîtrise du shell : il sait rappeler une commande et la modifier, créer de nouvelles commandes (alias) et surtout paramétrer sa session.

Contenu

La redirection des erreurs
L'historique des commandes (mode vi)
Les alias
L'environnement
Le fichier ~/.profile
Les « scripts »
Atelier

La redirection des erreurs

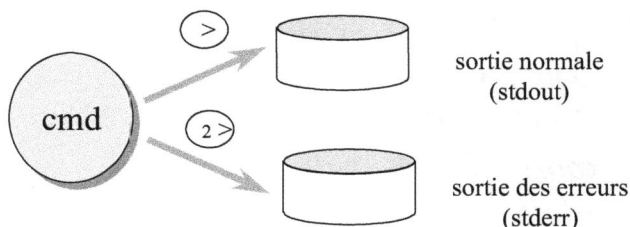

sortie normale
(stdout)

cmd

sortie des erreurs
(stderr)

find / -name fichier -print > sortie 2> /dev/null

Introduction

Trois fichiers, désignés par un numéro, sont automatiquement ouverts à chaque session démarrée par un utilisateur du système UNIX:

- L'entrée standard, de numéro 0, est, par défaut, associée au clavier du terminal de connexion.
- La sortie standard des résultats, de numéro 1, est, par défaut, associée à l'écran du terminal de connexion.
- La sortie standard des erreurs, de numéro 2, est aussi, par défaut, associée à l'écran du terminal de connexion.

Les commandes envoient les lignes de texte qui ont valeur de résultat sur la sortie standard et les messages qui signalent une erreur de syntaxe ou un diagnostic d'erreur d'exécution sur la sortie standard des erreurs.

Le symbole < de redirection de l'entrée standard est un raccourci de 0< et le symbole > de redirection de la sortie standard des résultats, celui de 1>.

Pour rediriger la sortie standard des erreurs produites par une commande, il faut explicitement mentionner **2>** fichier_de_redirection_des erreurs dans la ligne de commande.

Remarques
- Il est possible de fusionner les résultats et les erreurs dans un unique fichier. La syntaxe est la suivante:
$ commande ...   > fichier_unique 2>&1
- Certaines commandes produisent de très nombreux messages d'erreur qui parasitent la lisibilité des résultats. Pour les ignorer, on les redirige vers le périphérique « /dev/null ». Il ne les mémorise pas, elles sont perdues.
$ commande ... 2> /dev/null

Exemples

```
$ ls -l /etc/group XXX    # exécution de la commande sans redirection
/bin/ls: XXX: No such file or directory
-rw-r--r--  1 root    root       271 Oct 23 1994 /etc/group
```

```
$ ls -l /etc/group XXX  > f1  # redirection des résultats dans f1
/bin/ls: XXX: No such file or directory
$ cat f1
-rw-r--r--  1 root    root       271 Oct 23 1994 /etc/group
```

```
$ ls -l /etc/group XXX  2> f2  # redirection des erreurs dans f2
-rw-r--r--  1 root    root       271 Oct 23 1994 /etc/group
```

```
$ cat f2
/bin/ls: XXX: No such file or directory
```

```
$ ls -l /etc/group XXX  > f1 2> f2  # redirection des résultats dans f1, des erreurs
dans f2
```

```
$ cat f1
-rw-r--r--  1 root    root       271 Oct 23 1994 /etc/group
```

```
$ cat f2
/bin/ls: XXX: No such file or directory
```

```
$ ls -l /etc/group  XXX > f1  2>&1   # redirection de tous les messages dans f1
```

```
$ cat f1
/bin/ls: XXX: No such file or directory
-rw-r--r--  1 root    root       271 Oct 23 1994 /etc/group
```

```
$ ls -l /etc/group  XXX 2>&1  |  more   # tous les messages sont affichés par page
/bin/ls: XXX: No such file or directory
-rw-r--r--  1 root    root       271 Oct 23 1994 /etc/group
```

L'historique des commandes (mode vi)

■ **Passer en mode rappel de commandes**
$ <ESC>

■ **Parcourir l'historique**
k, j   La commande précédente, suivante.
/chaine La commande qui contient "chaîne".
5G   La commande N°5.

■ **Editer une commande**
h, l, 0, $, x, r, a, i   (cf. vi)

■ **Editer la commande en cours**
$ whp am i <ESC>

Introduction

Le Korn shell et le shell POSIX conservent l'historique des commandes dans un fichier dont le nom est, par défaut, *~/.sh_history*. Il est possible de parcourir et d'éditer les commandes conservées dans ce fichier à l'aide d'un éditeur de textes. Pour indiquer au « shell » l'éditeur qui a été choisi parmi **vi** ou **emacs**, ce qui est obligatoire, on crée la variable d'environnement EDITOR ou l'on positionne l'option vi de « shell » :

• EDITOR=/usr/bin/vi ;export EDITOR

• set -o vi

Après avoir appuyé sur la touche <ESC> (<Echap>), on utilise les commandes de déplacement et de modification de **vi** (*cf. Module 13 : vi*). Il suffit d'appuyer sur la touche <ENTER> (<Entrée>) pour valider les modifications et faire exécuter la commande.

Remarques
• Toutes les lignes saisies par l'utilisateur, y compris les lignes erronées, sont conservées dans l'historique.
• Le manque de convivialité des commandes de **vi** rend souvent la modification aussi lourde qu'une nouvelle saisie.

Le shell bash utilise le mode emacs par défaut. Dans ce mode et en shell bash uniquement, les touches de déplacement haut, bas, gauche et droite fonctionnent, ce qui rend son usage plus convivial. Le nom du fichier historique est *.bash_history*.

Les alias

- ▨ **Créer un alias**
  $ alias dir='ls -lba'

- ▨ **Utiliser un alias**
  $ dir

- ▨ **Afficher la liste des alias**
  $ alias

- ▨ **Détruire un alias**
  $ unalias dir

Introduction

L'utilisation des alias est un moyen pratique de définition de synonymes de commandes avec des options intégrées.

La commande **alias** est une commande interne aux shells, excepté le shell Bourne où les alias n'existent pas. Les alias ne sont donc connus que par l'instance du shell où ils ont été définis (*cf. Les scripts*).

Il existe quelques alias prédéfinis du shell qui sont automatiquement créés dès que l'on exécute un shell, ainsi l'alias « history » qui permet de visualiser l'historique des commandes.

Un alias n'est défini que pour la session. Si l'on désire qu'il soit permanent, il faut l'inscrire dans le fichier de démarrage (*.profile* ou *.bash_profile*).

Liste des alias

alias

Création d'un alias

alias NouvelAlias='définition de l'alias'

Suppression d'un alias

unalias NomAliasASupprimer

Exemples

```
$ alias dir='ls -l'
$ dir
-rw-r--r-- 1 pierre  users      24 Jun 11 16:51 f1
-rw-r--r-- 1 pierre  users      21 Jun 11 16:51 f2
$ alias rm='rm -i'   # l'alias peut être un nom de commande
$ rm f2 f3
```

rm: remove `f2'?y
rm: remove `f3'?n

La commande command

La commande **command** exécute la commande qui suit sans tenir compte d'un éventuel alias.

$ **alias rm='rm -i'**
$ **rm f2 f3**
rm: remove `f2'?n
rm: remove `f3'?n
$ **command rm f2 f3   # la commande** rm **ne demande pas confirmation**
$

L'environnement

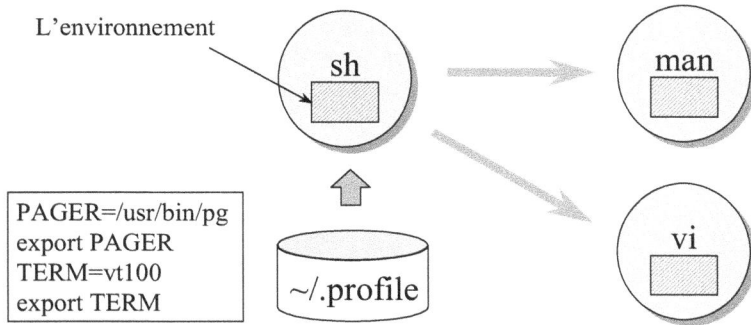

Introduction

Une variable est définie par un nom et sert à mémoriser une information, représentée sous forme d'une chaîne de caractères.

Dans une variable d'un script, le programmeur range une information qui sera utilisée par les prochaines commandes du script.

Les variables sont aussi utilisées pour définir l'environnement d'exécution des commandes.

L'environnement est un moyen qui vient s'ajouter au passage d'arguments et à l'utilisation de fichiers pour fournir des informations à une tâche. L'environnement d'une tâche est constitué des variables dont les noms sont, par convention, en majuscule. A la création d'une tâche, ce qui se produit quand on demande à exécuter une commande, le système UNIX transmet à la nouvelle tâche une *copie* de toutes les variables d'environnement créées par ses *ancêtres*.

La tâche exploitera celles qui lui apportent des informations.

Quand une commande attend une variable d'environnement et qu'elle n'existe pas, on rencontre deux comportements :

- La commande utilise une valeur par défaut
- La commande signale l'erreur et s'arrête.

Les variables d'environnement sont une convention entre le shell et le logiciel. La durée de vie d'une variable d'environnement est celle du shell qui l'a créée. C'est pourquoi, dans la pratique, elles sont définies dans le fichier de démarrage de l'utilisateur (*~/.profile*) et servent à configurer un logiciel. La commande **export** met une variable dans l'environnement.

VAR=UnTexte   ;   export VAR

export VAR=UnTexte   # Syntaxe qui ne fonctionne pas en shell Bourne

La commande **env** affiche toutes les variables d'environnement et leurs valeurs.

La commande **unset** supprime une variable, y compris de l'environnement.

Exemples

$ # Renseigner pour l'éditeur vi le nom du terminal de l'utilisateur:
$ **TERM=vt100 ; export TERM**

$ # Dire à la commande man le nom de la commande d'affichage à utiliser:
$ **PAGER=/usr/bin/pg ; export PAGER**

$ # Indiquer à un logiciel de paye le nom du répertoire qui contient les fichier de données:
$ **DIRPAYE=/opt/paye/data ; export DIRPAYE**

$ # Afficher l'environnement
$ **env**
TERM=vt100
PAGER=/usr/bin/pg
DIRPAYE=/opt/paye/data

$ **unset TERM**

$ **clear**
TERM environment variable not set.

Le fichier ~/.profile

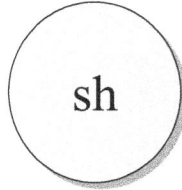

```
# .profile
PATH=$PATH:/oracle/bin
PS1='${PWD}'" $ "
PAGER=/usr/bin/pg
export  PAGER
TERM=vt100
export TERM
TMOUT=600
set -o ignoreeof
set -o vi
set -o noclobber
alias  dir='ls -lba'
umask  77
```

sh

Le fichier .profile

Chaque utilisateur peut posséder un fichier .profile, localisé dans son répertoire de connexion, ~/.profile. Il est exécuté automatiquement par le shell , au moment de la connexion. Ce fichier contient les commandes de personnalisation de l'environnement de travail de chaque utilisateur. Il peut contenir :

- Des commentaires
- Des définition de variables d'environnement.
- Des définition d'alias.
- Des définition de fonction.
- Des options du shell.
- L'exécution de commandes.

Exemple de fichier .profile

# profile	Le symbole # commence une zone de commentaire qui se poursuit jusqu'à la fin de ligne.
# quelques variables	
PATH=$PATH:/oracle/bin	La variable **PATH** définit les répertoires des commandes externes que le shell doit explorer. La syntaxe PATH=$PATH... illustre la modification de la variable PATH. Shell remplace « $PATH » par la valeur de la variable PATH.
TERM=vt100 export TERM	La variable **TERM** contient le nom du terminal de l'utilisateur. Pour qu'elle soit connue de **vi**, il faut la mettre dans l'environnement (*cf. environnement*).
PAGER=/usr/bin/pg export PAGER	La variable **PAGER** nomme la commande que **man** doit utiliser pour afficher le manuel.

TMOUT=600	La variable **TMOUT** indique l'intervalle de temps, en secondes, au bout duquel une déconnexion automatique est exécutée en cas d'inactivité au clavier.
PS1='${PWD} $ '	La variable PS1 définit l'invite (le « prompt ») du shell. La définition fournie, qui affiche le répertoire courant, suivi du symbole $ (/home/pierre $), n'est valable qu'en Korn shell et shell POSIX.

\# quelques options du shell

set -o ignoreeof	Cette option interdit que l'on se déconnecte en faisant Ctrl-D et oblige à exécuter la commande **exit**.
set -o vi	Cette option indique à shell d'utiliser l'éditeur de texte **vi** pour gérer l'historique des commandes.
set -o noclobber	Cette option empêche l'écrasement des fichiers dans les redirections en sortie.

\# définition d'un alias

alias dir='ls -lba'	Définition de l'alias dir, synonyme de **ls -lba**.

\# définition d'une fonction

function imp
{
 pr $* |lp
}
	Définit la fonction interactive imp. Quand l'utilisateur saisit la commande *imp .profile /etc/group*, il exécute *pr .profile /etc/group | lp*.

umask 077	Positionne la valeur de umask.
stty erase '^H'	Fixe le caractère retour-arrière à Ctrl-H.

Remarques
- Il est possible de prendre en compte les dernières modifications apportées au fichier .profile sans établir une nouvelle connexion. Pour qu'il soit exécuté par le shell en cours, il faut frapper la commande **. .profile** (*cf. cours shell*).
- La commande **echo** peut être utilisée pour afficher la valeur d'une variable.
  $ echo $PATH
  /bin:/usr/bin:/usr/local/bin
- Le fichier .profile peut cacher le shell et restreindre l'utilisateur final auquel il appartient à utiliser une application spécifique.
  \# .profile
  TERM=vt100
  export TERM
  paye   \# exécution du logiciel de paye
  exit   \# provoque la déconnexion à partir du .profile

Le shell bash fournit de nombreuses possibilités de configuration de la variable PS1 sous la forme « \caractère » où le caractère est associé à une information particulière. Ainsi « \t » désigne l'heure et « \w » le répertoire courant. La définition par défaut de PS1 est la suivante : [\u@\h \W]\$. « \u » représente le nom de l'utilisateur connecté, « \h » le nom réseau de l'ordinateur et « \W » la base du répertoire courant (le dernier répertoire du chemin).

$ PS1='\t : \w $'
09:31:30 : /usr/bin $

Le fichier .kshrc

Le fichier *.profile* n'est exécuté qu'à la connexion. Si l'utilisateur dispose d'un environnement graphique, il est ignoré quand l'utilisateur active une fenêtre terminal avec un shell. Cela pose problème pour tous les éléments, dont les alias, définis dans le fichier *.profile*, autres que les variables d'environnement.

En Korn shell, on peut créer, dans le fichier *.profile*, une variable d'environnement ENV dans laquelle on indique le nom d'un fichier à exécuter à chaque fois qu'un shell est activé. Par convention, on le range dans le répertoire de connexion de l'utilisateur et on le nomme *.kshrc*.

$ **cat .profile**

…
ENV=$HOME/.kshrc

$ **cat .kshrc**
alias rm='rm -i'
alias heure='date +%T'

A défaut d'interface graphique, on active un shell interactif en mode commande

Sans le fichier *.kshrc*

$ alias heure='date +%T'

$ heure
08:59:21

$ ksh

$ heure
ksh: heure: not found

Avec le fichier *.kshrc*

$ heure
09:02:03

$ ksh

$ heure
09:02:09

🐧 Les fichiers .bash_profile, .bash_login, .bashrc et .bash_logout

A la connexion, les fichiers *.bash_profile* et *.bashrc* jouent pour le shell bash le même rôle que les fichiers *.profile* et *.kshrc* du Korn shell. Dans le mode POSIX, la variable BASH_ENV joue le rôle de la variable ENV du Korn shell. A la différence près du nom, leur utilisation est strictement identique à celle des fichiers du Korn shell.

Dans le mode par défaut, le script *.bashrc* est exécuté à chaque activation d'une instance de shell même si la variable ENV n'existe pas.

Si le fichier *.bash_profile* n'existe pas, le shell bash exécute le fichier *.bash_login*. Si ce dernier n'existe pas non plus, il exécute, en dernier lieu, le fichier *.profile*.

A la déconnexion, le shell bash exécute, s'il existe, le fichier *.bash_logout*.

Les fichiers .login et .cshrc du C-shell

Si le shell de connexion de l'utilisateur est le C-Shell (csh), le script qui est activé automatiquement en début de session s'appelle *.login*. Le script qui est activé automatiquement en fin de session s'appelle *.logout*. Enfin, chaque instance de shell exécute les commandes présentes dans le fichier *.cshrc*.

Exemples

/home/pierre> **cat ~/.login**
~/.login
set ignoreeof
set noclobber
set history = 20
set path = (/bin /usr/bin $home/bin .)
setenv TERM vt100

/home/pierre> **cat ~/.cshrc**
~/.cshrc
alias print 'pr \!* | lp '
alias rm 'rm -i'
alias cd 'cd \!^; set prompt = "`pwd`>"'

/home/pierre> **source ~/.login # exécute de nouveau le fichier de démarrage**

Les « scripts »

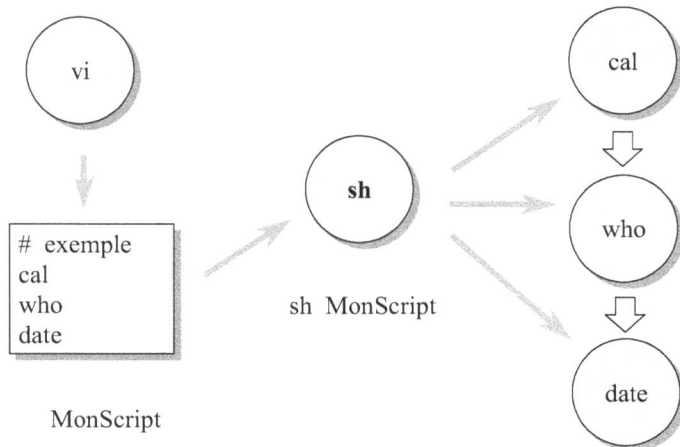

MonScript

sh MonScript

Introduction

Un script est un fichier qui contient des commandes. Il est exécuté par un shell qui procède exactement comme le shell de connexion, avec, comme fichier d'entrée, le script plutôt que le clavier du terminal.

Si la connaissance de la programmation du shell est nécessaire pour lire les scripts de base du système UNIX ou en écrire de très élaborés, la création de scripts permet, sans difficulté, d'automatiser l'exécution d'une suite de commandes.

Après avoir créé le script avec l'éditeur de texte **vi,** l'utilisateur demande à exécuter un shell avec le script en argument. Pour qu'il soit vu comme une commande, il est nécessaire de lui donner le droit d'exécution en plus du droit de lecture.

Remarque

Il existe, dans la plupart des systèmes UNIX, une commande **script** qui, une fois exécutée, enregistre tous les textes qui sont affichés sur la sortie standard (invite du shell, ligne de commande et résultats) dans un fichier « log » qui a, par défaut, le nom de *typescript*. On met fin à l'enregistrement en exécutant la commande **exit**.

Exemple

```
$ cat monScript
# exemple
cal
who
date

$ ls -l monScript
-rw-r--r--  1 pierre   stage      25 Jun 12  1995 monScript
$ sh monScript     # pour l'exécuter
$ sh <monScript
```

```
$ chmod a+x monScript
$ ls -l monScript
-rwxr-xr-x  1 pierre   stage      25 Jun 12 1995 monScript
$ monScript
```

Remarques

Le répertoire qui contient le script doit figurer dans la liste de la variable PATH. A défaut, il faut mentionner le chemin d'accès, y compris pour le répertoire courant (./monScript).

Il est vivement conseillé aux utilisateurs de commenter les scripts qu'ils écrivent.

La commande **echo** permet facilement d'afficher des messages pendant l'exécution du script.

Annexe Linux

Rechercher une commande dans l'historique

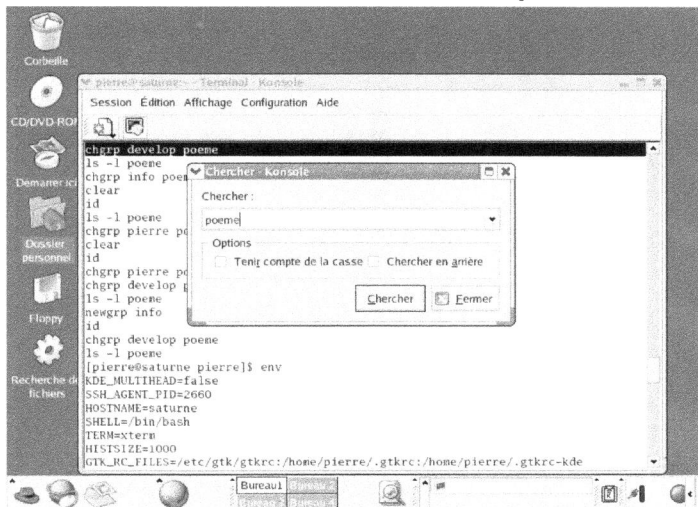

Konsole - Edition – Chercher dans l'historique
Saisir une partie de la commande et cliquer sur <Chercher>, éventuellement plusieurs fois pour trouver les prochaines occurrences.

Configuration de l'historique

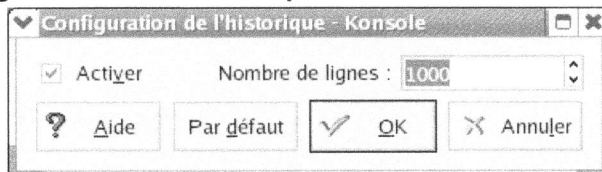

Konsole – Affichage – Configuration – Historique
L'édition de commandes se fait simplement en parcourant l'historique avec les flèches de déplacement, l'effacement de caractères se fait avec la touche <Backspace>.

Atelier 6 : Compléments shell

Objectifs :

- **Savoir utiliser le Shell pour personnaliser ses sessions sur un système UNIX.**

Durée :

- **10 minutes**

Exercice n°1

Exécutez la commande **cp** sans argument et en éliminant les messages d'erreurs.

Exercice n°2

Créez un alias « taille » qui affiche la taille d'une arborescence. Testez l'alias sur le répertoire /etc.

Exercice n°3

Quelle est la valeur de la variable d'environnement TERM ?

Exercice n°4

Exécutez la commande suivante qui ajoute la commande **cal** à la fin du fichier .profile.
$ echo cal >> ~/.profile
Vérifiez à la prochaine connexion la prise en compte de la commande.

- *lp fichier*
- *lpstat*
- *Les spools
  d'impression*

7

L'impression

Objectifs

Après l'étude du chapitre, le lecteur sait utiliser un système UNIX pour imprimer des fichiers et contrôler leur impression.

Contenu

L'impression, le principe
L'impression, les commandes
Atelier

L'impression, le principe

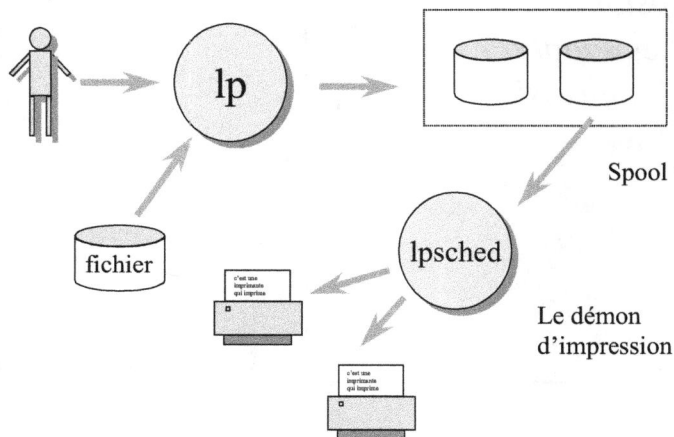

Spool

fichier

lpsched

Le démon
d'impression

Introduction

Le service d'impression que nous présentons en premier est celui d'UNIX System V.
C'est le plus répandu. UNIX BSD possède son propre service, plus élémentaire, ainsi
que le système AIX, de la société IBM.

Les différences entre les services sont en général peu perceptibles aux utilisateurs car
ils reconnaissent les commandes des autres services. Un utilisateur du système AIX
peut ainsi demander une impression via la commande d'impression du service BSD ou
System V.

L'administrateur du système associe une file d'attente de requêtes à une imprimante.
L'utilisateur qui demande à imprimer des fichiers dépose, en réalité, une requête
d'impression dans la file d'attente qu'il a nommé ou celle par défaut. Le démon
d'impression **lpsched**, activé dès le démarrage du système, extrait les requêtes des
files d'attente, selon leur ordre d'arrivée, pour faire exécuter les impressions par des
tâches d'arrière plan.

Remarques
- Il est possible que plusieurs files d'attente soient associées à la même imprimante,
  ce qui permet d'en avoir plusieurs vues: portrait, paysage,... .
- L'administrateur peut aussi créer une file d'attente appelée « classe
  d'imprimante », qui correspond à un ensemble d'imprimantes.
- L'utilisateur n'a pas besoin de connaître le nom des périphériques auxquels sont
  associés les files d'attente de requêtes. Il est même possible qu'une file d'attente
  soit associée à une imprimante distante d'un ordinateur du réseau.
- Le services d'impression sert normalement à imprimer des fichiers, mais le service
  gère en fait des files d'attente. L'administrateur peut associer une file d'attente à
  un traitement quelconque qui sera appliqué aux fichiers qui y seront déposés.

L'impression, les commandes

- **lp**   **Imprime un fichier.**
- **lpstat**   **Affiche les requêtes d'impression.**
- **lpstat -t**   **Affiche le paramètrage du service.**
- **cancel**   **Supprime un requête d'impression.**

La commande lp

lp [-d destination] [-n nombreDeCopies] [fichier ...]

La commande **lp** demande l'impression des fichiers dont les noms sont fournis en argument.
L'option -d permet d'utiliser une file d'attente d'impression autre que celle par défaut. Elle devient obligatoire si l'administrateur a omis d'en désigner une.
L'argument de l'option -n indique le nombre d'exemplaires que l'on veut imprimer.

Si l'utilisateur ne fournit pas de fichiers en argument, la commande **lp** demande à imprimer les lignes qui proviennent de l'entrée standard. Dans la pratique, cela autorise l'écriture *commande ... | lp*.

La commande lpstat

lpstat [-t] [-d] [-p]

La commande **lpstat** affiche les requêtes de l'utilisateur, encore en file d'attente.

L'option « -d » permet de connaître l'imprimante par défaut. L'utilisateur peut choisir sa propre imprimante par défaut en créant la variable d'environnement LPDEST ou PRINTER.

L'option « -p » permet de connaître les imprimantes définies.

L'option « -t » permet de connaître tous les paramètres du service d'impression:

- l'état du service d'impression, actif ou non.
- Le nom des files d'attente de requêtes et leur état.
- Les noms du périphérique associé à une file d'attente.
- Le nom de la file d'attente par défaut

Remarque

> Pour qu'une impression puisse être exécutée, il faut que le service d'impression soit actif (lpsched en cours), que la file concernée accepte le dépot de requêtes (« accepting request ») et qu'elle soit active (« enable »).

La commande cancel

cancel requête

La commande **cancel** supprime la requête de la file d'attente où elle est stockée.

Exemples

Lancer l'impression de plusieurs fichiers sur l'imprimante par défaut.

```
$ lp   /etc/passwd   /etc/group
request   id  is  hpII-918  (1 file)
```

Imprimer le résulat de la commande ls.

```
$ ls  -l   |  lp
request   id  is  hpII-919  (standard input)
```

Lancer une impression sur une imprimante particulière, en fait sur une file d'attente particulière.

```
$ lp    -d   deskjet fichier
request   id  is  deskjet-920  (1 file)
```

Visualiser les travaux d'impressions en attente.

```
$ lpstat
hpII-919      pierre      945   Jun 24 09:53
deskjet-920   pierre      893   Jun 24 09:55
```

Visualiser les imprimantes définies

```
$ lpstat -p
printer hpt45 is idle.  enabled since Jan 01 00:00
printer imp1 is idle.  enabled since Jan 01 00:00
```

Visualiser l'imprimante par défaut

```
$ lpstat -d
system default destination: hpt45
```

Visualiser tous les attributs du service d'impression

```
$ lpstat -t
scheduler is running
system default destination: hpt45
device for hpt45: parallel:/dev/lp0
device for imp1: parallel:/dev/lp0
hpt45 accepting requests since Jan 01 00:00
imp1 accepting requests since Jan 01 00:00
```

```
printer hpt45 is idle.  enabled since Jan 01 00:00
printer imp1 is idle.  enabled since Jan 01 00:00
```

Supprimer un travail d'impression.

```
$ cancel   hpII-918
```

Les autres services d'impression

■ **Le service BSD**

lpr	**Imprime un fichier.**
lpq	**Affiche les requêtes d'impression.**
lprm	**Supprime un requête d'impression.**

■ **Le service d'AIX**

qprt	**Imprime un fichier.**
qchk	**Affiche les requêtes d'impression.**
qcan	**Supprime un requête d'impression.**

Le service d'impression BSD

Le service d'impression BSD est actif si le démon **lpd** est en cours. Dans les commandes qui suivent, l'option « -P » sert à désigner l'imprimante quand ce n'est pas l'imprimante par défaut. L'utilisateur peut choisir sa propre imprimante par défaut en créant la variable d'environnement PRINTER.

La commande lpr

lpr [-P imprimante] fichier…

La commande lpq

lpq [-P imprimante]

La commande lprm

lprm [-P imprimante] N°_de_job

Le N°_de_job identifie la requête.

Exemples

$ lpr -P imp1 .bashrc

$ lpq
hpt45 is ready
no entries

$ lpq -P imp1
imp1 is not ready

Rank	Owner	Job	File(s)	Total Size
1st	root	141	.bashrc	1024 bytes

$ export PRINTER=imp1

$ lprm 141

$ **lpq**
imp1 is not ready
no entries

Le service d'impression d'AIX

Le service d'impression d'AIX est actif si le démon **qdaemon** est en cours. Dans les commandes qui suivent, l'option « -P » sert à désigner l'imprimante quand ce n'est pas l'imprimante par défaut. L'utilisateur peut choisir sa propre imprimante par défaut en créant la variable d'environnement LPDEST ou PRINTER.

La commande qprt

qprt [-P imprimante] fichier...

La commande qchk

qchk [-A | -P imprimante]

Avec l'option « -A », on visualise toutes les files d'attente.

La commande qcan

qcan [-x N°_de_job] [-P imprimante]

Le N°_de_job identifie la requête.

Le système Linux

Le service d'impression de Linux est à l'origine celui d'UNIX BSD. Les systèmes Linux actuels utilisent un service d'impression plus évolué. Il en existe deux : CUPS (« Common Unix Printing System ») et LPRng. Ce dernier est une extension du système BSD. Cette multiplicité de choix est transparente aux utilisateurs car les systèmes d'impression CUPS et LPRng reconnaissent les commandes utilisateur de System V et de BSD. Le système CUPS dispose en outre de la commande graphique **xpp** très simple d'utilisation. L'application **kprinter** du bureau KDE est aussi un moyen pratique de gestion des impressions (*cf. Annexe Linux*).

Annexe Linux

Kdeprint

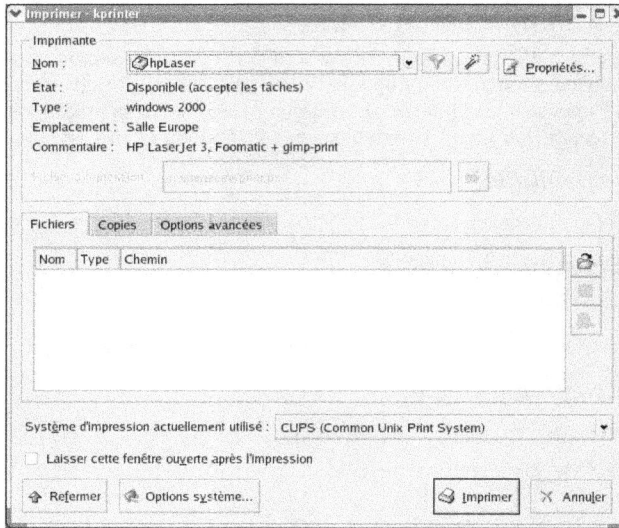

Menu K – Exécuter : saisir la commande **kprinter** ou
Menu K – Centre de configuration de KDE – Système – Gestionnaire d'impression

Configuration de l'impression

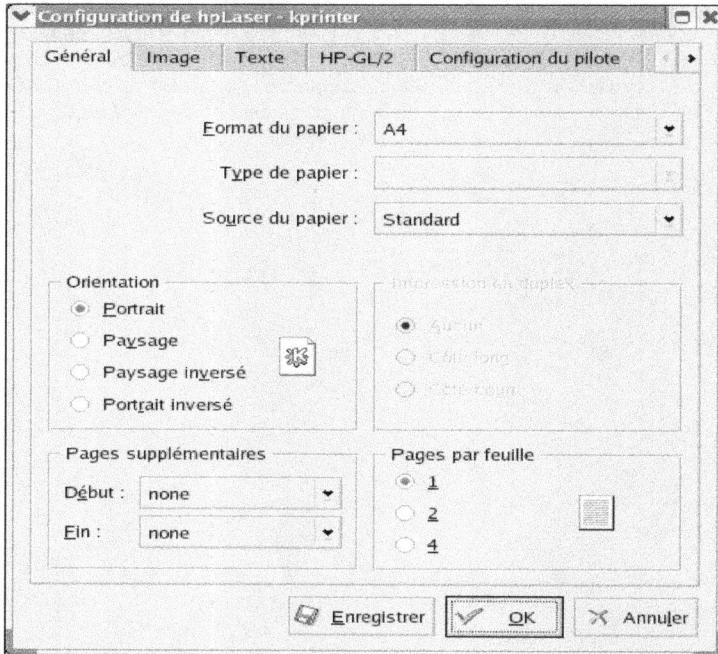

Dans la fenêtre kdeprint, sélectionner une imprimante et cliquer sur <propriétés>

Imprimer des fichiers avec kdeprint

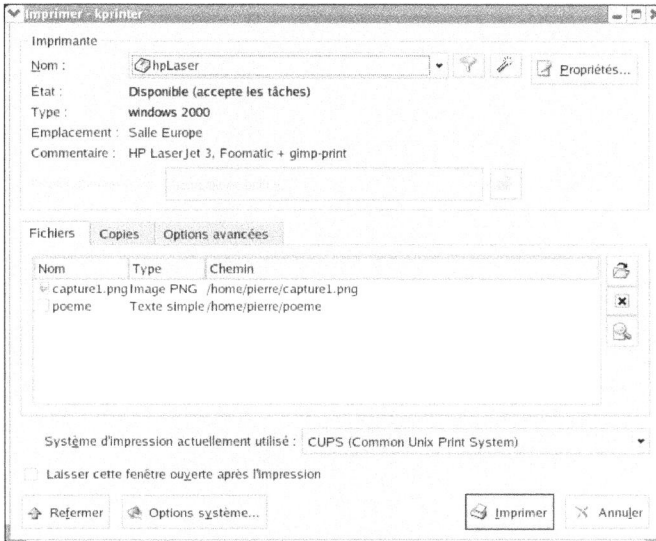

Menu K – Exécuter : saisir kprinter
Dans la fenêtre <Fichiers>, sélectionner les fichiers avec le bouton <Parcourir>, puis d'éventuelles options d'impression et cliquer sur <Imprimer>

Imprimer depuis une application

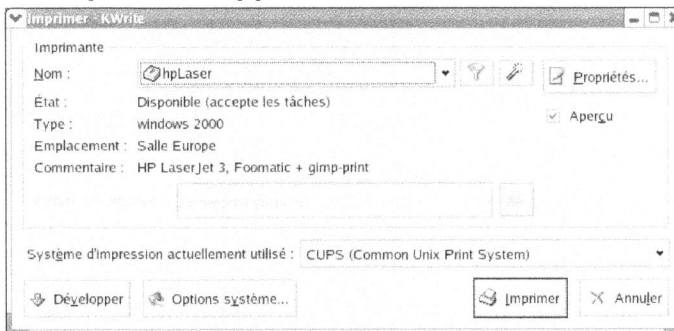

Depuis l'application : Fichier – Imprimer

Réaliser un aperçu avant impression depuis une application

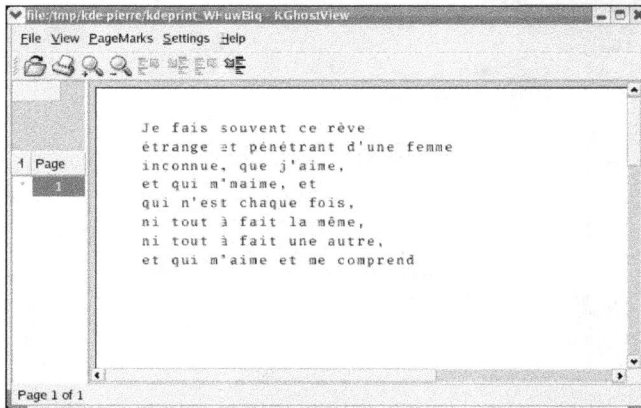

Depuis l'application : Fichier – Imprimer
Cocher la case <Aperçu> et cliquer sur <Imprimer>

Atelier 7 : L'impression

Objectifs :

- **Connaître le service d'impression UNIX.**

- **Savoir utiliser une des imprimantes de ce service.**

Durée :

- **5 minutes.**

Exercice n°1

Imprimez le fichier /etc/group et ensuite affichez la liste des travaux d'impression en attente.

Exercice n°2

Affichez le paramétrage du service d'impression, et déterminer quelles sont les imprimantes opérationnelles de votre système.

Exercice n°3

Imprimez la liste de vos fichiers.

Exercice n°4

Exécutez trois requêtes d'impression différentes, séparées par des points-virgules, et supprimez ensuite la dernière requête.

- *ls | pr | lp*
- *more*
- *pg*
- *cut*
- *sort*
- *grep*
- *Les expressions régulières*
- *sed*

8

Les filtres

Objectifs

Après l'étude du chapitre, le lecteur sait utiliser les principaux filtres et les associer pour composer des commandes complexes. Il connaît les expressions régulières pour réaliser des filtrages élaborés avec **grep** et **sed**.

Contenu

Panorama des filtres
La commande **more**
La commande **pg**
Les commandes **pr** et **lp**
La commande **cut**
La commande **sort**
La commande **grep**
Les expressions régulières
La commande **sed**
Atelier

Panorama des filtres

▪	**grep**	**Recherche de chaînes dans un fichier.**
▪	**cut**	**Sélectionne des caractères ou des champs.**
▪	**pr,lp**	**Mise en page et impression d'un fichier.**
▪	**sort**	**Tri, fusion de fichiers.**
▪	**more,pg**	**Affiche page par page.**
▪	**sed**	**Editeur en mode flot.**
▪	**wc**	**Compte les lignes, les mots et les caractères.**
▪	**tail**	**Affiche la fin d'un fichier.**
▪	**head**	**Affiche les premières lignes d'un fichier.**
▪	**pr,nl**	**Numérote les lignes d'un fichier.**

Introduction

Un filtre est une commande qui effectue un traitement sur des fichiers contenant du texte. Le résultat du filtre, également du texte, est affiché sur la sortie standard. L'enchaînement de plusieurs filtres, connectés par des redirections ou des tubes, permet aisément de construire de nouvelles opérations de filtrage.

Les commandes qui filtrent sont en nombre important. Parmi celles qui sont mentionnées, certaines sont très faciles d'emploi (**tee** *(cf. Module 4 : Le shell)*, **wc**, **tail**, **head** et **nl**), d'autres un peu plus complexes (**grep**, **cut**, **sort** et **sed**).

L'utilisation des filtres est une nécessité dans UNIX. Tous les fichiers de configuration du système et, par extension, des logiciels applicatifs sont en ASCII. Bien qu'il soit possible de les afficher ou de les imprimer directement, il est souvent préférable de les transformer pour faciliter l'exploitation de leurs contenus. Les filtres sont souvent utilisés pour filtrer le résultat d'une commande.

Remarque

La commande **awk**, filtre général qui traite du texte, nécessite un apprentissage particulier *(cf. cours shell)*. C'est un filtre programmable qui intègre un langage, adapté à la manipulation de textes, très proche du langage C. Le langage de script **Perl** intègre les fonctionnalités des shells et des principaux filtres. Il nécessite, lui aussi, un apprentissage spécifique.

Les filtres élémentaires

La commande nl

nl [fichier…]

La commande **nl** affiche les fichiers en numérotant les lignes.

La commande wc

wc [-cwl] [fichier…]

La commande **wc** affiche, par défaut, le nombre de lignes, de mots et de caractères des fichiers fournis en argument. Avec l'option « -c » on ne compte que les caractères, « -w », les mots et « -l », les lignes.

La commande head

head [-n nombre_de_lignes | nombre_de_lignes] [fichier...]

La commande **head** affiche le début d'un fichier, les dix premières lignes par défaut. On précise sinon le nombre de lignes grâce à l'option « -n » suivie du nombre de lignes ou directement « -nombre_de_lignes ».

La commande tail

tail [+-nombrelbcf [fichier...]

La commande **tail** affiche les « nombre » dernières unités d'un fichier. Par défaut, « nombre » est de 10 et l'unité est la ligne. On peut préciser l'unité grâce aux options « -b » pour bloc, « -c » pour octet et « -l » pour ligne. Les options « -b » et « -c » sont utiles pour extraire la fin d'un fichier binaire.

Le caractère « - » signifie que l'on veut les « nombre » dernières unités et le symbole « + » à partir du « nombre » ième.

L'option « -f » permet de visualiser en temps réel la fin d'un fichier. On met fin à la commande **tail** par CTRL-C. Cette option est très utile pour surveiller un fichier log.

Exemples

```
$ cat poeme
Je fais souvent ce
rêve étrange et
pénétrant d'une
femme inconnue, et
que j'aime et qui
m'aime, et qui n'est
chaque fois, ni tout à
fait la même, ni tout
à fait une autre, et
qui m'aime et me
comprend.

$ wc -l poeme     # compte les lignes de poemes
    11 poeme

$ ls | wc -l       # compte le nombre de fichiers du répertoire
     5

$ wc -c *          # Afficher la taille en octets de tous les fichiers et le total
   666 group
  1681 passwd
  1843 typescript
  4190 total

$ nl poeme         # numérote les lignes
     1 Je fais souvent ce
     2 rêve étrange et
     3 pénétrant d'une
   ...
$ head -3 poeme    # affiche les trois premières lignes
Je fais souvent ce
```

rêve étrange et
pénétrant d'une

$ tail -3 poeme   # affiche les trois dernières lignes (-3)
à fait une autre, et
qui m'aime et me
comprend.

$ tail +3 poeme   # affiche de la troisème ligne à la fin (+3)
pénétrant d'une
femme inconnue, et
...

$ ls -l | tail +2   # éliminer la première ligne total produite par la commande ls
-rw-r--r--   1 gilles   gilles   666 mar 26 08:15 group
-rw-r--r--   1 gilles   gilles   1681 mar 26 08:15 passwd

$ tail -2f fichier.log   # les deux dernières lignes de fichier.log en temps réel
ligne 2
...
CTRL-C
$

Remarque
Les filtres se mettent en attente de l'entrée standard quand on ne leur donne pas de
fichiers en argument. Ce principe permet de les insérer dans une chaîne de tubes,
mais produit un effet inattendu quand on saisit une ligne de commande incomplète.
$ wc
une ligne
deux lignes
trois lignes
<Ctrl-D>
        3   6   32
$

Les commandes pr et lp

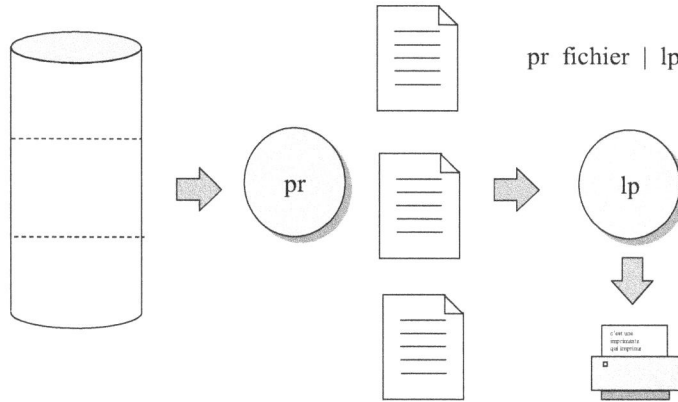

pr fichier | lp

Introduction

pr [-h "EnTête"] [-l<n>] [-w<n>] [_-<n>] [-t] [fichier...]

La commande **pr** affiche le contenu des fichiers avec une mise en page. Par défaut, la commande **pr** crée des pages de 66 lignes d'au plus 72 colonnes et affiche sur chaque page un en tête qui contient la date et l'heure d'exécution de la commande, le nom du fichier et le numéro de la page. La commande **pr** n'est pas un outil de traitement de texte, mais simplement un outil de mise en forme de fichiers avant impression.

Dans la pratique, la commande **pr** est indissociable de **lp** pour que le résultat soit imprimé au lieu d'être simplement affiché.
$ pr fichier | lp

L'option « -h » permet d'indiquer un titre qui est affiché dans l'en-tête à la place du nom du fichier.
L'option « -l » fixe le nombre de lignes d'une page. Elle est sans effet si le nombre de lignes est inférieur à 10.
L'option « -w » fixe la largeur d'une ligne dans le cas d'un affichage multi-ligne.
L'option « -<n> » détermine le nombre de colonnes d'affichage.
L'option « -n » provoque l'affichage des numéros de lignes.
L'option « -t » supprime l'affichage de l'en-tête.

La commande **fold** fixe la largeur d'une ligne. Les lignes dont la longueur dépasse la limite donnée en option sont découpées en morceaux.

Exemples

$ pr poeme

Jun 25 14:28 1997 poeme Page 1

Je fais souvent ce
rêve étrange et
pénétrant d'une
femme inconnue, et

que j'aime et qui
m'aime, et qui n'est
chaque fois, ni tout à
fait la même, ni tout
à fait une autre, et
qui m'aime et me
comprend.

...

$ pr -h "Ecrit par Verlaine" poeme

Jun 25 14:28 1997 Ecrit par Verlaine Page 1

Je fais souvent ce

...

$ pr poeme | lp   # imprimer le résultat de pr

$ ls | pr -3 -t

f1	f2	f3
f4	f5	f6
f7	f8	f9

$ pr -n -t poeme | fold -26
```
    1   Je fais souvent ce
    2   rêve étrange et
    3   pénétrant d'une
    4   femme inconnue, et
    5   que j'aime et qui
    6   m'aime, et qui n'e
st
    7   chaque fois, ni to
ut à    8   fait la même, ni t
out
    9   à fait une autre,
et
   10   qui m'aime et me
   11   comprend.
   12
```

La commande more

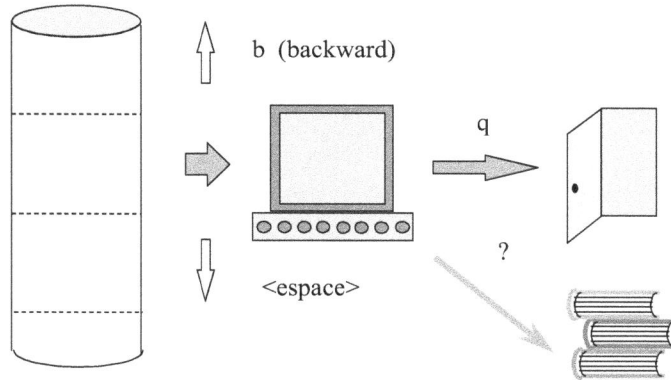

Introduction

more Fichier ...

La commande **more** affiche les fichiers arguments sur la sortie standard, page par page.

Après l'affichage d'une page, la commande **more** indique, en bas de page, le pourcentage du fichier qu'elle a affiché et attend une commande de l'utilisateur.

Les principales commandes intrinsèques de la commande **more** sont:

Commande	Action
<Espace>	Affiche la page suivante.
<Entrée>	Affiche la ligne suivante.
b	Affiche la page précédente.
? ou h	Affiche l'aide en ligne de la commande **more**.
/Chaîne<Entrée>	Affiche la première page qui contienne la chaîne. La recherche s'effectue en avant dans le fichier.
n	Poursuit une recherche (recherche avant).
N	Poursuit une recherche (recherche arrière).
q	Met fin à l'exécution de la commande **more**.

Remarque

C'est normalement la commande **more** qu'utilise implicitement la commande **man** pour afficher le manuel.

La commande pg

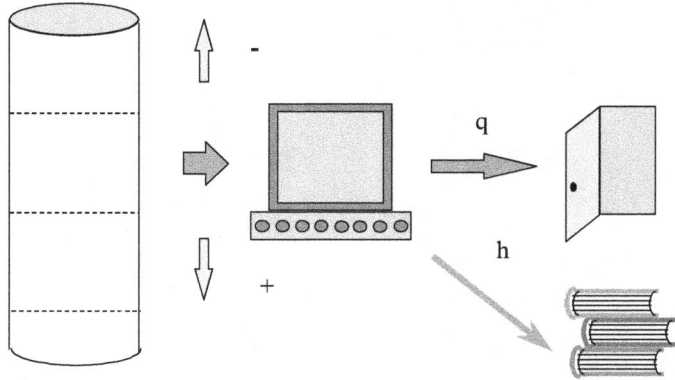

Introduction

pg [Fichier ...]

La commande **pg** affiche les fichiers arguments sur la sortie standard, page par page. La commande pg existe dans la plupart des systèmes UNIX mais n'a pas cependant le caractère standard de la commande **more**. Elle est souvent absente des systèmes BSD.

Après l'affichage d'une page, la commande **pg** affiche son invite en bas de page et attend une commande de l'utilisateur. Toutes les commandes saisies doivent être validées par la touche <Entrée>.

Les principales commandes intrinsèques de la commande **pg** sont:

Commande	Action
<Entrée>	Affiche la page suivante.
+[<n>]	Avance de <n> pages, 1 par défaut, et affiche la page courante.
-[<n>]	Recule de <n> pages, 1 par défaut, et affiche la page courante.
<n>	Va à la page niméro <n> et l'affiche. La première page a le numéro 1 et la dernière le numéro **$**.
l	Avance d'une ligne.
/Chaîne/	Recherche en avant la première page qui contient la chaîne et l'affiche.
h	Affiche l'aide en ligne de **pg**.
q	Met fin à l'exécution de la commande **pg**.

La commande tr

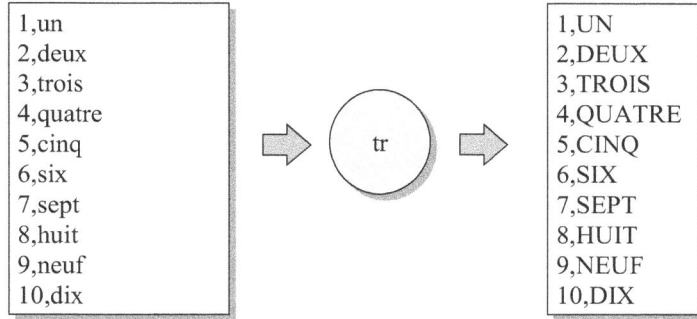

```
1,un          1,UN
2,deux        2,DEUX
3,trois       3,TROIS
4,quatre      4,QUATRE
5,cinq   tr   5,CINQ
6,six         6,SIX
7,sept        7,SEPT
8,huit        8,HUIT
9,neuf        9,NEUF
10,dix        10,DIX
```

tr "[a-z]" "[A-Z]" < nombre

Introduction

1) tr chaine1 chaîne2

2) tr [-c] [-d] chaîne1

3) tr [-c] [-s] chaîne1

La commande **tr** permet de remplacer ou d'éliminer, sur la sortie standard, des caractères d'un fichier. L'exemple du transparent montre la conversion des caractères minuscules en majuscules.

A la différence des autres filtres, **tr** n'a pas d'argument et s'applique donc nécessairement à l'entrée standard. Dans la pratique, l'entrée standard de **tr** est donc alimentée par une redirection en entrée ou un tube.

Dans la première syntaxe, quand **tr** rencontre un caractère qui existe en ième position dans chaîne1, elle le remplace, en sortie, par son correspondant dans chaîne2.

Dans la deuxième syntaxe, **tr** supprime, en sortie, les caractères qui sont dans chaîne1.

Dans la troisième syntaxe, **tr** remplace, en sortie, les répétitions des caractères de chaîne1 par un seul caractère.

L'option « -c » représente la négation.

Une chaîne peut être de la forme :

Caractère…

[Caractère…], [intervalle] ou [caractère*n] pour désigner une répétition du caractère. Dans la dernière forme, n désigne le nombre de répétition, illimité par défaut.

Un caractère peut être de la forme \nnn où nnn représente le code octal du caractère.

Exemples

$ cat fichier
Ce fichier   sert

a
illustrer la commande   tr

$ tr "[a-z]" "[A-Z]" < fichier   # affichage de fichier en majuscule
CE FICHIER   SERT
A
ILLUSTRER LA COMMANDE   TR

$ tr -s " " < fichier   # une répétition d'espaces est remplacée par un seul espace
Ce fichier sert
a
illustrer la commande tr

$ ls -l | tr -s " " # comme précédemment mais pour la sortie d'une commande
total 8
-rw-rw-r-- 1 gilles gilles 51 mar 26 10:41 fichier
-rw-r--r-- 1 root root 20 mar 26 09:01 fichier.log
-rw-r--r-- 1 gilles gilles 666 mar 26 08:15 group

$ cat fichier # le texte contient le caractère spécial ^M
ichier   sert
a
    trande

$ tr -d "\015" <fichier # élimination du caractère ^M
Ce fichier   sert
a
illustrer la commande   tr

$ cat ftr1
1235673.8743
0123456789
9876543210

$ tr "123456789" "[a*3][b*3][c*3]" <ftr1
aaabbca.ccba
0aaabbbccc
cccbbbaaa0

La commande cut

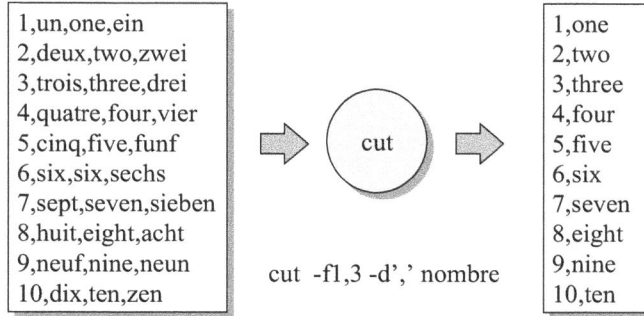

```
1,un,one,ein
2,deux,two,zwei
3,trois,three,drei
4,quatre,four,vier
5,cinq,five,funf          cut
6,six,six,sechs
7,sept,seven,sieben
8,huit,eight,acht
9,neuf,nine,neun
10,dix,ten,zen     cut  -f1,3 -d',' nombre
```

```
1,one
2,two
3,three
4,four
5,five
6,six
7,seven
8,eight
9,nine
10,ten
```

Introduction

cut -cliste [fichier...]

cut -fliste [-ddélimiteur] [-s] [fichier...]

La commande **cut** extrait des colonnes d'un fichier. L'utilisateur choisit parmi deux unités pour indiquer la liste des colonnes à extraire:

L'unité associée à l'option « -c » est le caractère. Elle convient si les lignes d'un fichier sont composées de zones de longueur fixe.

L'unité associée à l'option « -f » est le champ (« field »). On la choisit quand les lignes sont composées de zones de longueur variable, séparées les unes des autres par un tabulateur. C'est le cas de la majorité des fichiers de configuration du système UNIX. Si le tabulateur est différent du caractère ASCII <TAB>, on l'indique grâce à l'option « -d ». L'option « -s » permet d'ignorer les lignes qui ne contiennent pas de tabulateur; elles ne sont alors pas affichées.

La liste est une suite d'expressions, séparées par des virgules, qui définissent une ou un intervalle de colonnes à prendre en compte:

- n   Représente la nième colonne.
- n1-n2 Représente l'intervalle de n1 à n2.
- -n   Représente l'intervalle de 1 à n
- n-   Représente l'intervalle de n à la dernière colonne. Ceci est particulièrement intéressant quand les lignes n'ont pas toujours le même nombre de colonnes.

Exemples de liste

cut -c1,3,6 ...   cut -f1-8 ...   cut -c1-10,20-30,45,55,60-

Exemples

```
$ cat villes
75000PARIS
78000VERSAILLES
95000CERGY
14000CAEN
```

```
$ cut -c1-5 villes
75000
78000
95000
14000
```

```
$ cut -c6- villes
PARIS
VERSAILLES
CERGY
CAEN
```

$ cut -f1,3 -d: /etc/passwd   # affiche le nom et l'UID des utilisateurs en argument.
```
root:0
bin:1
daemon:2
adm:3
lp:4
sync:5
```

La combinaison de la commande **tr** et de la commande **cut** est utile pour extraire certains champs de la sortie standard d'une commande.

$ ls -l | tr -s " " | cut -d" " -f5,9 # afficher la taille et le nom des fichiers

```
51 fichier
20 fichier.log
666 group
70 nombre
1681 passwd
1843 typescript
```

La commande sort

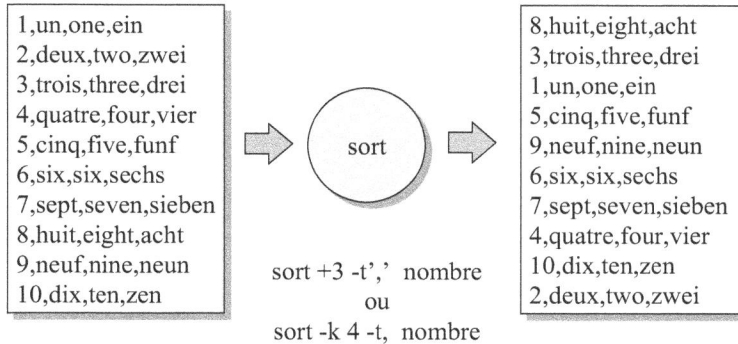

```
1,un,one,ein                                   8,huit,eight,acht
2,deux,two,zwei                                3,trois,three,drei
3,trois,three,drei                             1,un,one,ein
4,quatre,four,vier        ┌──────┐             5,cinq,five,funf
5,cinq,five,funf       ⇨  │ sort │  ⇨          9,neuf,nine,neun
6,six,six,sechs           └──────┘             6,six,six,sechs
7,sept,seven,sieben                            7,sept,seven,sieben
8,huit,eight,acht                              4,quatre,four,vier
9,neuf,nine,neun        sort +3 -t',' nombre   10,dix,ten,zen
10,dix,ten,zen                 ou              2,deux,two,zwei
                        sort -k 4 -t, nombre
```

Introduction

1) **sort [-tTabulateur] [-m] [-n] [-r] [-d] [-f] [-b] [+<pos1>] [-<pos2>]... [-o fichier] [fichier...]**

2) **sort [-tTabulateur] [-m] [-n] [-r] [-d] [-f] [-b] [-k clé] ...[-o fichier] [fichier...]**

Nous indiquons deux syntaxes pour la commande **sort**. La première syntaxe est celle de la commande originelle d'UNIX et la seconde, plus récente, est d'origine POSIX. Tous les systèmes UNIX connaissent les deux formes, même si la première ne continue à exister que pour des raisons de compatibilité. Elles offrent une grande similitude d'options et diffèrent essentiellement dans la désignation des champs.

Nous n'avons mentionné que les options les plus importantes et nous renvoyons le lecteur au manuel de référence pour les autres. Comme pour tous les filtres, le résultat du tri est envoyé sur la sortie standard.

Les options communes

L'option « -m » fusionne les fichiers, à condition qu'ils aient déjà été triés.

L'option « -n » sert à préciser que le critère de tri est numérique. A défaut, la chaîne de caractères "2" est plus grande que la chaîne "100". Avec l'option -n, le nombre 2 est plus petit que 100. Cette option devient indispensable si le critère de tri est numérique.

L'option « -r » permet d'inverser l'ordre de tri.

L'option « -d » ne prend en compte que les caractères alphanumériques et les espaces dans les comparaisons.

L'option « -f » permet de traiter indistinctement les minuscules et les majuscules.

L'option « -b » ignore les espaces qui se trouvent en tête d'un champ. Cette option devient indispensable si le critère de tri est alphanumérique.

L'option « -o » permet d'indiquer le nom du fichier dans lequel le résultat du tri est conservé. Cette option a été créée pour permettre de ranger le résultat du tri dans le fichier que l'on trie. L'usage des redirections obligerait à exécuter plusieurs commandes et à créer un fichier intermédiaire. Cela optimise l'espace disque requis.

L'option « -t » permet d'indiquer à la commande **sort** le séparateur de champ, s'il est autre que le tabulateur standard (espace ou tabulation), dans les fichiers où les lignes sont constituées de zones de longueur variable (*cf. cut -f liste -dDélimiteur*).

Les clés pour le tri

Les options +<pos1> et -<pos2> permettent de délimiter les champs qui constituent des critères de tri, c'est-à-dire les clés. « pos1 » indique le numéro du champ qui est le début de la clé, à défaut le champ0, c'est-à-dire le début de la ligne et « pos2 » la limite de la clé, à défaut la fin de la ligne.

Dans la forme la plus simple, « pos1 » et « pos2 » sont les numéros des champs.

Champ0<TAB>Champ1<TAB>champ2<TAB>champ3<TAB>...<TAB>Champi...

←--→
sort fichier
<---------------------------------->
sort -2 fichier
            <-->
sort +1 -4 fichier

                                        <---
sort +3 fichier

La commande **sort** supporte plusieurs niveaux de clé. La commande
sort +3 -4 +1 –2 fichier trie le fichier selon le quatrième champ puis selon le deuxième.

La forme complète de « pos1 » et « pos2 » est la suivante :

Numéro_de_champ[.Position_dans_le_champ][nrdfb]

« Position_dans_le_champ » désigne le numéro du caractère qui marque le début de la clé dans le champ. Il faut le préciser quand la clé ne coïncide pas avec le début du champ pour « pos1 » ou la fin du champ pour « pos2 ».

Remarque
C'est aussi un moyen de fabriquer des champs quand la ligne est zonée et ne contient pas de séparateur de champ. On crée les clés de la manière suivante : +0.5 –0.10.

Le champ « pos1 » peut également préciser une option. Cette possibilité est indispensable quand on trie selon plusieurs clés et que le critère de tri varie selon les clés car, dans ce cas, l'option ne peut pas être globale mais propre à la clé.

La deuxième syntaxe

La deuxième syntaxe est la syntaxe POSIX : les champs qui constituent la clé sont indiqués derrière l'option « -k ». La numérotation des champs et des positions des caractères d'un champ commence à 1. La clé peut être de la forme :

-k pos1[,pos2]

A la différence de la syntaxe précédente, quand le champ « pos2 » est présent, il est inclus dans la clé.

Exemples

$ cat nombre
2,deux,two,zwei
4,quatre,four,vier
1,un,one,ein
5,cinq,five,funf

10,dix,ten,zen
9,neuf,nine,neun

Tri alphabétique
$ sort nombre
1,un,one,ein
10,dix,ten,zen
2,deux,two,zwei
4,quatre,four,vier
5,cinq,five,funf
9,neuf,nine,neun

Tri numérique
$ sort -n nombre
1,un,one,ein
2,deux,two,zwei
4,quatre,four,vier
5,cinq,five,funf
9,neuf,nine,neun
10,dix,ten,zen

Tri selon les chiffres en allemand
$ sort -t',' +3 nombre
1,un,one,ein
5,cinq,five,funf
9,neuf,nine,neun
4,quatre,four,vier
10,dix,ten,zen
2,deux,two,zwei

Le tri est selon les chiffres en français
$ sort -t',' +1 -2 nombre   #   sort -t, -k 2,3 nb
5,cinq,five,funf
2,deux,two,zwei
10,dix,ten,zen
9,neuf,nine,neun
4,quatre,four,vier
1,un,one,ein

$ cat clients

CLA75	Gilbert	Ezina	10000
CLA78	alain	verse	7500
CLB90	abel	fort	50000
CLC75	robert	muda	4000
CLB78	jean	Eymar	200000

Tri selon le nom, sans distinction entre minuscule et majuscule.
$ sort +2bf clients   # sort –k 3bf clients

CLB78	jean	Eymar	200000
CLA75	Gilbert	Ezina	10000
CLB90	abel	fort	50000
CLC75	robert	muda	4000
CLA78	alain	verse	7500

Tri selon la partie numérique du code client (NN de CLXNN) en clé primaire et le chiffre d'affaires en clé secondaire.

```
$ sort +0.3 -1  +3n  clients    # sort -k 1.4,1  -k4n clients
CLC75   robert   muda      4000
CLA75   Gilbert  Ezina     10000
CLA78   alain    verse      7500
CLB78   jean     Eymar    200000
CLB90   abel     fort      50000
```

Trier les fichiers par ordre croissant de taille.

```
$ ls -l | sort +4n -5
total 19
-rw-r--r-- 1  root    root      20   mar 26 09:01 ichier.log
-rw-rw-r-- 1  gilles  gilles    42   mar 27 09:53 nombre
-rw-rw-r-- 1  gilles  gilles    97   mar 27 09:55 nb
-rw-rw-r-- 1  gilles  gilles   118   mar 27 10:57 cl2
-rw-rw-r-- 1  gilles  gilles   118   mar 27 10:59 cli2
-rw-rw-r-- 1  gilles  gilles   195   mar 27 09:35 clients
-rw-r--r-- 1  gilles  gilles   666   mar 26 08:15 group
-rw-r--r-- 1  gilles  gilles  1681   mar 26 08:15 passwd
-rw-rw-r-- 1  gilles  gilles  1843   mar 22 09:25 types
-rw-rw-r-- 1  gilles  gilles  7346   mar 27 08:49 aide
```

La commande grep

Je fais souvent ce
rêve étrange et
pénétrant d'une
femme inconnue, et
que j'**aime** et qui
m'**aime**, et qui n'est
chaque fois, ni tout à
fait la même , ni tout
à fait une autre, et
m'**aime** et me
comprend.

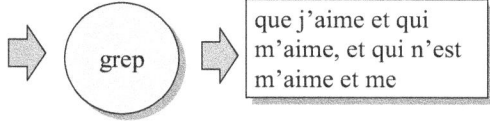

grep

que j'aime et qui
m'aime, et qui n'est
m'aime et me

grep   "aime" mon_reve_familier

Introduction

grep [-icvnl] ExpressionChaîneDeCaractères [fichier...]

grep [-icvnl] –e ExpressionChaîneDeCaractères ... [fichier...]

La commande **grep** extrait des fichiers les lignes qui contiennent la chaîne de
caractères définie par l'expression et les affiche sur la sortie standard. Cette
commande est très utile pour s'assurer qu'une information est présente dans un fichier
et beaucoup plus efficace qu'une recherche visuelle toujours incertaine.

L'option « -i » permet d'ignorer la différence entre minuscules et majuscules.
Avec l'option « -c », **grep** affiche le nombre de lignes qui contiennent la chaîne.
L'option « -n » provoque l'affichage des lignes, précédées de leur numéro dans le
fichier.
L'option « –v » génère l'affichage des lignes qui ne contiennent pas la chaîne.
L'option « -l » est utile quand on recherche dans plusieurs fichiers. Elle restreint
l'affichage aux noms des fichiers qui contiennent la chaîne.

Dans la seconde syntaxe, l'option « -e » permet de faire rechercher plusieurs chaînes
en une seule commande. Elle évite que les chaînes ne soient considérées comme des
noms de fichiers et, accessoirement, de rechercher des chaînes commençant par « - ».

L'argument « ExpressionChaîneDeCaractères » est une chaîne de caractères ou plus
généralement une expression régulière. Ce dernier cas est étudié dans le chapitre
suivant où nous utiliserons la commande **grep** pour comprendre cette nouvelle forme
d'expression. Cela sera aussi l'occasion de compléter notre connaissance de cette
commande.

Exemples

$ cat poeme
Je fais souvent ce
rêve étrange et
pénétrant d'une

femme inconnue, et
que j'aime et qui
m'aime, et qui n'est
chaque fois, ni tout à
fait la même, ni tout
à fait une autre, et
qui m'aime et me
comprend.

$ grep aime poeme
que j'aime et qui
m'aime, et qui n'est
qui m'aime et me

$ grep -c aime poeme
3

$ grep -n aime poeme
5:que j'aime et qui
6:m'aime, et qui n'est
10:qui m'aime et me

$ grep -v aime poeme
Je fais souvent ce
rêve étrange et
pénétrant d'une
femme inconnue, et
chaque fois, ni tout à
fait la même, ni tout
à fait une autre, et
comprend.

$ grep aime poeme | grep que
que j'aime et qui

$ grep -e aime -e une poeme
pénétrant d'une
que j'aime et qui
m'aime, et qui n'est
à fait une autre, et
qui m'aime et me

$who | grep root
root   tty3   Mar 27 11:22

$ls -l | grep 'mar 26'
-rw-r--r--   1 root   root   20 mar 26 09:01 fichier.log
-rw-r--r--   1 gilles   gilles   666 mar 26 08:15 group
-rw-r--r--   1 gilles   gilles   1681 mar 26 08:15 passwd

Les expressions régulières

^	Début de ligne	**✶**	Une suite de caractères "x"
$	Fin de ligne	**[...]**	Un caractère appartenant à un ensemble
.	Un caractère quelconque	**\x**	Echappe le caractère "x"

Exemple

grep '^pierre' /etc/passwd

Introduction

Les expressions régulières sont des modèles de chaînes de caractères qui, plutôt que de définir complètement un texte, n'en donnent qu'une forme générique pour signifier des expressions comme « une suite de lettres minuscules ou majuscules », « une suite de chiffres (un nombre) » ou bien encore pour préciser l'ancrage, c'est-à-dire la position du texte dans la ligne, « la ligne commence par » ou « se termine par ».

Tous les éditeurs de texte de UNIX et les filtres auxquels on fournit des chaînes de caractères en argument savent interpréter les expressions régulières. Ce concept devient rapidement incontournable dans l'écriture de script d'exploitation.

Parmi les commandes qui reconnaissent les expressions régulières, citons :

- Les commandes **more** et **pg.**
- Les éditeurs **ed**, **ex** et **vi**.
- Les filtres **grep**, **sed** et **awk**…

Pour définir une expression régulière, on utilise des caractères qui ont une signification particulière. Le tableau qui suit décrit les caractères qui sont valides dans toutes les commandes qui acceptent des expressions régulières :

Symbole	Utilisation
^Chaîne	La chaîne est en début de ligne (la ligne commence par).
Chaîne$	La chaîne est en fin de ligne (la ligne se termine par).
.	Le caractère « . » désigne un caractère quelconque. Il joue un rôle analogue au caractère « ? » des jokers dans les noms de fichiers.
[SuitedeCaractères]	Remplace un des caractères de la liste. La signification est identique à celle des crochets utilisés dans les jokers.
[^SuitedeCaractères]	Remplace un caractère qui n'appartient pas à la liste.

*Car**	Remplace une répétition de 0 à n caractère *Car*. La séquence *CarCar** signifie donc au moins un caractère *Car*.
\Car	Le caractère Car perd la signification particulière qu'il a normalement dans une expression régulière. La séquence * désigne le caractère *.

Certains outils, comme la commande **egrep** ou le langage **Perl**, acceptent des expressions régulières plus élaborées, dites étendues. Elles se construisent à l'aide des symboles suivants :

Symbole	Utilisation
Car+	Remplace une suite d'au moins un caractère.
Car ?	Remplace zéro ou une occurrence du caractère.
Expr1 | expr2	Le symbole « | » signifie « ou bien ». On recherche « expr1 » ou « expr2 ».
(expression)	Les parenthèses permettent de définir un groupe de caractères. L'expression (abc)* définit une répétition de la chaîne abc.

Exemples

```
$ cat fichier
 123 le fichier sert
45a illustrer le
  678principe des expressions
regulieres

$ grep 'le$' fichier    # on recherche le en fin de ligne
45a illustrer le

$ grep 'i.*i' fichier   # on recherche les lignes contenant au moins deux i
 123 le fichier sert
  678principe des expressions

$ grep '^[a-zA-Z][a-zA-Z]*$' fichier  # on recherche les lignes ne contenant que
des lettres
regulieres

$ sed 's/^[ 0-9]*//' fichier  # on supprime la numérotation des lignes
le fichier sert
a illustrer le
principe des expressions
regulieres

$ cat fichier
ligne1

ligne2

ligne3

$ grep '.' fichier  # afficher les lignes non vides
ligne1
ligne2
ligne3

$ grep -v '^$' fichier # la même chose
ligne1
ligne2
ligne3
```

```
$ ls -l | grep '^d'  # on recherche les répertoires
drwxrwxr-x  2 gilles  gilles    1024 Jan 21 12:07 make
```

```
$ ls -p | grep '/$'  # on recherche aussi les répertoires
make/
```

```
$ ls -a | grep '^\.'  # on limite l'affichage aux fichiers dont le nom est .xxxx
.
..
.profile
.sh_history
```

La commande egrep

La commande **egrep** accepte des expressions régulières étendues que ne reconnaît pas la commande **grep**. A défaut d'utiliser la commande **egrep**, il est possible d'exécuter la commande **grep –E**.

Exemples

Un nombre réel peut avoir une partie décimale vide, mais la partie entière doit contenir au moins un chiffre.

```
$ cat fichier
123.
123,35
,567
```

```
$ egrep "[0-9]+,[0-9]*" fichier
123,
123,35
```

Le nombre peut maintenant avoir un signe

```
$ cat fichier
+123,
123,35
++12
-123,35
,567
```

```
$ egrep "(-|\+)?[0-9]+,[0-9]*" fichier
+123,
123,35
-123,35
```

```
$ cat fichier
ba
b a b a
baba
ed ab cd
```

```
$ egrep '(ba)+' fichier
ba
baba
```

La commande sed

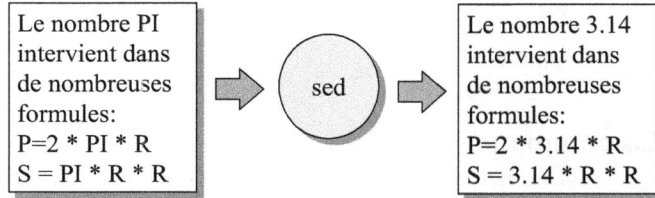

Le nombre PI
intervient dans
de nombreuses
formules:
P=2 * PI * R
S = PI * R * R

sed

Le nombre 3.14
intervient dans
de nombreuses
formules:
P=2 * 3.14 * R
S = 3.14 * R * R

sed 's/PI/3.14/g' pi

Introduction

sed [-n] 'commandeD'éditionSed' [fichier...]

sed [-n] -e 'commande d'édition sed' ... [fichier...]

sed [-n] -f fichierProgrammeSed [fichier...]

La commande **sed** (« stream editor ») est un filtre puissant où l'utilisateur définit les
opérations à réaliser en utilisant un sous ensemble des commandes de l'éditeur **ed**. Les
commandes d'édition sont appliquées aux fichiers fournis en argument. Comme dans
tous les filtres, les résultats de la commande **sed** sont affichés sur la sortie standard et
les fichiers ne sont pas modifiés. Les commandes d'édition les plus utilisées sont:

Commande	Syntaxe
Substitution de chaîne	[adr1[,adr2]s/Chaîne à remplacer/Chaîne de remplacement/[g] S'il n'y a pas d'intervalle précisé, **sed** applique automatiquement la commande à toutes les lignes. Sans l'option g (« global »), **sed** ne remplace, sur une ligne, que la première occurrence de la chaîne. La chaîne à remplacer peut être une expression régulière. Le caractère « & » est la chaîne à remplacer dans la chaîne de remplacement. On peut utiliser un autre caractère de remplacement que le « / » pour délimiter les chaînes de caractères.
Suppression de lignes à l'affichage	adr1[,adr2]d N'affiche pas les lignes de adr1 à adr2. La première ligne a le numéro 1 et la dernière le numéro $.
Affichage de lignes	adr1[,adr2]p Affiche les lignes de adr1 à adr2.
Arrêter le traitement	Adr1q

La référence d'une ligne « adr1 » ou « adr2 » peut être un numéro de ligne, « $ »
désignant la dernière ou une expression régulière encadrée par le caractère « / ».

L'option « -n » sert à limiter l'affichage des lignes du fichier à celles de l'intervalle que l'on a précisé dans la commande d'édition. Dans la pratique, on ne l'utilise généralement que dans le cas de la commande d'édition p (*cf. Exemples*).

Les trois syntaxes expriment une graduation dans la complexité du filtrage à réaliser. La première forme autorise une seule commande d'édition. Dans la seconde, l'option -e précède chaque commande d'édition. On utilise la troisième forme dans le cas où le nombre de commandes d'édition est trop important. Elles sont déportées dans un fichier dont on donne le nom en argument de l'option -f.

Exemples

```
$ cat pi
Le nombre PI
intervient dans
de nombreuses
formules:
P = 2 x PI x R
S = PI x R x R
```

```
$ sed 's/R/rayon/' pi     #remplacement de la première occurrence de R par rayon
Le nombre PI
intervient dans
de nombreuses
formules:
P = 2 x PI x rayon
S = PI x rayon x R
```

```
$ sed 's/R/rayon/g' pi     #remplacement de toutes les occurrences de R par rayon
...
P = 2 x PI x rayon
S = PI x rayon x rayon
```

```
$ cp  pi   nombre_pi
```

```
$ sed 's/R/rayon/g' nombre_pi > bidon
```

```
$ mv  bidon  nombre_pi # on a mis à jour un fichier en deux étapes
```

```
$ sed -e 's/R/rayon/g' -e 's/PI/3.14/g' pi
Le nombre 3.14
intervient dans
de nombreuses
formules:
P = 2 x 3.14 x rayon
S = 3.14 x rayon x rayon
```

```
$ cat progsed
1i\
=======================\
DEBUT DU FICHIER\
=======================
s/R/rayon/g
s/PI/3.14/g
1,4d
```

```
$ sed -f progsed pi
=======================
DEBUT DU FICHIER
=======================
P = 2 x 3.14 x rayon
S = 3.14 x rayon x rayon
```

$ sed '/PI/! d' pi   # on affiche les lignes qui ne contiennent pas PI
Le nombre PI
P = 2 x PI x R
S = PI x R x R

$ sed '/R/! s/PI/3.14/' pi # ne substitue PI que dans les lignes où R n'est pas présent
Le nombre 3.14
intervient dans
de nombreuses
formules:
P = 2 x PI x R
S = PI x R x R

$ cat fichier
bonjour,
au revoir,
  bien entendu,
    et comment ?,

$ sed 's/^ *//' fichier # Ne pas afficher les espaces en début de ligne
bonjour,
au revoir,
bien entendu,
et comment ?,

$ sed 's/.$//' fichier # supprimer le dernier caractère de la ligne
bonjour
au revoir
  bien entendu
    et comment ?

$ sed 's/^/DEBUT : /' fichier # ajouter un texte en début de chaque ligne
DEBUT : bonjour,
DEBUT : au revoir,
DEBUT :   bien entendu,
DEBUT :   et comment ?,

$ sed 's/^.*$/(&)/' fichier   # mettre les lignes entre parenthèses
(bonjour,)
(au revoir,)
(bien entendu,)
(et comment ?,)

$ sed '/en/q' fichier   # arrêter l'affichage dès qu'une ligne contient « en »
bonjour,
au revoir,
  bien entendu,

$

Atelier 8 : Les filtres

Objectifs :

■ **Savoir réaliser des opérations de filtrage sur un fichier.**

■ **Connaître les principaux filtres.**

Durée :

■ **35 minutes.**

Exercice n°1

Affichez la liste de utilisateurs triés par ordre des noms.

Exercice n°2

Affichez les attributs du plus gros fichier de votre répertoire.

Exercice n°3

Affichez le contenu de votre fichier « .profile. » avec une mise en page. Exécutez à nouveau la commande en mettant comme titre « Fichier de configuration ».

Exercice n°4

Recherchez dans votre répertoire tous les fichiers modifiés dans la journée.

Exercice n°5

Affichez toutes les lignes du fichier .profile qui contiennent le caractère #.

Exercice n°6

Affichez le nom de tous les fichiers texte de votre répertoire de connexion.

Exercice n°7

Affichez les noms des utilisateurs connectés de votre système (uniquement les noms).

Exercice n°8

Affichez la liste des utilisateurs qui ont comme shell de connexion le Korn shell.

Exercice n°9

Affichez la ligne de l'utilisateur défini par l'UID 0 (sans utiliser son nom root).

Exercice n°10

La commande ls -l affiche le caractère « - » en première position de la ligne pour un fichier régulier, remplacez ce dernier par la lettre « f ».

Le fichier suivant est utilisé dans les exercices qui terminent ce module.

```
$cat fichier
dep    nom    telephone
75     jean   0134560987
=========================
78     alain  0388057856
78     paul   0345724566
=========================
90     benoit 0234547575
=========================
14     pierre 0290907878
```

Exercice n°11

N'affichez que les lignes de données du type 78...

Exercice n°12

N'affichez que les lignes des départements 90 ou 14.

Exercice n°13

Remplacez les espaces séparateurs par le caractère « + » sur les lignes du département 75.

Exercice n°14

Affichez les lignes avec le numéro de téléphone entre crochets.

Exercice n°15

Affichez les lignes qui se terminent par 8.

Exercice n°16

Affichez les lignes qui se terminent par un nombre pair.

Exercice n°17

Affichez les lignes qui contiennent deux 5.

Exercice n°18

Affichez les lignes qui contiennent deux 5 dans le numéro de téléphone.

Exercice n°19

Affichez les lignes qui contiennent des nombres ou la lettre a et ensuite les lignes qui contiennent des nombres et la lettre a.

- *tar cvf /dev/rmt0 ~*
- *tar tvf /dev/rmt0*
- *tar xvf /dev/rmt0*
- *find . -print | cpio -o > /dev/rmt0*
- *cpio -itv < /dev/rmt0*
- *cpio -icvdumB < /dev/rmt0*
- *pax –wf /dev/rmt0 .*

9

La sauvegarde

Objectifs

L'administrateur est responsable de la sauvegarde des données d'un système UNIX. Cependant, les utilisateurs doivent connaître au moins une commande de sauvegarde, pour être autonome dans la sauvegarde et la restauration de leurs fichiers.

Contenu

La sauvegarde
La commande **tar**
La commande **cpio**
La commande **pax**
Atelier

La sauvegarde

■ **Les commandes**

- tar La commande la plus répandue.

- cpio Utilise les redirections.

- pax La commande ISO.

■ **Les supports**

- disquettes 3,5 pouces (1,44 Mo) ou ZIP (100 Mo).

- cartouches QIC, DAT ou Exabyte.

- disques durs Magnétiques ou magnéto-optiques.

Introduction

Les commandes de sauvegarde et de restitution de fichiers **tar** et **cpio** existent dans tous les systèmes UNIX. La commande **tar**, simple d'emploi, est bien adaptée à la sauvegarde de l'arborescence d'un utilisateur. Le format des fichiers sauvegardés par **tar** est standard. Les logiciels disponibles sur Internet sont presque toujours fournis au format **tar**. La commande **cpio**, que l'on utilise souvent en conjonction avec **find,** est très pratique pour sauvegarder des fichiers ayant des caractéristiques communes, autres que l'appartenance à une même arborescence. La commande **pax** est une commande standardisée par l'ISO, disponible dans UNIX et Linux, dont l'usage est jusqu'à aujourd'hui relativement restreint.

Les supports d'archivage sont les supports magnétiques que l'on rencontre traditionnellement sur les stations et les serveurs et, maintenant sur les micro-ordinateurs. L'usage des cartouches DAT (« Data Audio Tape ») est aujourd'hui le plus répandu.

Remarque

Le support d'archivage n'est pas lié aux commandes de sauvegarde. Il est possible de sauvegarder et de restituer des fichiers vers et depuis n'importe quel support externe où l'on ait le droit d'écrire et de lire, y compris un fichier régulier du disque.

La commande tar

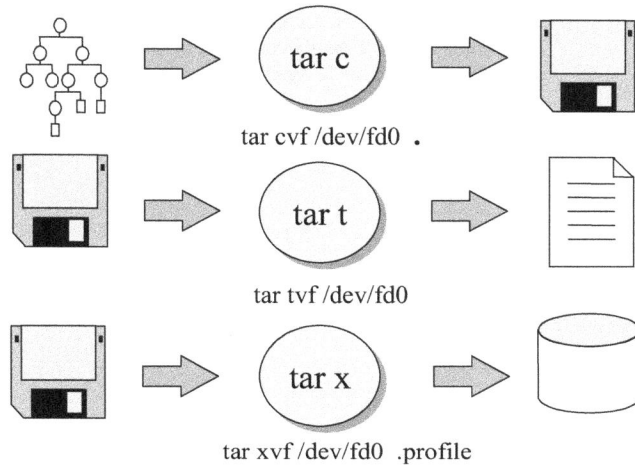

tar cvf /dev/fd0 .

tar tvf /dev/fd0

tar xvf /dev/fd0 .profile

Introduction

La commande **tar** sauvegarde des fichiers, y compris une arborescence de fichiers, dans un format qui lui est propre. C'est avec la même commande qu'il est possible d'obtenir la liste des fichiers sauvegardés et de les restituer. La commande **tar** utilise des clés pour indiquer les opérations à réaliser et la plupart des implémentations autorisent l'emploi d'options, y compris les options longues pour Linux. A la différence d'une option, une clé est une lettre qui n'est pas précédée du symbole « - » et l'association des arguments aux clés est positionnelle.

Dans toutes les syntaxes qui suivent, la clé **v** (« verbose ») génère des messages détaillés sur les opérations réalisées.

La clé **f** précise, par son argument FichierArchive, le nom du support d'archivage qui est souvent un périphérique (« /dev/xxx ») mais peut être aussi un fichier ordinaire.

Le symbole « - » désigne respectivement l'entrée et la sortie standard comme support de sauvegarde ou de restitution. Ils sont utilisés dans des cas particuliers comme, par exemple, la fabrication d'une sauvegarde compressée.

La variable d'environnement TAPE indique le nom du support d'archivage si ce dernier n'est pas précisé.

Sauvegarde de fichiers

tar c[v] [h][f FichierArchive] Fichier ...

Si les fichiers sont des répertoires, **tar** sauvegarde l'arborescence issue de ces répertoires.

L'option « h » permet de sauvegarder les fichiers liés et non les liens symboliques (*cf. Module 11 : les liens*).

Liste des fichiers sauvegardés

tar t[v][f FichierArchive]

Restitution de fichiers

tar x[v] [m][f FichierArchive] [fichier]...

A défaut de dire quels sont les fichiers à restituer, **tar** restitue la totalité de l'archive.

Les noms des fichiers à restituer doivent être formulés comme **tar** les a enregistrés.
Si les noms ont été formulés par des chemins relatifs, il convient de se positionner, par la commande **cd**, dans le répertoire dans lequel on veut les installer, avant d'exécuter la commande **tar**.

Avec l'option « m », la date de dernière modification du fichier n'est pas restaurée.

Exemples

```
$ tar cvf /dev/fd0 .        # sauvegarde globale relative
./
./.sh_history
./f1
./f2
./fic
./f3
./outils/
./outils/marteau/
./outils/marteau/cordonnier
./outils/marteau/charpentier
./outils/tournevis/
./outils/tournevis/normal
./outils/tournevis/cruciforme


$ tar tvf /dev/fd0        # liste de l'archive
drwxr-xr-x pierre/etude    0 2003-03-28 09:19:45 ./
-rw-r--r-- pierre/etude    0 2003-03-28 09:17:43 ./.sh_history
-rw-r--r-- pierre/etude    0 2003-03-28 09:19:33 ./f1
-rw-r--r-- pierre/etude    0 2003-03-28 09:19:33 ./f2
-rw-r--r-- pierre/etude    0 2003-03-28 09:19:33 ./fic
-rw-r--r-- pierre/etude    0 2003-03-28 09:19:33 ./f3
drwxr-xr-x pierre/etude    0 2003-03-28 09:19:33 ./outils/
drwxr-xr-x pierre/etude    0 2003-03-28 09:19:33 ./outils/marteau/
-rw-r--r-- pierre/etude    0 2003-03-28 09:19:33 ./outils/marteau/cordonnier
-rw-r--r-- pierre/etude    0 2003-03-28 09:19:33 ./outils/marteau/charpentier
drwxr-xr-x pierre/etude    0 2003-03-28 09:19:33 ./outils/tournevis/
-rw-r--r-- pierre/etude    0 2003-03-28 09:19:33 ./outils/tournevis/normal
-rw-r--r-- pierre/etude    0 2003-03-28 09:19:33 ./outils/tournevis/cruciforme

$ rm -rf outils

$ tar xvf /dev/fd0 outils # restauration partielle, le chemin est incorrect
tar: outils: ne peut être retrouvé dans l'archive.

$ tar xvf /tmp/fd0 ./outils    # restauration partille relative réussie
./outils/
./outils/marteau/
./outils/marteau/cordonnier
./outils/marteau/charpentier
./outils/tournevis/
./outils/tournevis/normal
./outils/tournevis/cruciforme
```

```
$ ls -R outils
outils:
marteau  tournevis

outils/marteau:
charpentier  cordonnier

outils/tournevis:
cruciforme  normal

$ pwd
/home/pierre/rep1

$ cd ../rep2

$ tar xvf /dev/fd0  # restauration globale dans un autre répertoire
./
./.sh_history
./f1
./f2
./fic
./f3
./outils/
./outils/marteau/
...

$ tar cvf /dev/fd0 /home/pierre/rep1    # sauvegarde absolue du répertoire
/home/pierre/rep1/
/home/pierre/rep1/.sh_history
/home/pierre/rep1/f1
/home/pierre/rep1/outils/

$ TAPE=/dev/fd0 ; export TAPE

$ tar c /home/pierre/rep1  # équivalent à tar cf /dev/fd0 /home/pierre/rep1

$ cd /etc

$ rm /home/pierre/rep1/f1

$ tar xvf /tmp/fd0 /home/pierre/rep1/f1
/home/pierre/rep1/f1

$ ls -l /home/pierre/rep1/f1
-rw-r--r--  1 pierre  etude        0 mar 28 09:39 /home/pierre/rep1/f1
...
```

🐧 La commande GNU tar

Le système Linux utilise la commande GNU **tar**, d'ailleurs disponible pour tous les systèmes UNIX. Elle se caractérise par une très grande richesse d'options. Nous ne présentons dans ce paragraphe que celles dont la connaissance est indispensable ou d'un intérêt évident.

La commande GNU **tar** réalise systématiquement des sauvegardes relatives. Si le chemin de sauvegarde est absolu, elle enlève le « / » de début sur l'archive. L'option « P » assure la compatibilité avec la commande **tar** d'UNIX.

Il existe des options pour réaliser des sauvegardes ou des restitutions compressées. La commande GNU **tar** connaît trois formats de compression :

-Z, --compress,   La compression avec les commandes BSD **compress** et
--uncompress   **uncompress**.

-z, --gzip, --gunzip	La compression avec les commandes **gzip** et **gunzip**.
-j, --bzip2	La compression avec les commandes **bzip2** et **bunzip2**.

Exemples

$ tar cvf /tmp/f.tar /home/pierre/rep1/f* # chemin absolu sans l'option p
tar: Removing leading `/' from member names
home/pierre/rep1/f1
home/pierre/rep1/f2
...

$ tar cvPf /tmp/f.tar /home/pierre/rep1/f* # chemin absolu avec l'option p
/home/pierre/rep1/f1
/home/pierre/rep1/f2
...

$ tar cvzf /tmp/f.tar.gz . # sauvegarde avec la compression gzip
./
./.sh_history
./f1
...

Remarque

Le format de cette sauvegarde est le plus utilisé sur les sites qui proposent des logiciels à télécharger.

$ file /tmp/f.tar.gz
/tmp/f.tar.gz: gzip compressed data, deflated, last modified: Fri Mar 28 10:32:07 2003, os: Unix

$ tar xvzf /tmp/f.tar.gz ./f1 # restauration du fichier f1
./f1

Remarque

La sauvegarde et la restauration compressées avec la commande **tar** d'UNIX utilisent les entrées Sorties standard. Elles ont la forme suivante :

$ tar cvf - . | gzip > /tmp/f.tar.gz

$ gunzip < /tmp/f.tar.gz | tar xvf –

$ find . -print | tar -c -T - -f /tmp/sauve.tar # sauvegarde à la manière de cpio

La commande cpio

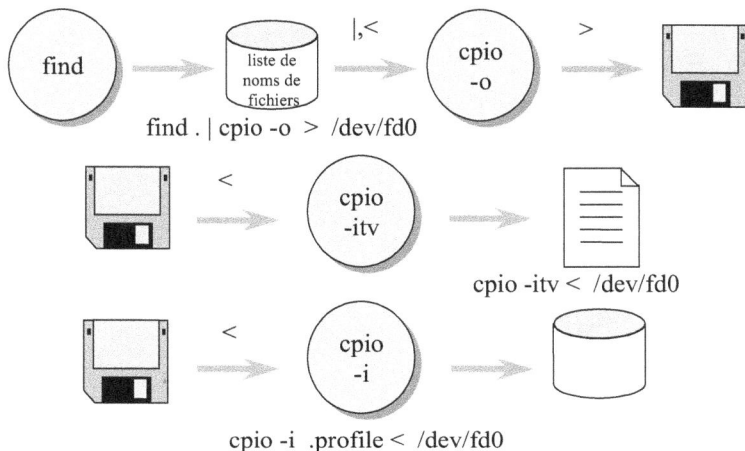

find . | cpio -o > /dev/fd0

cpio -itv < /dev/fd0

cpio -i .profile < /dev/fd0

Introduction

La commande **cpio** sauvegarde les fichiers dont on saisit les noms sur l'entrée standard, sur la sortie standard, par défaut le clavier et l'écran. La redirection des entrées et des sorties permet d'automatiser la production des noms de fichiers et de désigner le support d'archivage qu'il faut réellement utiliser.

Les options « -v », « -c » et « -B » peuvent être utilisées dans tous les cas. L'option « -v » demande, comme dans **tar,** l'affichage d'informations détaillées. L'option « -c » signifie à **cpio** de mémoriser les attributs des fichiers sous une forme ASCII, ce qui facilite l'échange de fichiers entre systèmes UNIX hétérogènes. L'option « -B » augmente la vitesse d'exécution de **cpio**, qui utilise une mémoire tampon d'entrée et de sortie de 5120 octets.

Sauvegarde de fichiers

cpio -o[L]

L'option -L demande à **cpio** de sauvegarder les fichiers liés et non les liens symboliques (*cf. Module 11 : Les liens*).

Liste des fichiers sauvegardés

cpio -it

Restitution de fichiers

cpio -i[umd] [Fichier...]

A défaut de dire quels sont les fichiers à restituer, **cpio** restitue la totalité de l'archive. Si les noms de fichiers à restituer contiennent des jokers (*,?,[...]), ils doivent être protégés (\,', "). L'option « -d » indique à **cpio** de reconstruire les sous-répertoires manquants, opération qu'elle ne réalise pas automatiquement comme le fait **tar**.

L'option « -u » est associée à une restauration inconditionnelle. A défaut d'utiliser l'option « -u », **cpio** ne restaure un fichier que s'il n'existe plus ou s'il est plus ancien sur le disque que sur l'archive.

L'option « -m » permet de conserver la date de dernière modification du fichier sur l'archive.

Exemples

$ cpio -ocvB > /dev/fd0
f1
/etc/group
Ctrl-D
10 blocks

$ cpio -itcvB < /dev/fd0
-rw-r--r-- 1 pierre oracle 0   Dec 3 12:13 1995, f1
-rwxr--r-- 1 root   sys   554   Apr 28 11:28 1997, /etc/group
10 blocks

$ cat listfic
f1
/etc/passwd
$ cpio -ocvB <listfic > /dev/fd0
f1
/etc/passwd
10 blocks

$ ls f* | cpio -ocvB > /dev/fd0
f1
f2
10 blocks

$ find . -print | cpio -ocvB > /dev/fd0
.
f1
f2
r11
r11/f11
r11/f21
r12
listfic
10 blocks

$ cpio -itcvB < /dev/fd0
drwxr-xr-x 4 pierre oracle 0   Jul 10 09:45 1997, .
-rw-r--r-- 1 pierre oracle 0   Dec 3 12:13 1995, f1
-rw-r--r-- 1 pierre oracle 0   Dec 3 12:13 1995, f2
drwxr-xr-x 2 pierre oracle 0   Dec 3 12:14 1995, r11
-rw-r--r-- 1 pierre oracle 0   Oct 14 13:06 1996, r11/f11
-rw-r--r-- 1 pierre oracle 0   Dec 3 12:14 1995, r11/f21
drwxr-xr-x 2 pierre oracle 0   Dec 3 12:14 1995, r12
-rw-r--r-- 1 pierre oracle 15   Jul 10 09:45 1997, listfic
10 blocks

$ mkdir r2

$ cd r2

```
$ cpio -icvdB < /dev/fd0
.
f1
f2
r11
r11/f11
r11/f21
r12
listfic
10 blocks
```

```
$ cd ..
```

```
$ ls -R r2
f1      f2      listfic r11     r12
r2/r11:
f11  f21
r2/r12:
```

La commande pax

■ **Sauvegarde**

  ● Syntaxe tar

```
pax  -w  -f /dev/fd0   /home/pierre
```

  ● Syntaxe cpio

```
find /home/pierre -print | pax -w > /dev/fd0
```

■ **Restauration**

  ● Syntaxe tar

```
pax -r  -f /dev/fd0
```

  ● Syntaxe cpio

```
pax -r < /dev/fd0
```

Introduction

La commande **pax** est une commande ISO de sauvegarde qui recouvre les commandes **tar** et **cpio**. On peut, avec **pax**, sauvegarder des fichiers dans l'un des deux formats, **tar** ou **cpio**, **tar** par défaut. La commande détecte automatiquement le format d'une bande à restaurer.

La commande **pax**, souvent méconnue, existe aussi sur Windows NT et Windows 2000.

Elle propose quatre possibilités :

pax –w … Pour sauvegarder.

pax –r … Pour restaurer.

pax … Pour lister le contenu de l'archive.

Si les noms de fichiers à sauvegarder ne sont pas en argument, **pax** les attend sur l'entrée standard. L'archive peut être précisée en argument de l'option « -f » ou, à défaut, être associée aux entrées sorties standard, ce qui permet d'utiliser les redirections et les tubes.

Exemples

$ pax –w –f /dev/rmt0 .   # sauvegarde de l'arborescence courante.

Ou   find . | pax –w –f /dev/rmt0 ou   pax –w . > /dev/rmt0

$ pax –r –f /dev/rmt0 # Restauration dans le répertoire courant.

Sauvegarde de l'arborescence courante au format cpio.

$ pax –w – x cpio –f /dev/rmt0 .

$ pax -f /dev/rmt0   # liste de l'archive

Annexe Linux

Ark, l'outil de manipulation d'archives

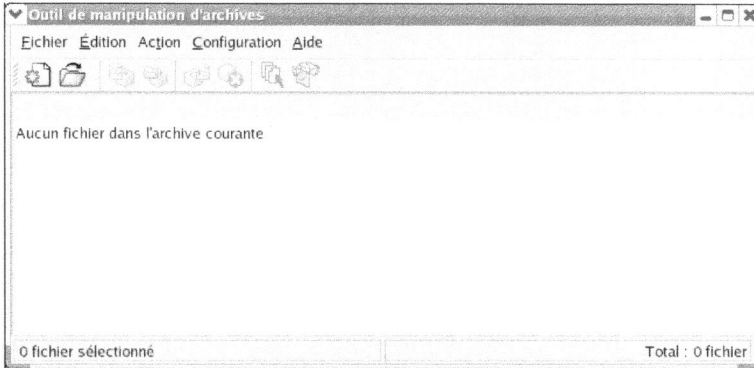

Menu K – Accessoires – Outil de manipulation d'archives
Ark supporte beaucoup de formats : tar, gzip, bzip2, zip, lha.

Créer une archive

Dans la fenêtre Ark : Fichier – Nouveau
Saisir le nom de l'archive avec l'extension du format désiré « .tar », « .gz » ou autre et enregistrer l'archive. Utiliser ensuite le menu Action suivi de « Ajouter un fichier » ou « Ajouter un dossier ».

Extraire les fichiers d'une archive

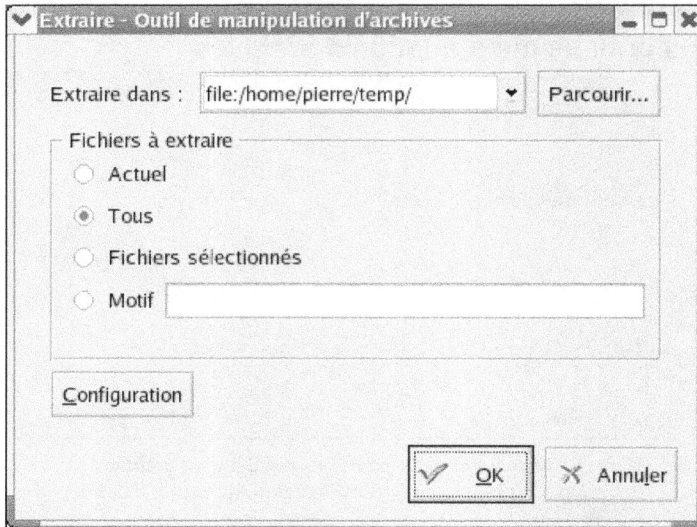

Dans la fenêtre Ark : Fichier – Ouvrir
Sélectionner l'archive. Utiliser ensuite le menu Action et Extraire, puis sélectionner
le répertoire destination et les fichiers à extraire.

Configurer ark

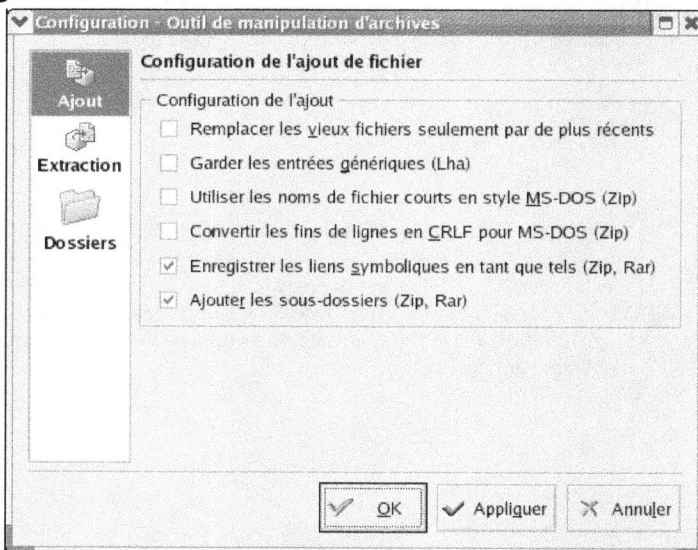

Fichier – Configuration – Configurer Ark

Atelier 9 : La sauvegarde

Objectif :

▪ **Sauvegarder ses fichiers et les restaurer.**

Durée :

▪ **15 minutes.**

Exercice n°1

Exécutez la commande suivante pour sauvegarder votre arborescence dans un fichier :
$ tar cvf /tmp/sauve.tar $HOME   # tar cvf /tmp/sauve.tar ~
Pouvez vous restaurer cette sauvegarde ailleurs que dans son répertoire d'origine?

Exercice n°2

Quelle commande devrez-vous exécuter pour restaurer votre fichier .profile dans votre répertoire de connexion.

Exercice n°3

Sauvegardez votre arborescence avec la commande cpio.

Exercice n°4

Supprimez tous vos sous-répertoires et restaurez votre arborescence à partir de la sauvegarde.

Exercice n°5

Sauvegardez votre arborescence avec la commande **pax** sur une disquette (*/dev/fd0*). Listez ensuite l'archive avec les commandes **tar** et **pax**.

- *write*
- *talk*
- *e-mail*
- *news*
- *finger*

10

Les outils de communication

Objectifs

Après l'étude du chapitre, le lecteur sait communiquer avec les autres utilisateurs en utilisant les commandes standards du système.

Contenu

Panorama des outils de communication
La communication en direct
Le système des news
Le courrier électronique
Atelier

Panorama des outils de communication

■ **Les outils locaux**

- write   Communique en direct.

- mesg   Autorise ou interdit la communication en direct.

- news   Affiche les messages les plus récents "postés" dans le répertoire news.

■ **Les outils Internet (en standard)**

- talk   Communique en direct.

- mail   Envoie du courrier et permet de lire son courrier.

- finger   Donne des informations sur les utilisateurs d'un système.

Introduction

Le système UNIX possède tout un ensemble d'outils de communication entre utilisateurs. Ces outils sont locaux, s'ils ne permettent qu'aux utilisateurs d'un même système de dialoguer. Ces outils sont réseau, s'ils permettent également un dialogue entre utilisateurs de différents systèmes. Le système UNIX est un système ouvert, les outils de communication réseau qu'il utilise sont des outils Internet (*cf. Module 14 : Utilisation d'UNIX en réseau*).

Les outils locaux

write   La commande **write** écrit du texte sur le terminal d'un autre utilisateur.

mesg   La commande **mesg**, autorise ou interdit la réception de messages émis par la commande **write** ou la commande **talk**.

news   La commande **news** affiche les fichiers du répertoire */var/news*. La commande n'affiche que les fichiers qui n'ont pas été déjà vus.

Les commandes Internet

talk   La commande **talk**, comme la commande **write,** permet un dialogue en direct, mais l'émission et la réception se font en simultanément.

mail   La commande **mail** permet d'envoyer ou de recevoir du courrier électronique.

finger   La commande **finger** affiche des informations sur un utilisateur ou sur les utilisateurs connectés.

Remarque

Il existe d'autres commandes de communication, comme la commande **wall**, qui affiche un message en provenance de l'administrateur sur l'ensemble des terminaux des utilisateurs connectés.

La communication en direct

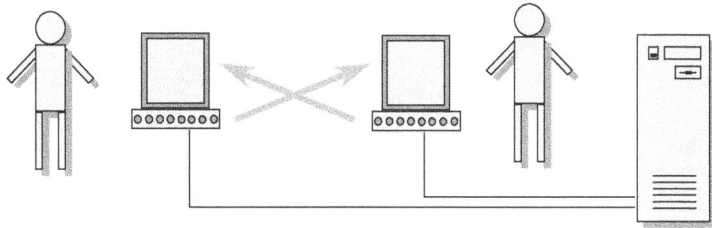

write,talk   Communication en direct.
mesg   Autorise ou interdit la communication.

Introduction

La communication en direct met en liaison deux utilisateurs qui s'échangent des messages sous forme de textes. Le texte frappé sur l'un des terminaux, apparaît immédiatement sur l'écran de l'autre terminal. Deux commandes permettent ce genre de dialogue : **write** et **talk**. La commande **write**, la plus ancienne, est plus fruste. Au contraire, dans la commande **talk**, l'écran est divisé en deux zones : une pour le texte envoyé, l'autre pour le texte reçu. La commande, basé sur un standard de communication, peut être utilisé également en réseau pour dialoguer avec un utilisateur distant. Quelque soit le mode de dialogue, la commande **mesg** autorise ou non la communication en direct.

La commande write

write utilisateur [terminal]

La commande **write** initie un envoi à destination de l'utilisateur dont le nom est donné en argument. Si l'utilisateur est connecté sur plusieurs postes, on doit le préciser en deuxième argument. Après que la commande **write** soit lancée, tout le texte frappé au clavier (sur l'entrée standard) s'affiche sur l'écran du correspondant, précédé du nom et du terminal de l'expéditeur. La communication prend fin quand l'utilisateur frappe Ctrl-D. La commande **mesg** autorise ou non la réception de messages.

La commande talk

talk utilisateur [terminal]

talk débute un dialogue avec un utilisateur. Le dialogue ne commence que si le correspondant l'accepte en exécutant aussi la commande **talk**. Le texte frappé au clavier d'un poste apparaît sur l'écran de l'autre. Les textes reçus et envoyés apparaissent dans deux parties distinctes de l'écran. Le dialogue se termine si l'un des deux correspondants saisit Ctrl-C.

La commande **talk** permet aussi de dialoguer avec des utilisateurs distants. On utilise la syntaxe suivante pour les appeler.

talk   utilisateur@ordinateur

La commande mesg

mesg [y|n]

La commande **mesg** permet de savoir si on autorise les utilisateurs à écrire sur son terminal, de l'autoriser (y) et de l'interdire (n).

La commande finger

finger [option ...] [utilisateur ...]

La commande **finger** liste les utilisateurs connectés au système, et indique pour chacun son nom de connexion, son nom complet, son terminal avec un « * » s'il interdit le dialogue, le temps d'inactivité, l'heure de connexion et l'ordinateur. Si une liste d'utilisateurs est donnée en argument, la commande affiche les informations les concernant, et le contenu des fichiers ~/.plan et ~/.project de chacun.

La commande finger est basé sur un standard de communication. On peut dans la commande indiquer un ordinateur cible ou des utilisateurs d'un autre système avec les syntaxes suivantes.

finger [option ...] [utilisateur@ordinateur ...]

finger [@ordinateur]

Exemples

Dialogue avec write (lignes blanches intercalées pour respecter l'ordre chronologique).

/home/cathy $ **mesg -y**
/home/cathy $ **write pierre**
BONJOUR, COMMENT VAS-TU ?

/home/pierre $ **mesg -y**
/home/pierre $
    Message from cathy on apl486 (pts/2)
[Thu Jul 10 10:41:37] ...
BONJOUR, COMMENT VAS-TU ?
write cathy
tres bien, et toi ?

    Message from pierre on apl486 (pts/0)
[Thu Jul 10 10:42:07] ...
tres bien, et toi ?
ON RENTRE ENSEMBLE, CE SOIR ?

ON RENTRE ENSEMBLE, CE SOIR ?
d'accord, salut
[CTRL-D]

d'accord, salut
<EOT>
A CE SOIR, SALUT
[CTRL-D]

/home/pierre $A CE SOIR, SALUT
<EOT>
/home/pierre $ **mesg**
is y
/home/pierre $ **mesg -n**
/home/pierre $

/home/cathy $ **write pierre**
Permission denied.
/home/cathy $

Exemples de sorties de la commande finger.

/home/cathy $ **finger**

Login	Name	TTY	Idle	When	Where
root	0000-Admin(0000)	console	5	Thu 10:32	
gilles	compte Gilles Goubet	pts/1	15	Thu 09:02	AURORE
pierre	ceci apparait avec f	pts/0		Thu 10:40	192.0.0.81
cathy	Catherine T.	pts/2		Thu 10:38	192.0.0.81

/home/cathy $ **finger @linux**

[linux]

Login	Name	Tty	Idle	Login Time	Office	Office Phone
gilles		p0		Oct 1 09:47	[apl486]	

/home/cathy $

Le système des news

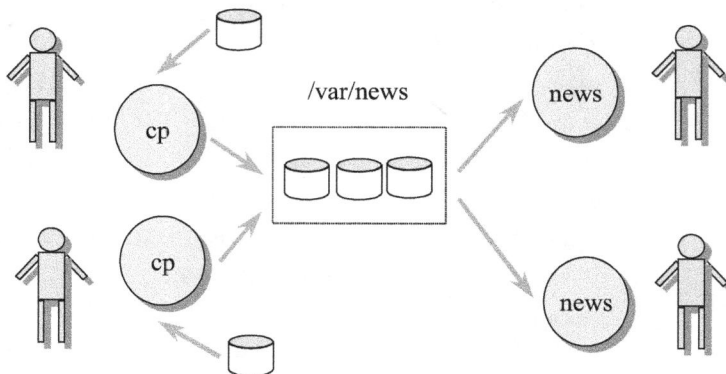

Introduction

Le système des news est une communication par diffusion. Un utilisateur copie un fichier texte dans le répertoire des news (/usr/news ou /var/news). Tous les utilisateurs peuvent ensuite le visualiser grâce à la commande **news**. La commande **news**, à la différence des commandes **cat** ou **more**, ne visualise que les fichiers non encore consultés.

La commande news

news [option ...] [fichier ...]

La commande **news** affiche les fichiers contenus dans le répertoire news */var/news*. Par défaut, news n'affiche que les fichiers qui n'ont pas été déjà consultés. La commande se base sur la date de dernière modification du fichier *~/.news_time* pour savoir à quand remonte la dernière consultation. Si l'on donne en argument une liste de noms de fichiers, la commande ne visualise que ces fichiers. Les options :

-a   Affiche le contenu de l'ensemble des fichiers du répertoire news, y compris les fichiers déjà consultés.

-n   Affiche uniquement le noms des fichiers contenus dans le répertoire news.

-s   Affiche uniquement le nombre de fichiers contenus dans le répertoire news.

Exemple

/home/pierre $ **cp petite_annonce /var/news**
/home/pierre $ **news**
petite_annonce (pierre) Thu Jul 10 11:22:45 2003
     j'ai une moto a vendre 20 00 euros.
================

oracle (gilles) Thu Jul 10 11:21:47 1997

Linux suppose les outils Internet élaborés et n'implémente pas les « news » UNIX.

Le courrier électronique

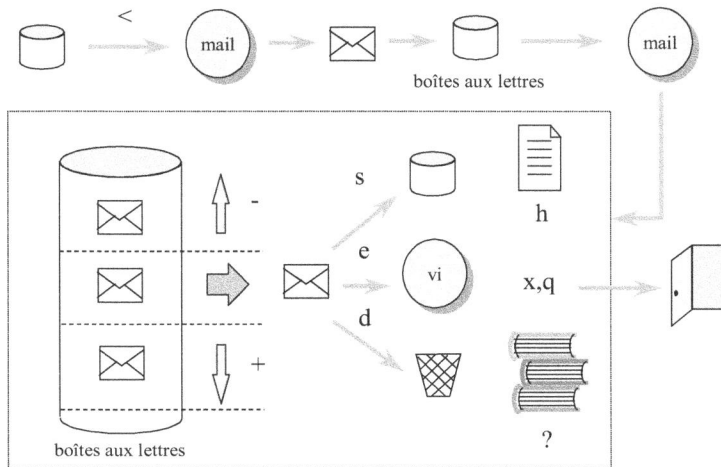

Introduction

Les utilisateurs peuvent communiquer en utilisant le courrier électronique. Par opposition à la communication en direct, le courrier est stocké dans la boîte aux lettres du destinataire qui le lira quand il le voudra.

Il existe plusieurs commandes pour envoyer ou recevoir du courrier. La commande **mail** qui est présentée est traditionnelle des systèmes UNIX. Les commandes **mailx** et **elm** sont pourtant plus puissantes, mais toutes ces commandes sont concurrencées par les outils graphiques, comme **netscape**. L'application netscape est un navigateur Web (*cf. Module 14 : Utilisation d'UNIX en réseau*) qui possède un module pour gérer son courrier. Netscape est disponible non seulement pour les systèmes UNIX, mais également pour les plates-formes Apple et Windows.

La commande mail

mail [utilisateur ...]

La commande **mail** permet d'envoyer ou de recevoir du courrier. Si l'on donne une liste d'utilisateurs en argument, la commande leur envoie ce qui est saisi au clavier (l'entrée standard) jusqu'à la frappe de Ctrl-D. Il est plus logique d'utiliser les redirections.

Si la commande est utilisée sans argument, elle permet de lire son courrier. **mail** comporte un grand nombre de commandes internes qui permettent de gérer son courrier. Voici les principales :

#	Affiche le nombre de messages.
-	Affiche le message précédent.
+,[cr],n	Affiche le message suivant.
d	Détruit le message courant.
h	Affiche les entêtes des messages.

7	Affiche le i-ème message. Dans l'exemple le 7ième message.
P	Affiche de nouveau le message courant, sans les caractères non imprimables.
q,ctrl-D	Sort de la commande mail.
s fic	Sauvegarde le message courant dans le fichier « fic ».
e	Active l'éditeur pour visualiser le message courant.
x	Quitte la commande mail, mais sans changer son contenu.
?	Affiche le résumé des commandes.

Exemple

Pierre envoie un courrier, et cathy lit son courrier.

/home/pierre $ **vi   message**
/home/pierre $ **mail cathy < message**
/home/pierre $

/home/cathy $ **mail**
From pierre Thu Jul 10 12:13 EDT 1997
Content-Length: 140

rendez-vous

Chère Catherine, acceptez-vous
un rendez-vous après le déjeuner
pour parler de l'installation
de la derniere version d'oracle.

? **h**
2 letters found in /usr/mail/cathy, 0 scheduled for deletion, 0 newly arrived
> 2   219   pierre   Thu Jul 10 12:13 EDT 1997
   1   91   pierre   Thu Jul 10 12:05 EDT 1997
? **q**
/home/cathy $

La commande **mail** de Linux fonctionne comme la commande **mailx** d'UNIX.
$ mail pierre
Subject: UNIX et Linux
Quels systèmes merveilleux
.
Cc: root

$ mail   # pierre consulte son courrier
Mail version 8.1 6/6/93. Type ? for help.
"/var/spool/mail/pierre": 2 messages 2 new
>N 1 gilles@poste100.soci Fri Mar 28 13:14 14/453   "UNIX et Linux"
 N 2 root@poste100.societ Fri Mar 28 13:16 13/423   "arrêt dans 10 minutes"
& ...
& **q**
Saved 2 messages in mbox

$ mail -f mbox # lecture de la sauvegarde de sa boîte aux lettres

Annexe LINUX

Le courrier électronique avec Kmail

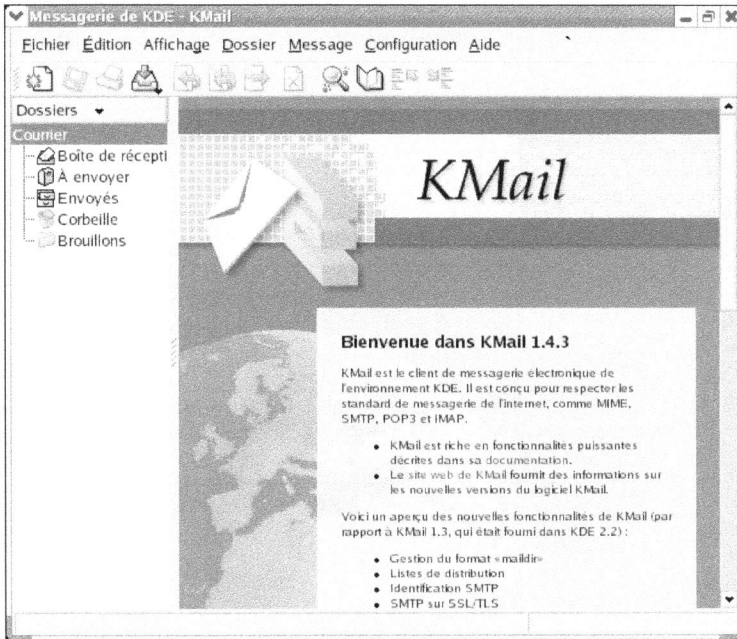

Menu K – Extras – Internet - Kmail

Créer une boîte aux lettres avec Kmail

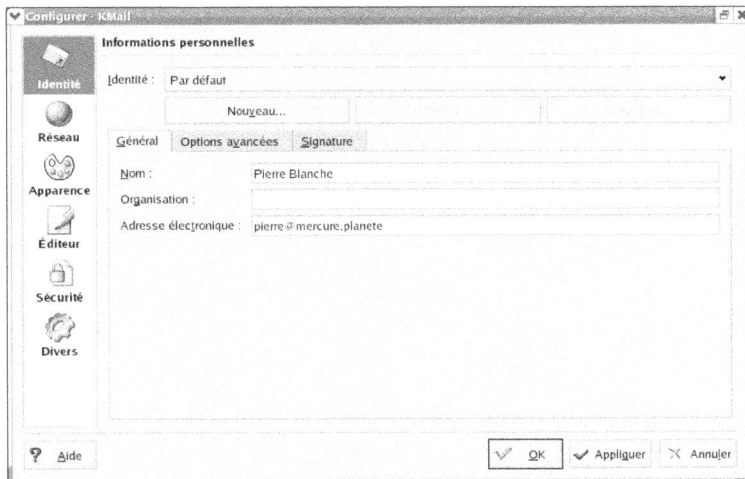

Menu Configuration – Configurer Kmail
Entrer un nom ainsi qu'une adresse e-mail.

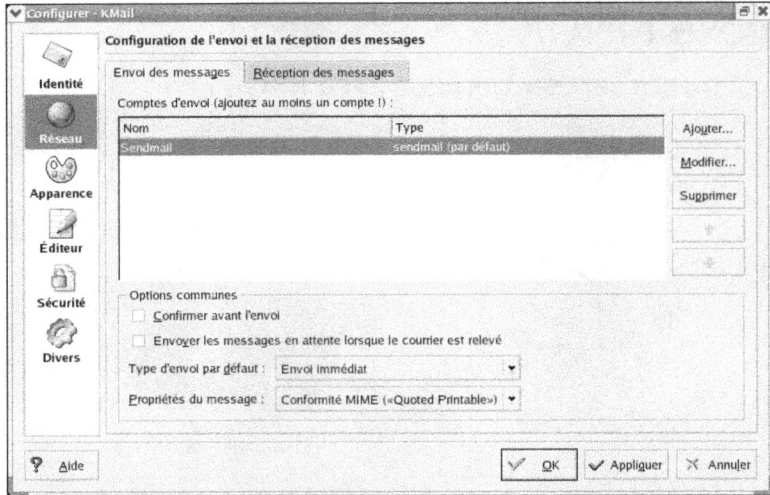

Configuration – Configurer Kmail – Réseau – Envoi des messages, puis choisir le serveur des messages sortants, par défaut Sendmail ou cliquer sur <Ajouter> pour choisir SMTP.

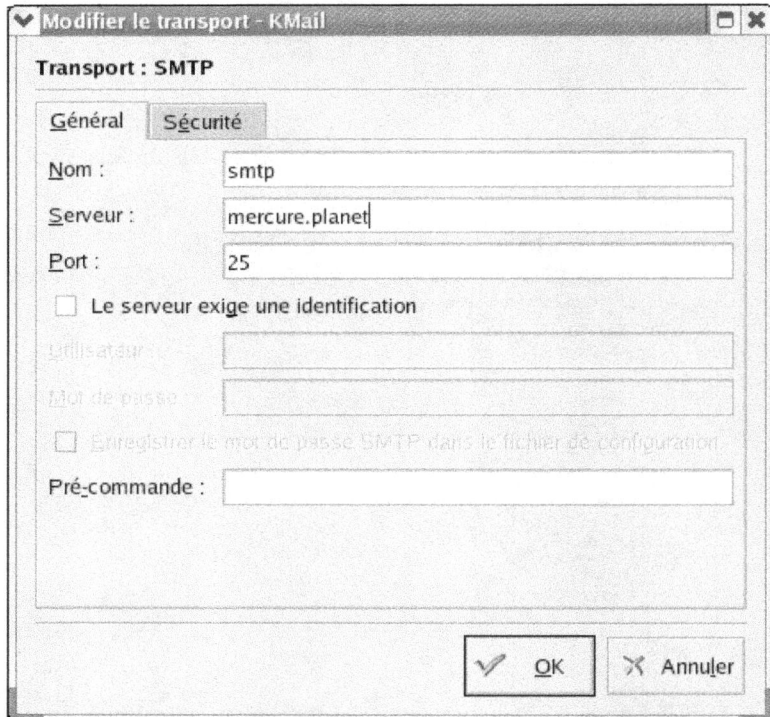

Entrer le nom du serveur des messages sortants

Configuration – Configurer Kmail – Réseau – Réception de messages – Ajouter, puis choisir le type de serveur POP ou IMAP, et renseigner la fenêtre suivante avec le nom de messagerie et le mot de passe correspondant ainsi que l'adresse du serveur de messages entrants.

Envoyer un courrier avec Kmail

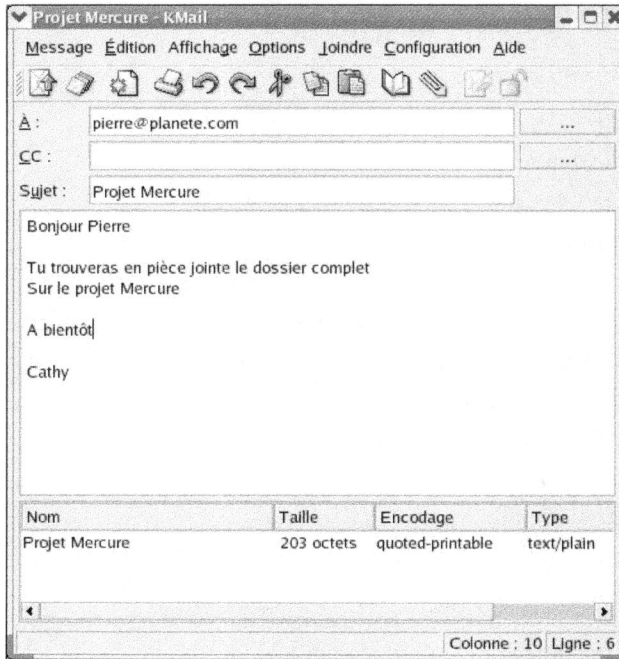

Message – Nouveau message ou icône <Nouveau message> de Kmail, saisir le message.
Menu Joindre – Joindre un fichier pour les fichiers en pièce jointe.

Lire le courrier avec Kmail

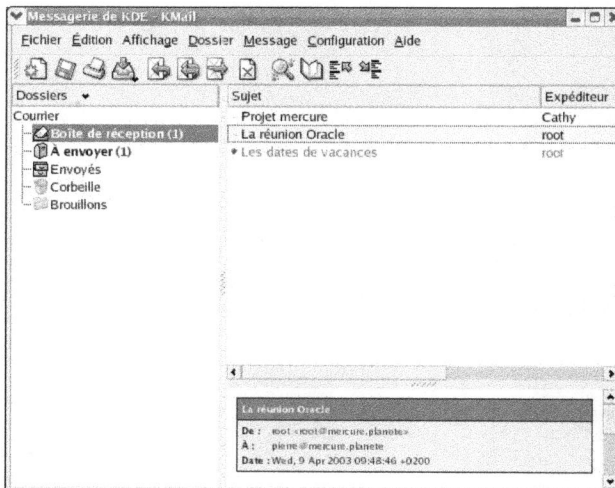

Boîte de réception, double clic sur le message
Fichier – Relever tout le courrier, pour vérifier à nouveau les messages sur le serveur
Les documents reçus en pièce jointe peuvent être ouverts en ligne ou enregistrés.

Atelier 10 : Les outils de communication

Objectifs :

▪ **Communiquer avec les autres utilisateurs.**

Durée :

▪ **10 minutes.**

Exercice n°1

Enregistrez les nouvelles « news » dans un fichier de nom *nouvelles*.

Exercice n°2

Affichez le contenu du fichier *nouvelles* sur le terminal d'un autre utilisateur, et si ce dernier n'accepte pas de messages sur son écran, envoyez le fichier nouvelles dans sa boîte aux lettres.

Exercice n°3

Envoyer le résultat de la commande **cal**, en courrier à deux utilisateurs.

Exercice n°4

Quelle commande utiliserez vous pour dialoguer avec un utilisateur d'une autre machine du réseau.

Exercice n°5

Quelles différences y a t-il entre les commandes **write** et **talk** ?

- *liens matériels*
- *liens symboliques*
- *ln*
- *ln -s*
- *rm*
- *mv*

11

Les liens

Objectifs

La connaissance des liens permet de mieux comprendre l'architecture de l'arborescence des fichiers et le fonctionnement des commandes de gestion de fichiers du système.

Contenu

Les liens, le concept
Les liens, les commandes
Les liens symboliques
Atelier

Les liens, le concept

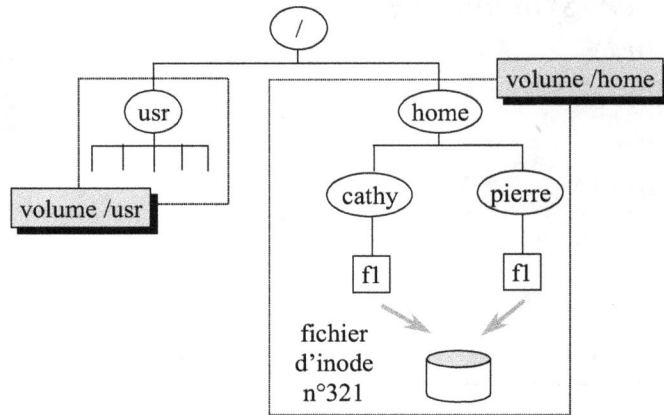

Introduction

Le chemin d'accès à un fichier permet au système UNIX de l'identifier et de le localiser sans équivoque. Les noms de fichiers sont mémorisés dans des répertoires et, dans UNIX, s'appellent des *liens matériels*, on dit plus simplement un lien. A chaque lien d'un répertoire est associé une valeur numérique qui identifie le fichier associé à ce lien. Dans UNIX, *un descripteur de fichier s'appelle un inode*. Chaque disque possède sa propre table d'inodes. Le lien est l'élément qui permet aux utilisateurs de nommer un fichier, mais c'est le numéro d'inode, on dit aussi « inumber », qui permet au noyau d'identifier le fichier de manière unique. L'inode contient le type du fichier, les droits, le propriétaire, le groupe, les dates et heures de création, modification et de dernier accès, la taille en octet du fichier, le nombre de liens matériels ainsi que les tables d'adresse des blocs de données.

Il est possible qu'il existe dans l'arborescence des fichiers d'un disque plusieurs liens distincts qui désignent le même fichier. Il suffit qu'on leur ait associé le même numéro de inode (*cf. ln*).

Les liens matériels permettent aux utilisateurs de créer des noms, mémorisés dans leur répertoire de travail, qui leur évite d'avoir à utiliser des chemins complexes. Cette solution est de loin préférable à la copie de fichiers. Copier, c'est créer un nouvel inode et dupliquer les blocs de données du fichier et ne pas bénéficier des mises à jour du fichier d'origine. Créer un lien, c'est créer un nouveau nom pour un fichier déjà existant.

Les liens, les commandes

- **ln** Crée un lien (même syntaxe que cp).
- **rm** Détruit un lien, détruit le fichier si c'est le dernier lien.
- **mv** Déplace un lien.
- **ls -l** Affiche les attributs du fichier, dont le nombre de liens.
- **ls -i** Affiche le numéro d'inode.

La commande ln

ln lienExistant LienACreer
ln LienExistant... Repertoire

La commande **ln**, qui a la même syntaxe que **cp**, se contente de créer des liens plutôt que de créer des fichiers par copie.

La commande rm

La commande **rm** détruit un lien. Elle ne détruit le fichier, c'est à dire le inode, que si le nombre de liens matériels, inscrits dans le inode, devient nul, ce qui signifie que l'on vient de supprimer le dernier lien sur le fichier.

La commande mv

La commande **mv** change le nom d'un fichier si les arguments sont dans un même répertoire, elle les transfère sinon. Les noms (liens) sont supprimés du répertoire origine pour être inscrits dans le répertoire destination. La commande **mv** permet de transférer des fichiers réguliers aussi bien que des répertoires.

La commande ls

L'option -i de la commande **ls** permet d'afficher le numéro de inode d'un fichier. L'option -l, déjà étudiée, affiche le nombre de liens matériels. C'est le nombre qui vient immédiatement après les droits.

Exemples

```
$ pwd
/home/pierre
```

```
$ ls -il /opt/bin/doc/lisezmoi
  89361 -rw-r--r--  1 root    root          16 Jul  9 16:51 /opt/bin/doc/lisezmoi

$ ln /opt/bin/doc/lisezmoi alire

$ ls -il alire
  89361 -rw-r--r--  2 root    root          16 Jul  9 16:51 alire

$ rm /opt/bin/doc/lisezmoi

$ ls -il alire      # le lien existe toujours
  89361 -rw-r--r--  1 root    root          16 Jul  9 16:51 alire

$ cat alire    # il fonctionne
Exemple de lien

$ ls -il r1
total 0

$ mv alire r1

$ ls -il r1
total 1
  89361 -rw-r--r--  1 root    root          16 Jul  9 16:51 alire
```

Les liens symboliques

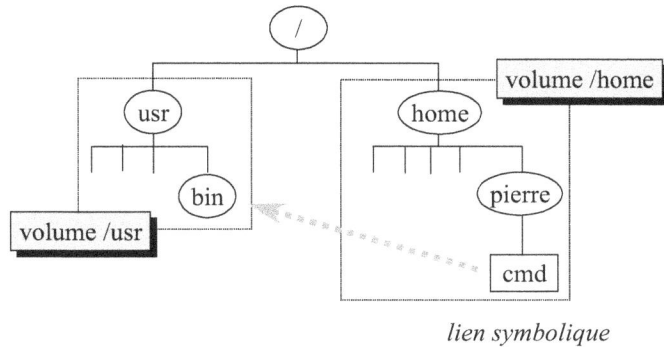

lien symbolique

lrwxrwxrwx 1 pierre gr1 15 Sep 13 10:33 cmd -> /usr/bin

Introduction

Le lien matériel est le moyen choisi par les créateurs de UNIX pour mémoriser l'arborescence des fichiers sur disque. Il existe cependant deux restrictions à leur usage:

- Il est impossible de créer un lien matériel sur un répertoire.
- Il est impossible de créer un lien matériel d'un disque à un autre (chacun possède sa table des inodes).

Le lien symbolique remédie à cet inconvénient. Un lien symbolique est un fichier à part entière. C'est un fichier spécial qui possède son propre inode et contient, comme uniques données, le chemin d'accès au fichier lié.

La commande **ln** ne vérifie pas, à la création du lien, que le fichier lié existe, comportement normal puisque le fichier lié peut se trouver sur un disque amovible non monté à cet instant.

Remarque
Dans les commandes de sauvegarde, il faut préciser une option pour que le fichier sauvegardé soit le fichier lié et pas le lien symbolique.

Exemples

$ **ln -s /opt/bin/doc/lisezmoi lire**

$ **ls -il /opt/bin/doc/lisezmoi lire**
 89362 -rw-r--r-- 1 root   root   6 Jul 9 16:59 /opt/bin/doc/lisezmoi
142117 lrwxrwxrwx 1 pierre users 21 Jul 9 17:00 lire -> /opt/bin/doc/lisezmoi

$ **ls -Ll lire # l'option -L permet de suivre un lien**
-rw-r--r-- 1 root   root   6 Jul 9 16:59 lire

$ **rm /opt/bin/doc/lisezmoi ; cat lire**
cat: lire: No such file or directory

Atelier 11 : Les liens

Objectifs :

■ **Comprendre l'intérêt des liens.**

■ **Savoir les utiliser.**

Durée :

■ **15 minutes.**

Exercice n°1

Exécutez les commandes
$ cp /etc/passwd passwd
$ ln passwd passwd2
Si l'on modifie passwd2, que se passe-t-il ?

Exercice n°2

Quel résultat donnera la commande suivante
$ ln passwd passwd3

Exercice n°3

Retrouvez tous liens de *passwd*

Exercice n°4

Exécutez la commande **rm passwd** qui supprime le lien *passwd*. Le fichier associé est-il encore accessible, si oui comment ? Peut-on recréer le lien *passwd*, si oui comment ?

Exercice n°5

Copiez le fichier *etc/group* dans votre répertoire de connexion, et exécutez la commande
$ ln -s group group.lien

Affichez les attributs du fichier group.lien, ses droits permettent ils un accès total au fichier group ?

- *<cmd> &*
- *ps*
- *kill*
- *nice*
- *nohup*
- *Ctrl-Z*

12

La gestion des processus

Objectifs

Après la lecture du module, le lecteur est en mesure de gérer plusieurs travaux concurremment : les démarrer, visualiser leurs attributs et y mettre fin.

Contenu

« background »/ « foreground »
Gestion des processus, les commandes
La commande **kill**
La commande **ps**
La gestion des travaux
Atelier

Notion de processus

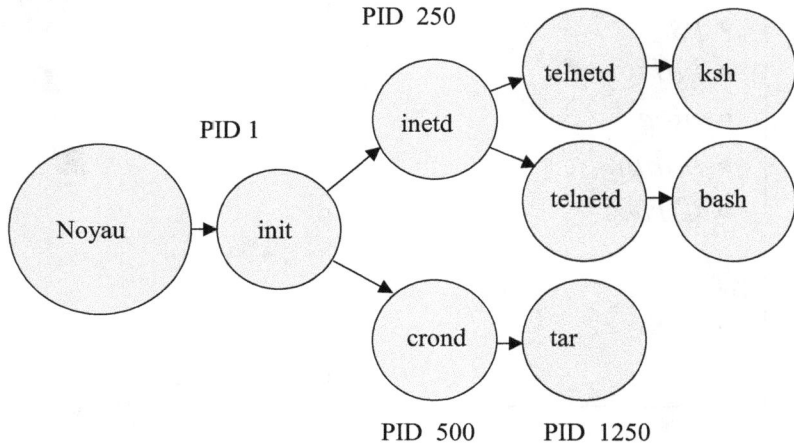

PID 250

PID 1

Noyau → init

inetd → telnetd → ksh

telnetd → bash

crond → tar

PID 500   PID 1250

Introduction

UNIX est un système multi-tâche qui permet à un utilisateur d'exécuter simultanément plusieurs commandes. L'exécution d'une commande externe au shell est connue par le noyau UNIX comme une tâche ou encore un processus *(« process »)*. Une tâche est identifiée par le système UNIX par son PID (« *Process IDentificator* »), identifiant numérique unique que le noyau lui attribue à sa création.

Si la création d'un processus est réalisée par le noyau, la demande de création est effectuée par un processus. Tous les processus ont donc un père. Le père d'un processus est connu par son PPID (« *Parent PID* »). Savoir remonter la filiation d'un processus est souvent utile quand on a à interrompre l'exécution d'une application dans laquelle le processus initial, celui qui résulte de l'exécution de la commande, a créé toute une famille de processus, parfois sur plusieurs générations.

Nous avons compris que les processus forment un arbre. Le processus qui est à la racine de cet arbre, l'ancêtre de tous les autres, s'appelle **init** et a nécessairement 1 comme PID. Il a été créé au démarrage du système. C'est lui qui prend en charge le démarrage de tous les services du système UNIX. Les processus qui sont associés à des services UNIX sont appelés des démons (« *daemon* »). Leur nom de commande se termine d'ailleurs souvent par la lettre « d » pour rappeler cette appartenance.

C'est la commande **ps** (*cf. commande ps*) qui visualise les attributs d'un processus. Il y a deux causes possibles à la fin d'un processus :

1) Le processus s'est terminé en exécutant la primitive exit(2) qui signifie au noyau la fin du processus.

2) Le processus a reçu un signal pour lequel il ne disposait pas de gestionnaire (*cf. commande kill*).

Quand un processus s'est terminé, le noyau en avertit son père. Tant que ce dernier ne demande pas la cause de la mort de son fils, le processus fils reste à l'état zombie. C'est souvent le signe d'un bogue applicatif.

« background »/ »foreground »

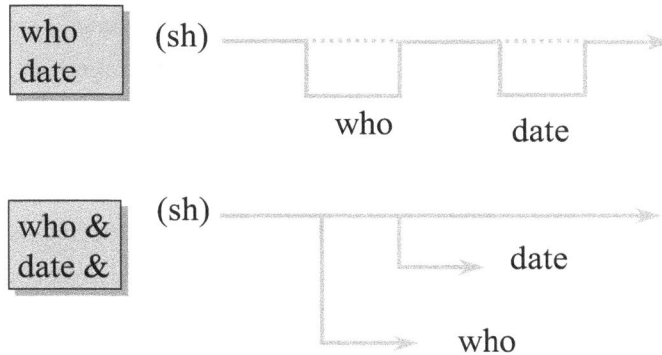

Introduction

En mode normal, quand l'utilisateur valide sa ligne de commande en appuyant sur la touche <Entrée>, le shell crée une tâche qui exécute la commande et attend sa fin pour afficher à nouveau l'invite et autoriser la saisie d'une nouvelle commande. Cette tâche s'exécute en avant-plan (« *foreground* »). Pour la détruire, l'utilisateur doit réaliser la combinaison de touches Ctrl-C, souvent associée à cette action; en cas d'échec, il faut consulter l'administrateur du système pour connaître la combinaison qui a été définie.

Si l'utilisateur saisit le caractère « & » avant de valider la ligne de commande, il demande au shell de créer une tâche d'arrière-plan (« *background* ») pour exécuter la commande et de ne pas attendre qu'elle se termine pour afficher l'invite et permettre à l'utilisateur de faire exécuter une nouvelle ligne de commande. Une tache d'arrière-plan est insensible à la combinaison Ctrl-C et doit être détruite par la commande **kill** (*cf.* **kill**).

Il est possible d'exécuter plusieurs tâches d'arrière-plan, le nombre maximum autorisé pour un utilisateur est un paramètre du système configuré par l'administrateur. La tâche d'avant-plan correspond donc à la dernière commande qui est saisie sans la présence du caractère « & » en fin de ligne de commande.

Exemple

$ find . -print > /tmp/liste

$ cpio -ov < /tmp/liste > /tmp/sauve.cpio 2> /tmp/erreur &
[1] 2444

$

Gestion des processus, les commandes

- **<cmd> &**   **Exécute une commande <cmd> en arrière plan ("background").**
- **ps**   **Affiche la liste des processus.**
- **kill**   **Arrête un processus.**
  Envoie un message à un processus.
- **wait**   **Attend la fin des processus en arrière-plan.**
- **nice**   **Diminue la priorité d'un processus.**
- **nohup**   **Rend un processus insensible à la déconnexion.**

<cmd>&

La commande est exécutée par une tâche d'arrière plan. Il est possible de faire exécuter une ou plusieurs autres tâches en parallèle.

ps

Affiche la liste des processus (*cf. ps*).

kill

Envoie un signal à une tâche (*cf. kill*)

wait

wait

La commande **wait** demande au shell d'attendre la fin des tâches d'arrière plan pour continuer son exécution. Cette commande est principalement utilisée dans des « scripts » quand il est nécessaire que toutes les tâches d'arrière plan soient terminées pour passer à l'exécution de la prochaine commande du « script ».

nice

nice commande ... &

La commande **nice** permet de faire exécuter une tâche d'arrière plan à plus faible priorité que la normale. Cette commande est surtout destinée aux tâches d'arrière plan qui effectuent beaucoup de calcul, d'où une forte occupation du CPU. La commande **nice** évite de pénaliser la tâche d'avant plan.

nohup

nohup commande ...&

La commande **nohup** empêche que les tâches d'arrière plan qui s'exécutent au moment de la déconnexion (« exit ») soient tuées par le shell qui se termine. Si l'utilisateur n'a pas prévu de redirection explicite de la sortie standard dans la ligne de commande, les résultats sont écrits dans le fichier *nohup.out*.

at

La commande **at** exécute des commandes en différé *(cf. l'annexe Résumé des commandes)*.

crontab

La commande **crontab** exécute des commandes périodiquement *(cf. le livre Unix administrateur, des mêmes auteurs)*.

Exemples

$ **calcul &**

[1] 1200

$ **kill 1200**

$ **nice calcul &**

[1] 1205

$ **nohup calcul &**
sending output to nohup.out

La commande kill

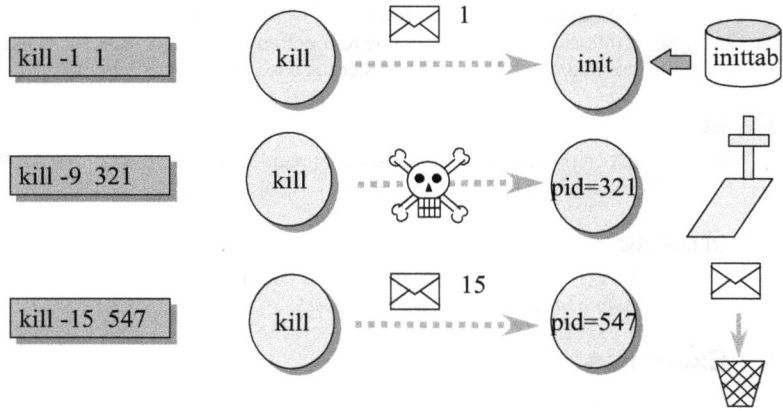

Introduction

kill [- N°Signal | -s NomSignal] PID ...

kill -l

La commande **kill** envoie un signal à une ou plusieurs tâches. Le premier argument indique le signal à émettre. Il est représenté par un nombre ou par un mnémonique. La commande **kill -l** permet d'afficher la liste des signaux du système UNIX. Ils sont prédéfinis et sont associés à des événements logiciels ou matériels qui se produisent pendant que s'exécutent les tâches. Pour des raisons de portabilité, il est préférable d'utiliser le nom du signal.

Plusieurs cas de figure se produisent selon que les tâches gèrent ou non la réception du signal et selon la nature du signal:

- La tâche n'a pas prévu de gérer la réception du signal. La tâche est tuée par le noyau dans la majorité des cas.
- Le signal n'est pas interceptable. La tâche meurt, tuée par le noyau.
- La tâche intercepte le signal et exécute une action appropriée. Cette action peut consister à ignorer le signal.

Le tableau qui suit ne mentionne que les signaux dont la connaissance est indispensable à l'utilisateur.

Signal	Interceptable	Utilisation
1, HUP	oui	A la déconnexion, le signal 1 est envoyé aux tâches d'arrière-plan. Le signal 1 est souvent utilisé pour demander à une tâche de relire ses fichiers de configuration (*ie.* **init** et */etc/inittab*).
2, INT	oui	Le signal 2 est reçu par la tâche d'avant plan quand l'utilisateur frappe Ctrl-C.

Signal	Interceptable	Utilisation
9, KILL	non	Le signal 9 tue immédiatement la tâche. Il ne doit être utilisé qu'en ultime recours. La tâche peut laisser des fichiers de données dans un état incohérent.
15, TERM	oui	C'est le signal utilisé pour demander à une tâche de se terminer. Elle peut ainsi mettre à jour ses fichiers de données avant de se terminer. Ce signal est le signal qui est envoyé par défaut par la commande **kill**. Sa valeur numérique est habituellement 15.

Exemples

$ ps -u gilles # liste les processus de l'utilisateur gilles
PID TTY   TIME COMD
306 pts/1   0:01 ksh
303 ?   23:03 calcul
343 pts/1   0:00 ps

$ kill 303 # ou **kill -s TERM 303** ou **kill -15 303** (sur les systèmes ATT)

$ ps -u gilles
PID TTY   TIME COMD
306 pts/1   0:01 ksh
344 pts/1   0:00 ps

$ kill -l # liste des signaux du système UNIX où vous travaillez

1) HUP	12) SYS	23) STOP
2) INT	13) PIPE	24) TSTP
3) QUIT	14) ALRM	25) CONT
4) ILL	15) TERM	26) TTIN
5) TRAP	16) USR1	27) TTOU
6) IOT	17) USR2	28) VTALRM
7) EMT	18) CHLD	29) PROF
8) FPE	19) PWR	30) XCPU
9) KILL	20) WINCH	31) XFSZ
10) BUS	21) URG	
11) SEGV	22) POLL	

La commande ps

- **Syntaxe**
  ps [option...]

- **Options ATT**
  - -e   **Liste tous les processus.**
  - -f   **Affiche les attributs.**
  - -u user **Liste les processus de "user".**

- **Options BSD**
  - [-]a   **Liste les processus de tous les utilisateurs.**
  - [-]u   **Liste les processus non associés à un terminal.**
  - [-]x   **Affiche le nom des propriétaires.**

Introduction

ps [-efu *user*]

La commande **ps** affiche, par défaut, la liste des tâches associées à la session en cours. La colonne PID contient les PIDs des tâches, la colonne TTY l'identification du terminal auquel est associée la session, la colonne TIME indique le temps CPU consommé par la tâche et la colonne COMMAND le nom de la commande exécutée par la tâche.

L'option -e permet d'obtenir la liste de toutes les tâches connues du noyau UNIX. Le caractère « ? » qui figure dans la colonne TTY signale les processus détachés qui ne sont plus associés à un terminal. Il s'agit en général des démons (« daemon »), tâches qui assurent un rôle important dans le fonctionnement de UNIX.

L'option -f affiche des colonnes supplémentaires. Les plus importantes sont la colonne UID qui indique le propriétaire de la tâche et la colonne PPID qui fournit le PID de la mère de la tâche. Cette information est particulièrement utile quand il est nécessaire de rechercher l'ancêtre d'une tâche dans l'arborescence des tâches.

L'option -u *user* affiche les tâches qui appartiennent à l'utilisateur *user*. Cette option permet de retrouver les PIDs des tâches qui ont été démarrées au cours d'une précédente session par la commande **nohup** ou **at**.

La majorité des systèmes UNIX ont adopté la commande **ps** de ATT.

Exemples

```
$ ps
  PID TTY     TIME COMD
  276 pts/0   0:01 ksh
  285 pts/0   0:00 ps
```

```
$ ps -f
   UID   PID  PPID  C   STIME TTY     TIME COMD
pierre   276   274  1 08:57:16 pts/0   0:01 -ksh
pierre   286   276 12 08:58:41 pts/0   0:00 ps -f
```

```
$ ps -e
PID TTY     TIME COMD
   0 ?     0:01 sched
   1 ?     0:01 init
   2 ?     0:00 pageout
   3 ?     0:01 fsflush
   4 ?     0:00 kmdaemon
```

```
$ nohup calcul &
[1]    303
Sending output to nohup.out
```

```
$ exit
```

```
$ ps
   PID TTY     TIME COMD
   306 pts/1   0:01 ksh
   313 pts/1   0:00 ps
```

```
$ ps -u pierre
   PID TTY     TIME COMD
   306 pts/1   0:01 ksh
   303 ?       1:41 calcul
   314 pts/1   0:00 ps
```

Gestion des travaux

- ■ **CTRL-Z** **Suspend la tâche courante.**

- ■ **jobs** **Affiche la liste des travaux.**

- ■ **kill %n** **Arrête le travail "n".**

- ■ **fg %n** **Ramène le travail "n" en avant-plan.**

- ■ **bg %n** **Met le travail "n" en arrière-plan.**

Introduction

Les interpréteurs Korn shell, C shell et shell POSIX ajoutent à la gestion traditionnelle des tâches le concept de gestion de travaux. Un travail correspond à l'exécution d'une commande binaire ou d'un script. Un travail est identifié par un numéro de *job*. Ce numéro est utilisé pour identifier le travail. On peut tuer ou envoyer un signal à un job. Le concept de travail ajoute de nouvelles fonctionnalités:

- Un travail peut être suspendu. en frappant la séquence Ctrl-Z, la plus souvent utilisée. son exécution sera reprise ultérieurement.

- Un travail peut être basculé en arrière plan grâce à la commande **bg**.

- Un travail peut être amené en avant plan grâce à la commande **fg**.

Exemples

```
$ calcul
Ctrl-Z
 [1] + Stopped          calcul

$ jobs
[1] + Stopped          calcul

$ kill %1
[1] + Terminated        calcul

$ calcul
Ctrl-Z
[1] + Stopped          calcul

$ jobs
[1] + Stopped          calcul
```

```
$ paye &
[2]    359

$ bg %1
[1]    calcul&

$ jobs
[2] + Running          paye &
[1] - Running          calcul

$ fg %2
paye
Ctrl-C

$ jobs
[1] + Running          calcul

$ kill %1
[1] + Terminated          calcul
```

Annexe Linux

Cette annexe utilise des outils associés au bureau Gnome. Votre distribution Linux ne les installe pas nécessairement quand on choisit d'utiliser le bureau KDE.

Gnome-System-Monitor

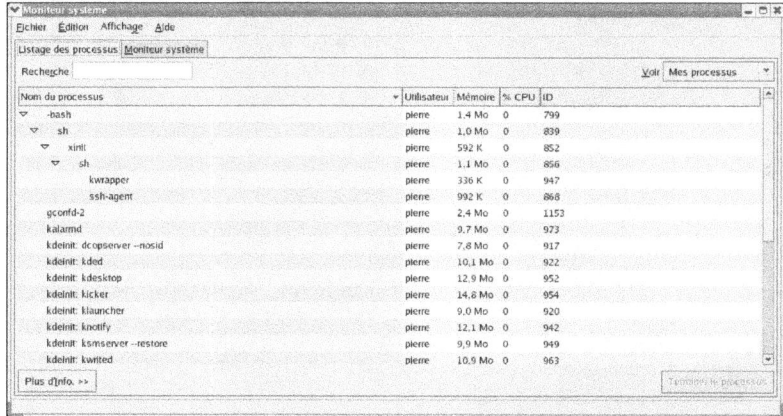

Menu K – Outils système – Gnome-System – Monitor

Cet outil permet d'afficher des informations sur les processus. On peut aussi visualiser des informations sur l'utilisation de la mémoire et du processeur.

Un menu contextuel (clic droit) permet de réaliser toutes les opérations sur un processus particulier, comme modifier sa priorité ou l'arrêter.

Cet outil est une alternative aux commandes UNIX, **ps**, **kill** et **nice**.

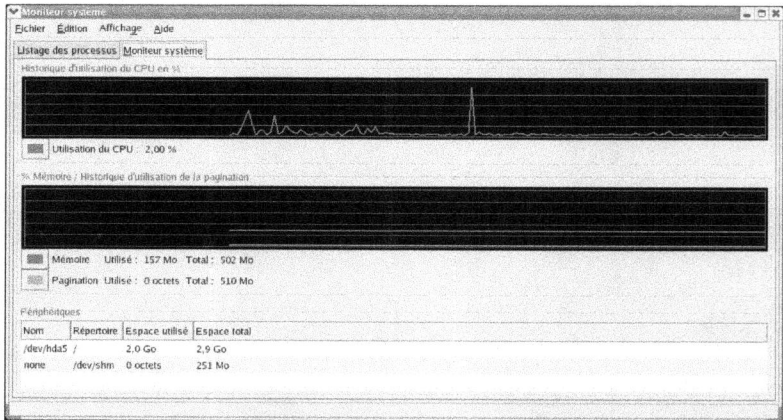

Lister tous les processus du système

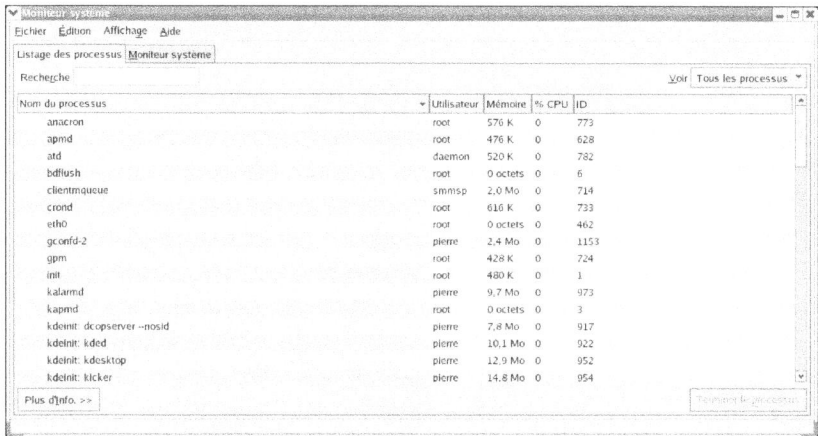

Voir – Tous les processus
Rechercher un processus particulier, saisir son nom dans la grille de saisie
<Recherche>.

Afficher plus de détails sur un processus

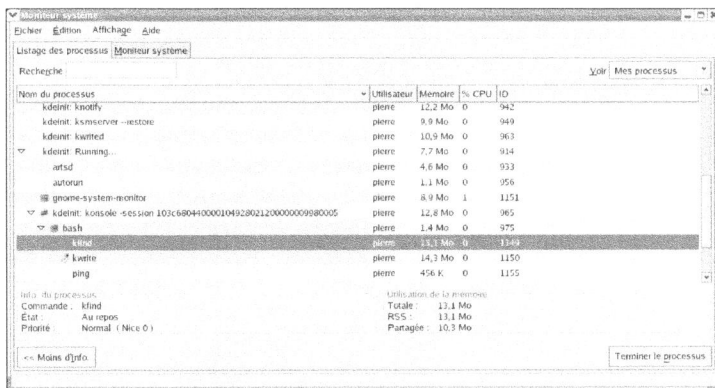

Cliquer sur le bouton <Plus d'info.>

Terminer ou tuer un processus

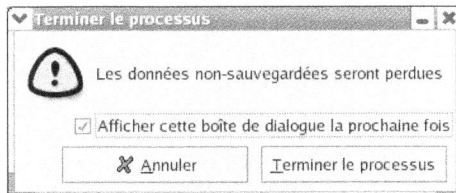

Clic droit sur le processus – Terminer
Le bouton <Terminer> correspond au signal SIGTERM (15) UNIX, il demande au
processus de se terminer.

Clic droit sur le processus – Tuer
Le bouton <Tuer> correspond au signal SIGKILL (9) UNIX, il tue le processus.

Changer la priorité d'un processus

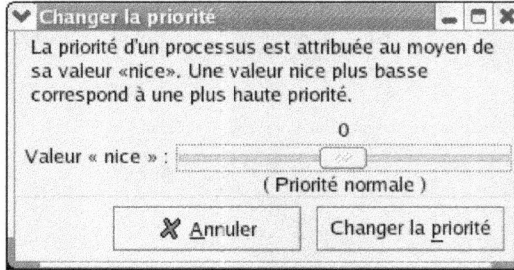

Clic droit sur le processus – Changer la priorité
La valeur « nice » est comprise entre –20 la priorité la plus faible, et 20 la priorité la plus élevée.
Ce paramètre n'est qu'un des éléments qui influent sur les priorités.
Le système peut vous demander le mot de passe de l'administrateur « root », car il faut le privilège de « root » pour augmenter cette valeur « nice ».

Configurer Gnome-System-Monitor

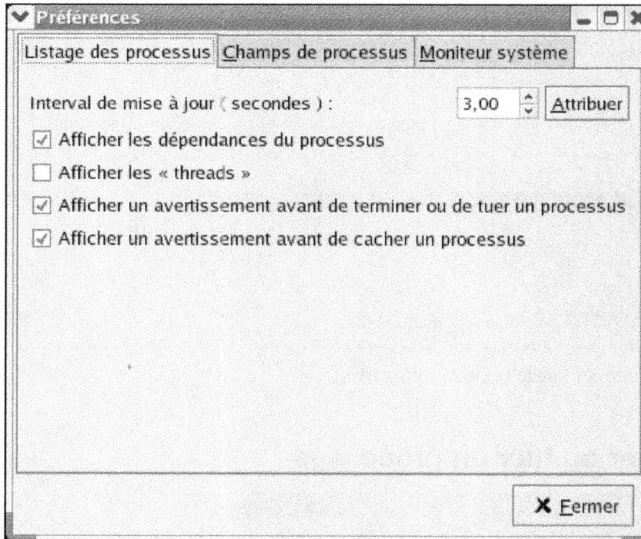

Edition – Préférences – Listage des processus
L'onglet <Champs de processus> permet de choisir les informations sur les processus à afficher.
L'onglet <Moniteur système> permet de spécifier les fréquences des mesures de charge du système ainsi que les couleurs d'affichage des graphiques.

Atelier 12 : La gestion des processus

Objectifs :

- **Savoir contrôler l'exécution d'un processus.**

- **Savoir lancer un processus en avant-plan, en arrière-plan, en détaché du terminal.**

- **Savoir tuer un processus.**

Durée :

- **15 minutes.**

Exercice n°1

Exécutez la commande « ps » et donnez la signification de chacune des colonnes affichées.

Exercice n°2

Créez un « script » qui affiche bonjour toutes les 30 secondes avec la commande cat :

```
$ cat > bonjour
while true
do
     echo bonjour
     sleep 30
done
Ctrl-D
$
```

Lancer ce « script » en arrière plan, et affichez son PID, puis son numéro de job.

Exercice n°3

Tuez ce script en utilisant son PID ou son numéro de job.

Exercice n°4

Lancez à nouveau ce script en détaché du terminal (insensible à la déconnexion), où écrit-il ses sorties ?

Exercice n°5

Déconnectez vous, et connectez vous à nouveau. Affichez vos processus en tapant :
$ ps
Le processus bonjour n'apparaît pas , pourquoi ?

Exercice n°6

Quelle commande devez-vous exécuter pour afficher le processus qui exécute bonjour.

Exercice n°7

Tuez le processus bonjour et détruisez son fichier de sortie.

- ←↓↑→
- *i...[esc]*
- *a...[esc]*
- *x,dd*
- *J*
- *:wq[cr]*
- *:q![cr]*

13

L'éditeur vi

Objectifs

Après l'étude du chapitre, le lecteur sait utiliser les principales fonctionnalités de l'éditeur standard des systèmes UNIX, l'éditeur vi.

Malgré son manque de convivialité, c'est un outil puissant qui répond à tous les besoins d'édition de textes et qui fonctionne sur n'importe quel terminal.

Contenu

Les commandes indispensables
Les modes de **vi**
Le couper/coller
Le paramétrage de **vi**
L'éditeur **ed**
L'éditeur **emacs**
Atelier

Les modes de vi

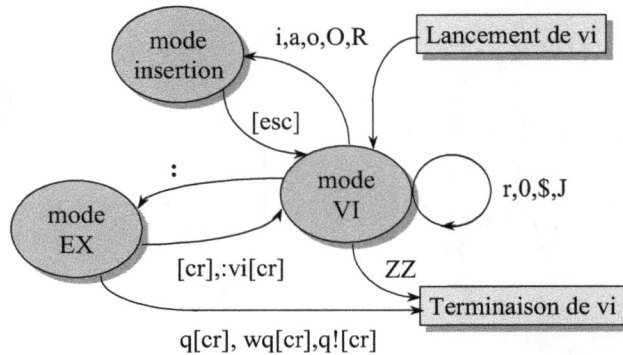

Introduction

La pratique de l'éditeur **vi** n'est pas simple car c'est un éditeur conçu pour des terminaux textes. Il y a une autre difficulté : il fonctionne selon différents modes. La bonne compréhension de ces modes, est la condition d'une utilisation sereine de **vi**.

Le mode VI

Le mode VI est un mode commande « presse-bouton ». La frappe d'une touche ou d'une combinaison de touches entraîne l'exécution immédiate d'une commande. Il est important d'utiliser le clavier avec précaution ; il est facile de lancer une commande erronée. La majorité des commandes étudiées au chapitre précédent en fait partie. Au lancement de **vi**, on est dans ce mode.

Astuce

Quand on est en mode VI, et que l'on désire sauvegarder et quitter l'éditeur le plus rapidement possible, on frappe « ZZ » (en majuscules).

Le mode insertion

Lorsque l'on active une des commandes suivantes : « i », « a », « o », « O », « C » ou « R », on passe en mode insertion. Après cela, tous les caractères frappés sont inclus dans le tampon d'édition. Pour sortir de ce mode, et revenir au mode VI, on doit frapper sur la touche « échappement » ou « escape ».

Si l'utilisateur oublie de sortir du mode insertion, les commandes qu'il frappe sont incluses dans le tampon d'édition. Il est conseillé, pour éviter ce problème, de frapper plusieurs fois sur la touche « échappement », avant de saisir une commande **vi**. A l'inverse, si l'utilisateur oublie qu'il est dans le mode VI et qu'il désire insérer du texte, le texte saisi est interprété comme des commandes du mode VI ! Le résultat est souvent désastreux. Pour éviter ce problème, il est conseillé d'utiliser la commande EX « :set showmode », qui demande à **vi** d'afficher « INPUT MODE » en bas de l'écran, quand on est en mode insertion.

Le mode EX

Le mode EX est un mode ligne de commandes. C'est le mode où l'on commet le moins d'erreurs. On entre dans ce mode grâce à la commande « : ». La commande que l'on saisit à la suite de « : » apparaît en bas de l'écran et n'est exécutée que lorsque l'on frappe sur la touche de validation. L'utilisateur a tout loisir de la modifier grâce à la touche retour-arrière (« backspace »), avant de la valider.

Après l'exécution d'une commande EX, on revient automatiquement au mode VI. Il peut arriver, suite à la frappe erronée d'une commande, que l'on reste dans ce mode. Pour forcer le retour au mode VI, on doit utiliser la commande EX « :vi».

Le mode EX est le mode habituel pour sortir de l'éditeur, grâce aux commandes suivantes :

:wq   Sauvegarde et quitte.

:q   Quitte l'éditeur. La commande n'est effective que si le fichier n'a pas été modifié depuis la dernière sauvegarde.

:q !   Abandonne l'éditeur, les modifications effectuées depuis la dernière sauvegarde sont perdues.

Les commandes indispensables

- ←↓↑→　　　**Déplacement dans les quatre directions.**
- i...[esc]　　**Insertion avant le curseur.**
- a...[esc]　　**Insertion après le curseur.**
- x　　　　　**Détruit le caractère courant.**
- dd　　　　　**Détruit la ligne courante.**
- J　　　　　**Joint la ligne courante et la ligne suivnte.**
- :wq[cr]　　**Sauvegarde et quitte.**
- :q![cr]　　　　**Abandon.**

Introduction

L'éditeur **vi** (« *visual* ») n'est pas une commande simple à manipuler, mais elle possède l'énorme avantage d'être disponible sur tous les systèmes UNIX. Son défaut principal est d'être conçu pour un terminal texte, ce qui ne permet pas d'utiliser la souris.

L'usage de la souris est possible, même en mode texte.

Appel de l'éditeur

vi   [option ...]   [fichier ...]

La commande **vi** exécute l'éditeur en mode édition plein écran (mode **vi**). Le fichier donné en argument est édité. S'il n'existe pas, il est créé. On peut donner plusieurs noms de fichiers en argument, des commandes internes à **vi** permettent de basculer d'un fichier à l'autre. Si l'on n'indique pas de nom de fichier, il faudra le préciser lors de l'utilisation de la sauvegarde. L'option « -R » exécute l'éditeur en mode lecture seule.

Les principales commandes internes

L'éditeur **vi** est un éditeur très complet et très puissant. Il possède de très nombreuses commandes, mais une dizaine suffit pour éditer un fichier. Ces commandes sont énumérées dans la diapositive. Le module en présente bien sûr un peu plus mais ne prétend cependant pas traiter toutes les commandes de **vi**. Nous présentons les commandes essentielles ainsi que quelques commandes avancées qui permettront au lecteur d'apprécier la richesse de cet éditeur. Le manuel de référence et les ouvrages dédiés à l'éditeur permettront à ceux qui le souhaitent d'approfondir leurs connaissances.

Les commandes de déplacement

←↓↑→ **h ,j, k, l**	Déplacement dans les quatre directions. Dans le cas où, sur un terminal, les touches flèches sont inopérantes, il est toujours possible d'utiliser à leur place les lettres « h », « j », « k » et « l ».
0, $	La touche « 0 » (zéro) provoque un déplacement en début de ligne. La touche « $ » provoque un déplacement en fin de ligne. La variable d'environnement TERM est souvent mal positionnée quand les touches de déplacement ne fonctionnent pas.
Ctrl-F	Déplacement à l'écran suivant.
Ctrl-B	Déplacement à l'écran précédant.
G	Déplacement à la dernière ligne du fichier.
7G	Déplacement à la n-ièmeligne du fichier, dans l'exemple, la 7ème ligne.

Les commandes d'insertion

i...[esc]	Insère du texte avant le curseur. L'appui sur la touche « i » précède la saisie (« i » en minuscule !), la frappe sur la touche « échappement » ou « escape » termine la saisie et permet de revenir au mode commande.
a...[esc]	Insère du texte après le curseur.
o...[esc]	Insère du texte après la ligne courante.
O...[esc]	Insère du texte avant la ligne courante.

Les commandes de remplacement

r	Remplace le caractère courant. Le caractère frappé à la suite de « r » remplace le caractère courant.
R...[esc]	Bascule dans le mode remplacement de caractères. Cette commande a sa portée limitée à la fin de la ligne courante.
C...[esc]	Les caractères de la position courante jusqu'à la fin de la ligne sont remplacés par ce qui est saisi. Le caractère fin de ligne est matérialisé par « $ ».
J	Le saut de ligne de la ligne courante est remplacé par un espace. En conséquence, la ligne courante et la ligne suivante sont jointes.

Les commandes de destruction

x	Détruit le caractère courant.
dd	Détruit la ligne courante.

Commandes diverses

u	Annule l'effet de la dernière commande.
.	Exécute à nouveau la dernière commande.
ctrl-L	Rafraîchit l'écran.

Recherche de chaînes

/chaîne	Recherche avant de la chaîne « chaîne » (une expression régulière).
?chaîne	Recherche arrière de la chaîne « chaîne ».
n	Continue la recherche.

N   Continue la recherche, mais inverse le sens de la recherche.

Les commandes de sauvegarde et de sortie (commandes EX).

Le mode EX correspond à une édition en mode ligne. *Chaque commande EX est précédée du caractère « : », et doit être validée.* D'autre part, ces commandes apparaissent en bas de l'écran.

:wq   Sauvegarde le fichier courant et quitte l'éditeur.

:w   Sauvegarde le fichier courant et reste en édition.

:q   Abandonne l'éditeur. La commande n'est pas effectuée si le fichier n'a pas été sauvegardé. On doit alors utiliser la commande **:wq** ou la commande **:q!** pour sortir.

:q!   Abandonne l'éditeur, les modifications effectuées depuis la dernière sauvegarde sont perdues.

:w fic   Sauvegarde le fichier en cours d'édition dans le fichier donné en argument. Dans l'exemple, le fichier « fic ».

:w! fic Force le remplacement du fichier quand il est protégé en écriture.

:f   Affiche le nom du fichier courant.

:e fic   Charge le fichier fic en lieu et place du fichier actuel qui doit avoir été préalablement sauvegardé.

:e! fic Force le chargement du nouveau fichier, même si le fichier en cours n'a pas été sauvegardé.

:n   Edite le fichier suivant dans l'ordre des fichiers donnés en argument de la commande vi.

:e#   Recharge le dernier fichier édité avant celui en cours.

:rew   Le premier fichier de la liste donnée en argument de la commande **vi**, devient le fichier courant.

Les commandes de substitution de textes (commandes EX)

:s/ch1/ch2/   Substitue la première occurrence de la chaîne ch1 en ch2 dans la ligne courante.

:s/ch1/ch2/g   Substitue toutes les occurrences de la chaîne ch1 en ch2 dans la ligne courante.

:1,$s/ch1/ch2/g Substitue la chaîne ch1 en ch2 partout dans le fichier. La chaîne « ch1 » peut être est une expression régulière.

:n1,n2d   Supprime les lignes n1 à n2.

Autres commandes EX

:!ls   Exécute la commande et revient en édition. Dans l'exemple, on lance la commande « ls ».

:r fic   Insère le fichier fic après la ligne courante.

:0r fic Insère le fichier fic avant la première ligne.

Remarques

Une commande peut agir sur plusieurs entités, si elle est préfixée d'un nombre. Par exemple la commande « 4x » détruit quatre caractères, et la commande « 5dd » détruit cinq lignes.

La commande **vi** est un éditeur de texte, et non un traitement de texte. L'utilisateur doit explicitement délimiter les lignes en les terminant du caractère « New Line », généré au clavier par la touche de validation « entrée », « enter » ou « carriage return ».

Le couper/coller

Marquer la ligne courante   *Couper*   *Copier*

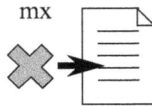 mx

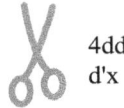 4dd
d'x

 4yy
y'x

Coller  p   après la ligne courante
P   avant la ligne courante

Introduction

Comme **vi** n'est pas un éditeur graphique, les opérations de copie de blocs ou de déplacement de blocs vont nécessiter de délimiter les blocs par des commandes respectant une syntaxe précise.

Une opération de « couper/coller » ou de « copier/coller », commence par la mise d'un bloc dans le tampon d'édition et se termine par une opération de déplacement (« couper »), ou bien de copie (« copier ») :

- Un bloc est déplacé, s'il est au préalable détruit, par une commande de préfixe « d ». La commande « 5dd » supprime cinq lignes à partir de la ligne courante et les place dans le tampon d'édition.

- Un bloc est copié, s'il est au préalable copié dans le tampon d'édition, par une commande de préfixe « y ». La commande « 4yy » copie dans le tampon d'édition, quatre lignes à partir de la ligne courante.

- L'opération « coller », est effectué par la commande « p » ou « P ». La commande « p » copie le tampon après la ligne courante, et la commande « P » copie le tampon avant la ligne courante.

De manière générale, un bloc sera exprimé sous deux formes :

- Un certains nombre de lignes à partir de la ligne courante. Par exemple, les commandes « 4yy » et « 5dd », gèrent respectivement quatre lignes et cinq lignes.

- Les lignes comprises entre la ligne courante et une ligne « marquée ».

Pour marquer la ligne courante, on utilisera la commande « mx », composée du caractère m suivi d'une lettre, dans l'exemple, la lettre « x ». La commande « 'x » ramène le curseur sur la ligne marquée « x ».

La commande « d'x » détruit les lignes comprises entre la ligne courante et la ligne marquée par la lettre « x ». La commande « y'x » copie les lignes comprises entre la ligne courante et la ligne marquée par la lettre « x ».

D'autres commandes

Quelques autres formes de blocs	Couper	Copier
Le mot	dw	yw
La fin de ligne	D	
Le bloc de caractères	d`marque	y`marque

D'autres tampons   *Coller*

a ☐   g ☐   z ☐
     ...   ...

0 ☐   5 ☐   9 ☐
     ...   ...

"ap   après la ligne courante
"aP   avant la ligne courante

Introduction

Il existe de très nombreuses commandes qui permettent une utilisation avancée de vi. Nous en avons retenu quelques-unes.

Quelques autres blocs de caractères

Un bloc n'est pas nécessairement composé de lignes, il peut être composé d'une suite de caractères, de mots, de la fin de la ligne courante, du début de ligne, d'un paragraphe, ou d'autres éléments logiques, comme une fonction en langage C.

La commande « y$ » copie la fin de la ligne dans le tampon d'édition, et la commande « y0 » elle, copie le début de ligne. Les commandes « dw » et « yw » coupent et copient un ou plusieurs mots. Un mot est la suite de caractères de la position courante jusqu'au premier délimiteur (espace, tabulation...) et il est possible d'indiquer un facteur de répétition. La commande « yw » copie un caractère dans le tampon d'édition et la commande « 5yw » en copie cinq.

La commande « D » détruit les caractères de la position courante jusqu'à la fin de ligne.

Quand on positionne une marque avec la commande « m », **vi** associe cette marque à la ligne mais aussi à la position du curseur dans la ligne. La commande « 'marque » ramène le curseur au début de la ligne marquée et la commande « `marque » à l'emplacement exact du curseur au moment du marquage. Les commandes « d`marque » et « y`marque » coupent et copient la sélection de la position caractère de la marque jusqu'à la position courante du curseur.

Soit le texte :

abcd123
456efg
====123
456===

La commande « ma » a été exécutée quand le curseur était positionné sur le «1 » de la première ligne. Le curseur a été déplacé sur le « 6 ». La commande « y`a » a été exécutée. Le curseur a été déplacé sur le cinquième « = » de la troisième ligne. La commande « p » a été exécutée.

Les tampons nommés

En plus du tampon d'édition anonyme utilisé jusqu'à présent, il en existe d'autres désignés par un chiffre ou une lettre.

La commande « "a4yy » copie quatre lignes à partir de la ligne courante dans le tampon identifié par la lettre « a », et la commande « "ap » ou « "aP » les colle.

Plus généralement, on peut préfixer les commandes « couper » ou « coller » par le caractère « " » suivi du nom du tampon à utiliser. Le contenu de ces tampons est préservé quand on change de fichier au cours d'une session **vi**.

vim, l'éditeur vi de Linux

L'éditeur **vi** de Linux s'appelle **vim**. Ceci étant, on exécute la commande **vi** pour l'appeler. Toutes les commandes de vi fonctionnent dans vim qui garde, par ailleurs, la logique de fonctionnement de **vi**. La convivialité y a été nettement améliorée et il a été enrichi d'un nombre important de commandes. Nous ne ferons que citer les points les plus significatifs.

L'affichage de l'indication du mode « insertion » est automatique (*cf. Le paramétrage de **vi***).

La touche « Suppr » fonctionne. On peut donc supprimer des caractères pendant une insertion.

L'utilisation des touches de déplacement ne fait pas perdre le mode « insertion ».

Les objets copiés ou coupés placés dans le tampon d'édition anonyme sont conservés quand on change de fichier. Ils sont même conservés d'une session **vi** à une autre.

Vim s'adapte aux langages et aux fichiers de configuration des services dont il fait ressortir les mots clés avec des codes couleur.

Vim possède une aide en ligne consultable grâce à la commande « :help ». L'aide est en fait un fichier texte ouvert en lecture seulement. La commande « :help » indique de nombreuses autres sous-rubriques comme « help x » qui décrit les commandes de suppression et d'insertion de textes. Une fois dans l'aide, vous pouvez activer la souris avec l'option « :set mouse=a ». Les textes de la forme « | thème| » sont alors reconnus comme des liens de type hypertexte.

Le paramétrage de vi

Le fichier ~/.exrc

```
set  number
set showmode
set redraw
set showmatch
```

Positionner/Enlever une option

:set list [cr]
:set nolist [cr]

Introduction

Le paramétrage de **vi** s'effectue grâce à la commande EX « **set** ». Il est permanent s'il est défini dans le fichier **.exrc**. Pour que **vi** prenne en compte le fichier .exrc, ce dernier doit se trouver dans le répertoire de connexion de l'utilisateur (~).

Voici les options les plus importantes :

set all	Affiche toutes les options.
set list	Affiche les caractères non imprimables.
set nolist	Annule l'effet de l'option précédente.
set	Affiche les options actives.
set number	Active la numérotation des lignes.
set errorbells	Les erreurs déclenchent la sonnette.
set showmode	Affiche en permanence le mode courant (insert, replace, ...).
set redraw	Redessine l'écran lors des modifications. Cette option est automatiquement positionnée.
set showmatch	Contrôle les délimiteurs, parenthèses, crochets, ...

Désactiver une option

Pour désactiver un option, il suffit de faire précéder l'option du préfixe « no », « set nolist » désactive l'option positionnée par la commande « set list ».

L'éditeur ed

$ **ed fic**	.	a ou i ou c
? fic	3	\<texte\>
a	+2	.
ED est un éditeur	-1	d
ligne à ligne	$	j
conçu par Mr Ken Thompson	/ch/	r fichier
.	1,$	s/ch/ch/g
w	/ch/,/ch/	g/ch/cmd
92	.,.+2	w
q		q
$		

Introduction

ed est un éditeur de texte qui a été créé par Ken Thompson, le concepteur d'Unix. Bien qu'il ne fonctionne qu'en mode ligne, l'accès aux expressions régulières lui confère une puissance insoupçonnée.

La connaissance de **ed** est utile à plus d'un titre :

- L'éditeur **ed** fonctionne en « mode texte » sans besoin de configurer le terminal. Il travaille uniquement en « mode ligne ».

- Les commandes de **ed** sont utilisées dans plusieurs autres commandes. Ainsi, le mode « ex » de **vi** est quasi équivalent à **ed**. Les commandes de **sed** sont en fait les commandes de **ed**.

- Il est possible de créer ou de générer des scripts **ed** pour modifier automatiquement des fichiers.

Commandes ed

p	Affiche la ligne courante.
l	Affiche la ligne courante, mais en montrant les caractères de contrôle.
n	Affiche la ligne courante et son numéro.
d	Détruit la ligne courante.
a \<texte\> .	Ajoute le texte après la ligne courante.
i \<texte\> .	Ajoute le texte avant la ligne courante.
c \<texte\>	

.	Remplace la ligne courante par le texte.
j	Joint la ligne courante et la ligne suivante
r fichier	Insère le fichier après la ligne courante. La commande « 0r fichier » insère le fichier au début du texte. Dans ce cas, la ligne numéro 0 est exceptionnellement référencée.
s/ch1/ch2/	Remplace la première occurrence de la chaîne ch1 dans la ligne courante par la chaîne ch2.
s/ch1/ch2/g	Remplace toutes les occurrences de la chaîne ch1 dans la ligne courante par la chaîne ch2.
g/ch/cmd	Exécute la commande **cmd** pour toutes les lignes qui contiennent la chaîne ch.
w	Sauvegarde dans le fichier édité.
w fichier	Sauvegarde dans le fichier indiqué en argument.
q	On quitte (deux « q » de suite provoquent l'abandon).
! cmd	Exécute la commande **cmd** par le shell.

Remarque

Dans les commandes « s » et « g », les chaînes sont en fait des expressions régulières.

Les préfixes (exemples avec la commande p)

Les préfixes qui suivent s'appliquent à la majorité des commandes. Ainsi, la commande « $d » détruit la dernière ligne.

.p	Affiche la ligne courante.
3p	Affiche la ligne n°3.
+2p	Affiche la deuxième ligne après la ligne courante.
-1p	Affiche la ligne précédente.
$p	Affiche la dernière ligne.
/ch/p	Affiche la première ligne qui contient la chaîne ch.
1,$p	Affiche de la première à la dernière ligne.
.,.+3p	Affiche la ligne courante et les trois lignes suivantes.
/ch1/,/ch2/p	Affiche de la première ligne qui contient la chaîne ch1 jusqu'à la ligne qui contient la chaîne ch2.

Remarque

Dans les commandes précédentes, les chaînes /ch/, /ch1/ et /ch2/ sont en fait des expressions régulières.

Une session

```
$  ed  fic
?  fic
a
ED est un éditeur
ligne à ligne
conçu par Mr Ken Thompson
qui a également conçu
le système UNIX
```

```
.
/UNIX/
le système UNIX
1,$ p
ED est un éditeur
ligne à ligne
conçu par Mr Ken Thompson
qui a également conçu
le système UNIX
w
92
q
$
```

La programmation ed

Il est possible d'écrire des scripts **ed** pour modifier automatiquement un fichier. Dans ce cas, **ed** est une alternative à la commande **sed**.

Il suffit d'écrire des commandes **ed** dans un fichier. On active **ed** en redirigeant l'entrée de la commande à partir du fichier.

La commande **diff** qui compare deux fichiers ligne à ligne, possède l'option « -e » qui génère les différences entre les deux fichiers sous la forme d'un script **ed**. Cette approche est la base des outils de gestion de version SCCS, RCS et CVS.

Dans l'exemple qui suit, on ajoute systématiquement le contenu du fichier entête avant chaque ligne contenant la chaîne « function ».

```
$ cat biblio.sh
# bibliotheque

function a1 ()
{
      echo "Fonction a1"
}

function a2 ()
{
      echo "Fonction a2
}
$ cat entete
#============================
#    nouvelle fonction
#============================
$ cat un_script.ed
g/function/-1r entete
w
q
$ ed biblio.sh < un_script.ed
$ cat biblio.sh
# bibliotheque

#============================
#    nouvelle fonction
#============================
```

```
function a1 ()
{
     echo "Fonction a1"
}

#==========================
#    nouvelle fonction
#==========================
function a2 ()
{
     echo "Fonction a2
}
$
```

L'éditeur emacs

- ←, ↓, ↑, →
- **C-b, C-n, C-p, C-f**   Déplacement dans les quatre directions.
- **C-d**   Détruit le caractère courant.
- **C-k**   Détruit la fin de ligne.
- **C-x u**   Annule la dernière modification.
- **C-g**   Annule la saisie d'une commande.
- **C-x C-c**   Quitte l'éditeur.

Introduction

L'éditeur **emacs** est un logiciel libre créé par Richard Stallman, le fondateur du GNU. Il fonctionne en mode texte mais également en mode graphique. **Emacs** est un produit destiné avant tout au développeur exigeant. Il comporte un langage de programmation de macro dérivé du LISP qui rend cet outil très puissant et qui lui permet de s'adapter à tous les langages de programmation.

Généralités sur l'utilisation de l'éditeur

Syntaxe :

emacs [option ...] [fichier...]

La commande **emacs** provoque l'édition en mode plein écran du ou des fichiers donnés en argument. Si l'on travaille sous l'environnement graphique, l'éditeur est automatiquement activé en mode graphique et il possède alors sa propre fenêtre. Dans ce cas, son utilisation est triviale.

Quand on invoque **emacs,** on est naturellement en mode insertion comme dans la plupart des éditeurs, contrairement à vi ! Il suffit de taper son texte. La touche retour-arrière (« backspace ») détruit le caractère qui précède le curseur. La touche suppression (« suppr ») détruit le caractère courant. Le comportement peut varier selon la configuration du terminal. Les flèches de déplacement permettent de se déplacer dans les quatre directions.

La plupart des commandes de l'éditeur sont réalisées par une combinaison de touches qui implique l'appui simultané sur la touche CTRL ou META et sur une autre touche. Sur un PC, la touche META correspond à la touche ALT. Par exemple, le déplacement d'un caractère à droite est effectué par l'appui simultané de la touche CTRL et de la touche « f ». Cette commande est notée C-f. La touche META est notée par la lettre « M ». Si l'on ne dispose pas de touche META, il suffit d'appuyer sur la touche échappement (ESC), la relâcher et ensuite appuyer sur la touche associée.

Les commandes complexes sont construites à partir d'un enchaînement de commandes. Par exemple, la sortie de l'éditeur est effectuée par la commande **C-x C-c**. Il est possible d'interrompre une commande complexe grâce à la commande **C-g**.

La commande **C-u** répète une commande. On indique ensuite le nombre de répétitions et enfin la commande à répéter. Par exemple, la commande **C-u 8 C-f** déplace le curseur de huit positions vers la droite.

En bas de l'écran, **emacs** affiche une ligne d'état.

-:-F1   un_fichier   (Text Fill)--L26--C11-- 4%--------------------------------

La présence de deux étoiles au début signale que le fichier a été modifié. On trouve ensuite le nom du fichier, ici « un_fichier ». La chaîne L26--C11 signale la position du curseur, la ligne 26 et la colonne 11. La position dans le fichier est également présentée sous forme de pourcentage, ici 4%. Le mot « Top » indique que l'on se trouve en début du fichier et le mot « Bot » en fin de fichier.

Les principales commandes

Les commandes de déplacement

←↓↑→ **C-b, C-n** **C-p, C-f**	Déplacement dans les quatre directions. Dans le cas où, sur un terminal, les touches flèches sont inopérantes, il est toujours possible d'utiliser à leur place les commandes **C-b, C-n, C-p et C-f** (backward, next, previous et forward).
C-a	La commande **C-a** provoque un déplacement en début de ligne.
C-e	La commande **C-e** provoque un déplacement en fin de ligne.
C-v	Déplacement à l'écran suivant.
M-v	Déplacement à l'écran précédent.
C-l	Rafraîchit l'écran et centre le texte par rapport au curseur.
M-<	Déplacement à la première ligne du fichier.
M->	Déplacement à la dernière ligne du fichier. Sur un clavier français on est obligé de frappé ESC puis en même temps sur la touche majuscule et « > ».

Les commandes de destruction

C-d	Détruit le caractère sous le curseur.
M-d	Détruit le mot à droite du curseur.
C-k	Détruit la fin de la ligne.
M-k	Détruit la fin de la phrase.

Recherche

C-s	Recherche avant d'une chaîne de caractères. La recherche est incrémentale. Au fur et à mesure que l'on tape les caractères de la chaîne recherchée, **emacs** se déplace sur le texte qui correspond.
C-r	Idem, mais effectue une recherche arrière.
C-s, C-r	Poursuit la recherche.
Return	Met fin à la recherche.

Commandes diverses

C-x u   Annule la dernière modification. On peut répéter la commande.

C-g   Met fin à la saisie d'une commande complexe.

Sortie de l'éditeur

C-x C-c   Cette commande provoque la sortie immédiate de l'éditeur si l'on n'a pas fait de modification. Dans le cas contraire, **emacs** affiche la ligne suivante :
Save file nom_du_fichier ? (y, n, !, ., q, C-r or C-h) _

La réponse « y » provoque la sauvegarde des données avant de quitter l'éditeur. La réponse « q » permet de quitter sans sauvegarder. Dans ce cas, l'éditeur insiste et demande confirmation.

La commande **C-h** affiche une aide qui explique les différents choix.

C-z   Suspension de l'éditeur, on revient au shell. Pour revenir dans l'éditeur, on utilise la commande du shell **fg %emacs**. La commande **kill %emacs** tue l'édition.

Le couper/copier/coller

Couper/copier une zone de texte

C-@
C-ESP   1) Positionne une marque. On préfère, sur un clavier français, utiliser la combinaison CTRL-<espace>.

←↓↑→   2) On se déplace.

C-w   3) On « coupe » la zone comprise entre la position courante et la marque.

M-w   3) On « copie » la zone comprise entre la position courante et la marque.

C-x C-x   Touche bascule : déplace le curseur sur la marque ou, si l'on est sur la marque, revient à la position antérieure.

Coller

C-y   Colle le contenu du tampon.

M-y   Colle le contenu du tampon précédent. On peut répéter la commande pour coller un ancien tampon.

Remarque

On vient de présenter la copie ou le déplacement d'un bloc de texte. Mais chaque fois que l'on détruit des données (**C-d**, **C-k**, ...), elles sont mémorisées dans un tampon. La commande **C-y** colle ce tampon à l'emplacement courant.

Remplacer du texte

La fonction LISP « **M-x replace-string** » initie un remplacement de texte. **Emacs** demande d'abord de saisir la chaîne recherchée et, après validation, de rentrer la chaîne de remplacement. **Emacs** effectue les remplacements à partir de la position courante.

Gestion de plusieurs fenêtres et tampons

Emacs peut gérer plusieurs tampons d'éditions. Il peut également afficher plusieurs fenêtres. L'échange de données entre tampons en est simplifié.

Gestion des fenêtres

C-x 2   Découpe l'écran en deux fenêtres.

C-x 1   Elimine toutes les autres fenêtres. On ne garde qu'une seule fenêtre d'édition.

C-x o   Bascule vers l'autre fenêtre.

C-M-v   L'appui simultané sur Ctrl Alt et v fait défiler la fenêtre qui n'est pas active.

Gestion des tampons

C-x C-f   Charge un nouveau fichier dans la fenêtre courante.

C-x4C-f   Découpe l'écran en deux fenêtres et demande le chargement d'un fichier dans la nouvelle fenêtre.

C-x C-s   Sauvegarde le tampon courant.

C-x C-b   Liste les différents tampons dans une autre fenêtre. Si l'on se déplace dans cette fenêtre et que l'on valide après s'être positionné sur un tampon, on charge la fenêtre courante avec ce tampon.

Sauvegarde automatique

Périodiquement, **Emacs** sauvegarde les modifications d'un fichier dans un fichier temporaire. Si on édite le fichier « un_fichier », le fichier temporaire se nomme « #un_fichier# ». En cas d'arrêt brutal de l'édition, on peut revenir ensuite sur la version sauvegardée grâce à la commande **M-x recover-file**.

Le mode shell

Dans une fenêtre **emacs,** il est possible d'activer un shell avec la commande **M-x shell**. Le shell s'exécute sous le contrôle d'Emacs. Les touches C-c et C-z ne sont donc plus gérées par le shell. Dans le mode shell le rappel des commandes est intuitif : il suffit de se déplacer sur les anciennes commandes et de valider.

C-c C-c   Met fin à l'exécution de la commande courante (équivalent du C-c du shell).

C-c C-z   Suspend l'application courante (équivalent du C-z du shell).

Pour en savoir plus, l'aide en ligne

Le site officiel du GNU, www.gnu.org, abrite un guide complet sur **Emacs**. On peut se débrouiller sans lui. Le logiciel contient une aide en ligne très complète et même un guide pour le débutant.

C-h   Accès à l'aide en ligne.

C-h t   Accès au guide du débutant (« tutorial »).

C-h a   La commande **apropos**. On saisit un mot clé. **Emacs** affiche dans une nouvelle fenêtre l'aide disponible associée.

C-h c   Aide sur une commande composée d'une combinaison de touches. Par exemple : **C-h c C-x C-c**.

C-h f   Aide sur une fonction LISP. Par exemple : **C-h f replace-s**.

Atelier 13 : L'éditeur vi

Objectifs :

■ **Apprendre les commandes d'édition indispensables de l'éditeur vi.**

Durée :

■ **15 minutes.**

Exercice n°1

Créez un fichier qui contient la liste des utilisateurs connectés, en exécutant la commande « who > essai.txt ».

Avec vi, insérez le titre suivant en première ligne : liste des utilisateurs connectés.

Exercice n°2

Ajoutez une ligne constituée d'une suite d'étoile, après la dernière ligne du fichier.

Exercice n°3

Déplacez la ligne qui indique votre terminal.

Exercice n°4

Mettre en majuscules la première lettre de chaque mot de la première ligne.

Exercice n°5

Sauvegarder ce fichier sous le nom essai 2.txt.

Exercice n°6

Affichez les options actives de vi.

Exercice n°7

Affichez les caractères invisibles.

Exercice n°8

Quittez l'éditeur sans enregistrer les modifications.

Exercice n°9

Créez un nouveau fichier de nom « films ». Saisissez une dizaine de titres de films en gardant un titre par ligne. N'hésitez pas à commettre quelques erreurs de saisie pour ensuite les corriger. Utilisez au moins une fois chaque commande indispensable de **vi** pour effectuer les corrections. Quittez l'éditeur en sauvegardant le fichier. Revenez en édition, effectuez quelques modifications et sortez de l'éditeur sans sauvegarder. Vérifiez le résultat.

- *TCP/IP*
- *adresse IP*
- *ping*
- *ftp*
- *La connexion grâce à telnet*
- *rlogin, rcp, ssh*
- *NFS, Samba*
- *xterm*

14

UNIX et les réseaux

Objectifs

Après l'étude du chapitre, le lecteur sait se connecter à un serveur UNIX grâce à telnet et connaît les principales possibilités réseaux du système UNIX.

Se connecter à un serveur UNIX implique de connaître la représentation des adresses IP et DNS. Il faut aussi être capable de tester une liaison avec la commande ping.

Le chapitre présente également le transfert de fichiers, revient sur le courrier électronique, le système NFS, Samba et l'environnement graphique X-Window. Ces éléments sont décrits succinctement.

Contenu

UNIX et les réseaux
TCP/IP
Les commandes Internet
La connexion à distance (telnet)
Le transfert de fichiers (ftp)
Le courrier électronique (e-mail)
NFS, Samba
Les commandes **remote** et **ssh**
X-Window

UNIX et les réseaux

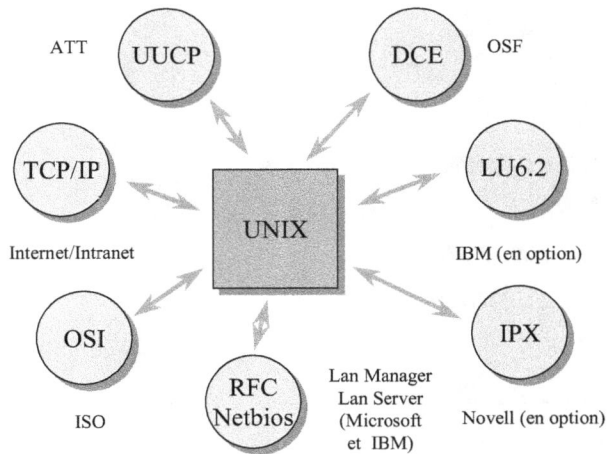

Introduction

L'informatique est de nos jours indissociable des réseaux, le slogan de la société Sun est « Network is Computer », le réseau c'est l'ordinateur. Par sa simplicité et la disponibilité du code du système, UNIX est devenu le système favori pour innover en matière de réseau. Le Web et JAVA ont été conçus sous UNIX.

A l'origine, UNIX utilisait le système UUCP (« *Unix to Unix CoPy* ») pour échanger des fichiers, exécuter des commandes à distance, se connecter à distance et échanger du courrier électronique sur des liaisons séries et le téléphone. De nos jours UUCP est toujours livré en standard avec un système UNIX, mais il a été supplanté par TCP/IP.

La technologie réseau la plus utilisée dans le monde UNIX est TCP/IP (« *Transport Control Protocol/Internet Protocol* ») qui est un réseau ouvert, non propriétaire. TCP/IP permet de gérer aussi bien des petits réseaux de deux ordinateurs que des réseaux de plusieurs millions d'ordinateurs comme Internet.

La communauté Open Group, succédant à l'OSF, qui abrite l'ensemble des éditeurs de systèmes UNIX , a développé la technologie DCE (« *Distributed Computing Environmnent* »). L'architecture DCE repose sur la technologie des RPC (« *Remote Procedure Call* » : appel de procédure distante) et des THREADs (unités d'exécution s'exécutant en parallèle à l'intérieur d'un processus). DCE a pour but de fournir les moyens de réaliser des applications ouvertes distribuées et sécurisées.

Grâce à l'interface TLI (« *Transport Layer Interface* ») incluse dans SVID, les systèmes UNIX supportent aussi le modèle OSI de l'ISO.

La communauté Internet a normalisé dans un RFC l'interface Netbios, pour qu'elle puisse être utilisée sur un réseau TCP/IP. Cette interface est essentielle pour le support d'applications réseaux du monde des PC utilisant la technologie d'IBM/Microsoft.

Ainsi, des serveurs Lan Manager sous licence Microsoft, ont été implantés sur des systèmes UNIX. C'est aujourd'hui le logiciel libre Samba qui est le plus utilisé pour faire d'un serveur UNIX ou Linux un serveur ou un client Microsoft (*cf. Chaptitre Samba*).

Le gestionnaire de réseaux Netware de Novell est disponible sur plusieurs systèmes UNIX.

Les gros systèmes IBM utilisent LU6.2 pour dialoguer en réseau. Cette technologie est disponible sous UNIX en option.

TCP/IP

Applications réseaux:
    FTP, Telnet, e-mail, NFS, Web, ...

Sockets

TCP/IP

Technologies réseaux:
    Ethernet, Token-Ring, RS232+slip/ppp, ...

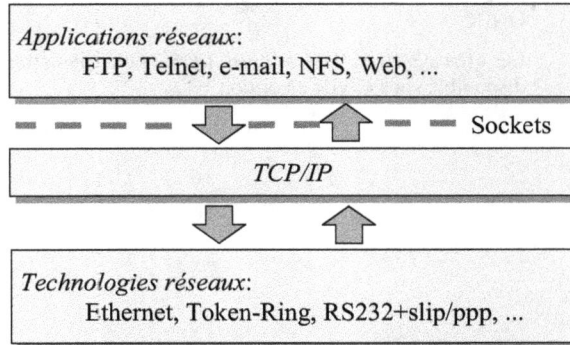

Introduction

Dans un réseau, le matériel de communication de type Ethernet ou Token-Ring échange des bits entre les équipements, et les applications logicielles offrent des services en réseau, par exemple FTP transfère des fichiers.

TCP/IP permet l'utilisation d'applications indépendantes des technologies physiques, en « internet », sur un réseau constitué de plusieurs réseaux reliés par des routeurs.

TCP/IP est un ensemble de protocoles réseaux ouverts, non propriétaires, et indépendants d'une architecture matérielle ou logicielle. TCP/IP permet à deux ordinateurs de dialoguer, quel que soient leur marque et leur système d'exploitation.

Les protocoles TCP/IP sont normalisés à travers des documents appelés RFC (« *Request For Comments* ») accessibles à tous. Ces RFC étaient diffusés électroniquement par le DOD (« *Department of Defense* » des USA) et maintenant par l'Internet Society.

L'histoire de TCP/IP et du réseau mondial Internet sont indissociables, car les protocoles TPC/IP ont été créés et ont évolué pour réaliser Internet.

Sur un système UNIX, TCP/IP se présente sous forme d'un ensemble de pilotes de périphériques («driver ») inclus dans le noyau. Ces pilotes implémentent les protocoles réseaux TCP/IP.

Les applications réseaux développées sous UNIX, voient TCP/IP à travers l'API (« *Application Program Interface* ») Sockets. Cette API, utilisée conjointement aux API POSIX et SVID permet une totale portabilité des applications réseaux dans le monde des systèmes UNIX. L'API Socket développée par l'université de Berkeley , est écrite en langage C.

Dans un réseau TCP/IP, chaque ordinateur a une adresse IP unique. Ces adresses se présentent sous forme de quatre nombres séparés par des points, exemple : 135.24.33.201.

Pour désigner un ordinateur, on préfère utiliser un nom, par exemple saturne, ftp.microsoft.com. Pour traduire un nom en adresse IP, un logiciel réseau utilisera le service réseau DNS (« *Domain Name Service* ») ou bien le fichier */etc/hosts*. La commande **uname**, avec l'option -n, permet de connaître le nom d'ordinateur (« *Hostname* ») de la machine locale.

Exemple

$ **more /etc/hosts**
127.0.0.1   localhost
192.168.1.100   mars
192.168.1.110   venus.societe.com   venus
$ **uname -n**
venus.societe.com
$

Les commandes Internet

      ping   **Teste l'accessibilité réseau.**

      telnet   **Réalise une connexion à distance.**

      ftp   **Echange des fichiers.**

      mail   **Envoie un courrier électronique à un utilisateur.**

      talk   **Dialogue en direct avec un utilisateur.**

      finger   **Donne des informations sur un utilisateur.**

      lynx   **Navigateur Web en mode texte ("freeware").**

Introduction

Les commandes Internet ne sont pas spécifiques d'un système. Elles existent dans les systèmes VMS, OS/2, Windows et UNIX. Leur universalité est réalisée par la normalisation des protocoles réseaux sous-jacents.

La commande **ping** permet de tester l'accessibilité d'un ordinateur du réseau, elle lui transmet des paquets et il les renvoie. Tous les systèmes qui supportent TCP/IP sont prévus pour répondre aux requêtes de la commande **ping**, et la commande **ping** elle-même est fournie en standard.

La commande **telnet** permet de se connecter à un système distant. Le poste de travail de l'utilisateur est transformé en terminal de l'ordinateur distant.

La commande **ftp** permet l'échange de fichiers avec d'autres ordinateurs.

La commande **mail** est utilisée pour envoyer un courrier électronique et pour lire son courrier. Le destinataire a un compte sur l'ordinateur local ou sur un ordinateur distant.

La commande **talk** permet à deux utilisateurs de dialoguer en direct, localement ou à distance.

La commande **finger** donne des informations sur un utilisateur ou sur les utilisateurs connectés.

Un navigateur **web** permet de visualiser des pages Web, qui contiennent des informations multimédia (texte, images, son, vidéo). Un simple clic renvoie à une autre information (hypertexte). Le navigateur **Netscape** est disponible pour toutes les plates-formes UNIX. La commande **lynx** est un navigateur Web en mode texte, disponible gratuitement.

Il faut mentionner l'existence du navigateur Web Konqueror, facile à utiliser et à configurer.

Exemple

Il faut saisir CTRL-c pour mettre fin à la commande.

venus$ **ping 192.168.1.100**
 ping 192.168.1.100
PING 192.168.1.100 (192.168.1.100) from 192.168.1.9 : 56(84) bytes of data.
64 bytes from 192.168.1.100: icmp_seq=1 ttl=255 time=2.09 ms
64 bytes from 192.168.1.100: icmp_seq=2 ttl=255 time=0.758 ms
64 bytes from 192.168.1.100: icmp_seq=3 ttl=255 time=0.821 ms
--- 192.168.1.100 ping statistics ---
3 packets transmitted, 3 received, 0% loss, time 2005ms
rtt min/avg/max/mdev = 0.758/1.223/2.090/0.613 ms

On peut utiliser le nom d'hôte.

$ **ping mars**

Certain systèmes UNIX ne donnent qu'un diagnostic succinct.

$ **ping mars**
mars is alive

On utilise alors l'option « -s ».

$ **ping –s mars**
PING 192.168.1.100 (192.168.1.100) from 192.168.1.9 : 56(84) bytes of data.
64 bytes from 192.168.1.100: icmp_seq=1 ttl=255 time=2.09 ms
…

La connexion à distance (telnet)

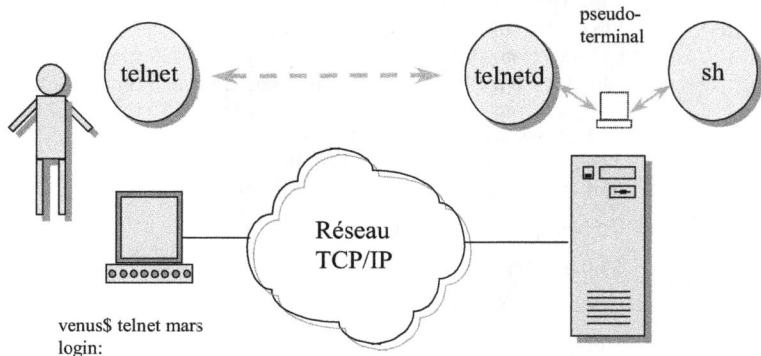

Introduction

Telnet est un service qui permet la connexion à distance (« *Remote Login* »), et offre les mêmes possibilités qu'une connexion locale.

Le poste de travail de l'utilisateur devient le terminal du système distant.

Les applications que l'on utilise via telnet, sont des applications en mode texte. Telnet émule, selon les produits achetés, un nombre plus ou moins grand de terminaux (ansi, vt52, vt100, vt220, ibm 3270, ibm5250 ...), dont au minimum vt100.

Pour démarrer une session telnet , on exécute la commande **telnet** en donnant en argument le nom d'un site distant. La commande **telnet** (client telnet) entre en contact avec une application serveur telnet (**telnetd** ou **in.telnetd**). Le serveur telnet active le programme qui gère habituellement les sessions, c'est à dire un shell. Toutes les commandes venant du client **telnet** sont transmises au shell par l'intermédiaire d'un pilote de pseudo-terminal inclus dans le noyau. Les résultats des commandes exécutées par le shell ainsi que les messages du shell, sont envoyés au client telnet et transitent également par le pseudo-terminal. A chaque session telnet, le pseudo-terminal est alloué dynamiquement et diffère d'une session à l'autre.

La fin de la session shell met fin également à la session réseau telnet. L'utilisateur doit relancer la commande **telnet** pour réaliser une nouvelle connexion.

Exemple

```
venus$ telnet mars
Trying ...
Connected to mars.
Escape character is '^]'.

UNIX(r) System V Release 4.0 (mars)
login:
```

Le transfert de fichiers (ftp)

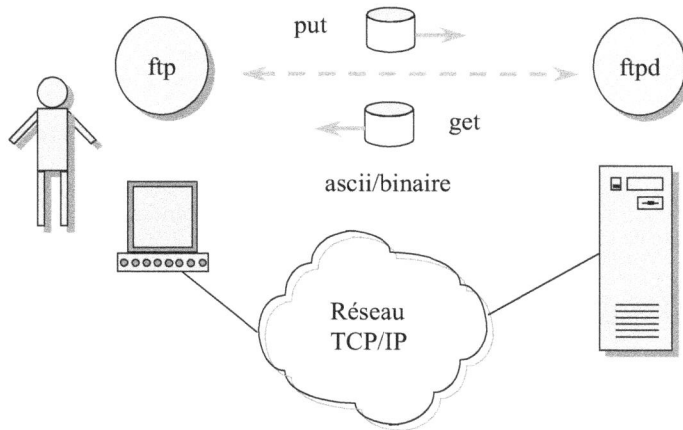

Introduction

FTP est un service client-serveur TCP/IP qui permet le transfert de fichiers. Un utilisateur exécute une commande **ftp** et donne en argument l'adresse d'un serveur ftp. La commande **ftp** ou client ftp entre en contact avec l'application serveur ftp (**ftpd** ou **in.ftpd**). L'utilisateur doit donner son nom et son mot de passe (les mêmes que ceux utilisés pour démarrer une session shell). Il exécute ensuite des commandes de transfert de fichiers.

Principales fonctionnalités :

- Envoi et réception de fichier, utilisation de jockers.

- Mode de transfert ascii / binaire. Le mode binaire est utilisé pour transférer des images, des applications, des fichiers compressés. Le mode ascii permet de transférer du texte, par exemple un programme C ou COBOL. Le mauvais positionnement du mode est souvent source de problème quand on échange des fichiers entre UNIX et Windows. Sur UNIX, la fin de ligne d'un fichier texte est représentée par le seul caractère « New line » et sur Windows par deux caractères « Carriage Return » et « Line Feed ». Si des fichiers texte sont transmis en mode binaire, il en résulte un caractère supplémentaire à la fin de chaque ligne côté UNIX ou le manque de passage à la ligne côté Windows.

- Gestion de fichiers et de répertoires (locaux et distants) :
  - Répertoire où l'on est, liste des fichiers du répertoire courant.
  - Changer de répertoire.

Les principales commandes :

get	Transfère un fichier du serveur vers le client.
put	Transfère un fichier du client vers le serveur.
mget	Transfère plusieurs fichiers du serveur vers le client.
mput	Transfère plusieurs fichiers du client vers le serveur.

prompt	Supprime ou active la demande de confirmation en cas de transferts multiples.
ascii	Active le mode de transfert ascii.
binary	Active le mode de transfert binaire.
status	Affiche les paramètres de la session. Cette commande permet, entre autres, de connaître le mode « ascii » ou « binary ».
del	Détruit un fichier sur le serveur.
cd	Change de répertoire sur le serveur.
lcd	Change de répertoire en local.
ls, dir	Liste le contenu du répertoire courant du serveur.
pwd	Affiche le répertoire courant du serveur.
help	Affiche les commandes, donne un résumez d'une commande
hash	Affiche un « # » pour chaque bloc transféré.
quit	Termine une session ftp.
!cmd	Active une commande locale exécuté par le shell.

Exemple

```
$ ftp  192.0.0.110
Connected to 192.0.0.110.
220 venus FTP server (Version wu-2.4(1) Sat Feb 18 13:40:36 CST 1995) ready.
Name (192.0.0.25:pierre): pierre
331 Password required for pierre.
Password: xxxxx
230 User pierre logged in.
ftp> status
Connected to 192.0.0.110.
No proxy connection.
Mode: stream; Type: binary; Form: non-print; Structure: file
Verbose: on; Bell: off; Prompting: on; Globbing: on
Store unique: off; Receive unique: off
Case: off; CR stripping: on
Ntrans: off
Nmap: off
Hash mark printing: off; Use of PORT cmds: on
Tick counter printing: off
ftp> help ascii
ascii        set ascii transfer type
ftp> dir
200 PORT command successful.
150 Opening ASCII mode data connection for /bin/ls.
total 304
drwxr-xr-x   8 pierre     users       1024 Jun 23 09:44 .
drwxr-xr-x  23 root       root        1024 Jun 26 13:50 ..
-rw-r--r--   1 pierre     users         92 Sep 20  1996 fichier
-rwxr-xr-x   1 pierre     users      13325 Dec 24  1996 hexa
drwxr-xr-x   2 pierre     users       1024 Jun  4 09:39  web
226 Transfer complete.
2574 bytes received in 0.5 seconds (5 Kbytes/s)
ftp> cd
ftp> get hexa
200 PORT command successful.
150 Opening ASCII mode data connection for hexa (13325 bytes).
226 Transfer complete.
local: hexa remote: hexa
13348 bytes received in 0.15 seconds (87 Kbytes/s)
ftp> !ls
Calendar    draw.c    icon      rctest.c    tstress
```

```
Mail      elargir    icon.c      rctest.res  tstress.c
ftp> ascii
200 Type set to A.
ftp> put draw.c
200 PORT command successful.
150 Opening ASCII mode data connection for draw.c.
226 Transfer complete.
local: draw.c remote: draw.c
1652 bytes sent in 0.09 seconds (18 Kbytes/s)
ftp> quit
221 Goodbye.

$ ftp  192.0.0.110
Connected to 192.0.0.110.
220 venus FTP server (Version wu-2.4(1) Sat Feb 18 13:40:36 CST 1995) ready.
Name (192.0.0.25:pierre): gilles
331 Password required for gilles.
Password: xxxxx
230 User pierre logged in.
ftp> lcd
Local directory now /tmp
ftp> pwd
257 "/home/gilles" is current directory.
ftp> ls *.c
227 Entering Passive Mode (192,168,1,100,155,218)
150 Opening ASCII mode data connection for directory listing.
-rw-rw-r--  1 500     500        176 Oct 10 2002 assert.c
-rw-rw-r--  1 500     500         77 Jun 16 2002 com.c
-rw-rw-r--  1 500     500        145 Oct 10 2002 erreur.c
-rw-rw-r--  1 500     500          0 Mar 24 14:55 essai.c
-rw-r--r--  1 500     500         77 Oct  3 2002 ordre.c
-rw-rw-r--  1 500     500          0 Mar 24 14:56 salut.c
226 Transfer complete.
ftp> prompt
Interactive mode off.
ftp> mget *.c
...
```

Le FTP anonyme

Il existe sur Internet une très grande quantité de sites serveurs FTP accessibles à tous grâce à ce que l'on appelle une connexion anonyme. Elle consiste à entrer le mot « anonymous » comme nom d'utilisateur et à spécifier son adresse email comme mot de passe. La plupart des serveurs ne testent que la présence du caractère « @ ». La bienséance impose de rentrer dans tous les cas sa véritable adresse email.

Cette connexion anonyme est également utilisée quand on se sert d'un navigateur. L'exemple qui suit est équivalent à l'URL *ftp://ftp.ee.fhm.edu/pub/unix*.

Exemple

```
$ ftp  ftp.ee.fhm.edu
Connected to pc01-lma.e-technik.fh-muenchen.de.
220 Welcome to Munich University of Applied Sciences/Dept. Electrical Engineerin
g and Information Technology FTP service.
Name (ftp.ee.fhm.edu:jf): anonymous
331 Please specify the password.
Password: alpha@bravo
....
```

```
ftp> cd /pub/unix
250 Directory successfully changed.
ftp> dir
...
ftp> quit
221 Goodbye.
$
```

Le courrier électronique (e-mail)

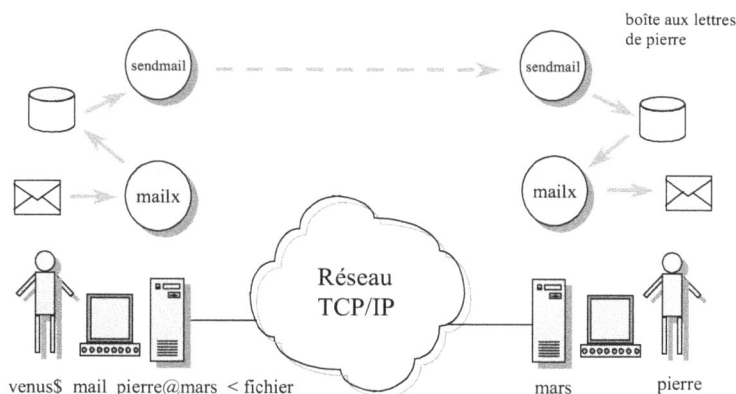

Introduction

Le service de courrier électronique (e-mail) permet à des utilisateurs d'envoyer ou de recevoir du courrier. Les utilisateurs doivent disposer d'une boîte à lettres, reconnue par son adresse e-mail.

Les adresses e-mail

Les adresses e-mail peuvent avoir les formes suivantes :

nom_utilisateur
nom_utilisateur @ nom_d_un_ordinateur
nom_utilisateur @ nom_d_un_domaine

La première forme est utilisé si le destinataire possède son compte sur votre ordinateur.

Exemples d'adresses E-mail :

pierre
paul@venus
president@whitehouse.gov

Le fonctionnement du service

Pour envoyer du courrier on utilise la commande **mail**, déjà étudiée dans le module 10. Cette commande donne le courrier à l'application **sendmail** qui se charge de le transmettre à son alter-ego sur l'ordinateur qui héberge le destinataire. L'application **sendmail** cible délivre le courrier en le stockant dans le fichier boîte aux lettres du destinataire. Le destinataire consulte sa boîte aux lettres par la commande **mail**.

NFS

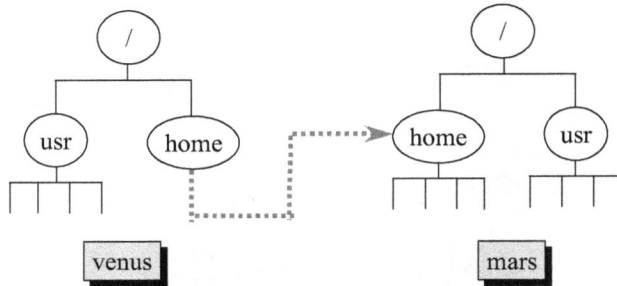

venus$ **cd** **/home**

Introduction

NFS (« *Network File System* ») est un système de fichiers distribués, développé par SUN. NFS est un système ouvert, il existe des versions de NFS pour DOS, VMS, MVS, ... SUN a publié les protocoles NFS et RPC (sur lesquels repose NFS), et distribue les licences sources à prix modique.

Le principe de NFS est le suivant : l'administrateur d'un serveur NFS « exporte » certains de ses répertoires. Un client NFS, sous le contrôle de son administrateur, établit un « montage NFS » qui associe un répertoire local à l'un des répertoires du serveur. Un utilisateur du client peut ensuite accéder aux répertoires exportés du serveur via le répertoire local de montage, et ceci de manière transparente.

Les systèmes UNIX qui utilisent NFS, mettent en œuvre fréquemment le service NIS (« *Network Information System* »), développé également par la société SUN, pour centraliser l'administration.

Exemples

venus $ **mount**
…
mars:/home on /home type nfs (rw,addr=192.168.1.100)

venus $ **ls /home**
amanda gilles   pierre stage10 stage3 stage5 stage7 stage9
cvs   lost+found stage1 stage2 stage4 stage6 stage8

mars $ **ls /home**
amanda gilles   pierre stage10 stage3 stage5 stage7 stage9
cvs   lost+found stage1 stage2 stage4 stage6 stage8

Samba

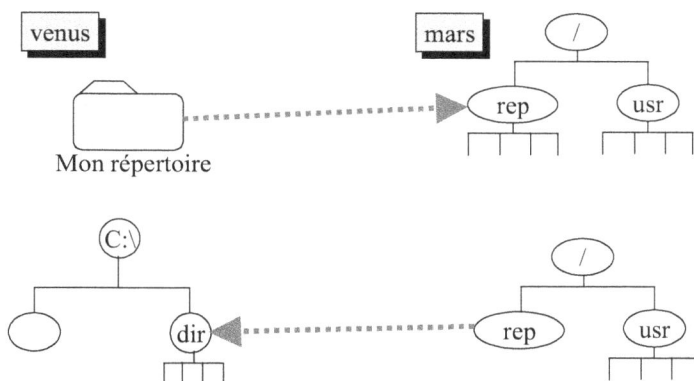

Introduction

Samba est un logiciel libre qui implémente le protocole SMB de Microsoft. Samba est disponible pour tous les systèmes UNIX et Linux. Utilisé comme serveur, il permet de partager des répertoires et des imprimantes. A partir d'un poste client sous Windows, les ressources partagées sont accessibles grâce à la commande **NET...** de Windows ou directement avec l'explorateur de Windows, si Samba a été configuré pour cela.

Quand il est utilisé comme client, il est possible de monter dans l'arborescence UNIX un répertoire distant d'un serveur Windows.

Exemples

Le poste Windows est le client

Les exemples sont traités en mode commande.

Depuis venus :

REP est le nom de partage du répertoire /rep du serveur mars.

```
C:\> NET USE H: \\MARS\REP
H:\> dir
Le volume dans le lecteur H s'appelle REP
Le numéro de série du volume est 07FB-1002
Répertoire de H:\
31/03/2003  16:05    <DIR>        .
31/12/2002  08:59    <DIR>        ..
04/03/2001  07:39    <DIR>        aurore
04/03/2001  07:39    <DIR>        document
31/03/2003  16:05             117 liste
...
```

Depuis mars :

```
$ ls -l /rep
total 24
drwxr-xr-x    5 Administrateur root    4096 mar  4  2001 aurore
drwxr-xr-x    9 Administrateur root    4096 mar  4  2001 document
-rwxr-xr-x    1 Administrateur root     592 mar 31 16:05 liste
drwxr-xr-x    2 Administrateur root    4096 mar 23 11:02 temp
drwxr-xr-x   10 Administrateur root    4096 mar 25 13:01 tsoft
```

Le poste UNIX est le client

Sur le client mars

dir est le nom de partage sur venus

.$ mount

…

//venus/dir on /mnt/tmp type smbfs (0)

```
$ ls /mnt/tmp
home  msdownld.tmp  profiles  Recycled  temp  tsoft
```

Sur le serveur venus

```
D:\DIR>dir
Le volume dans le lecteur D n'a pas de nom.
Le numéro de série du volume est 0D66-15F2

 Répertoire de D:\DIR

27/07/2000  09:00    <DIR>        profiles
31/07/2000  14:40    <DIR>        temp
02/03/2003  11:35    <DIR>        home
12/03/2003  16:38    <DIR>        tsoft
            0 fichier(s)           0 octets
         4 Rép(s)   6 559 268 864 octets libres
```

Les commandes remote

- **Les commandes**

  - *rcp*   Copie de fichiers distants.

  - *remsh*   Exécution à distance de commandes.

  - *rlogin*   Connexion à distance.

  - *rwho*   Liste des utilisateurs connectés au réseau.

- **Les fichiers**

  - *~/.rhosts*   Les systèmes ou utilisateurs équivalents.

  - */etc/hosts.equiv* Les systèmes équivalents.

Introduction

Les commandes **remotes** sont des commandes créées à l'université de Berkeley. Elles n'ont pas la même universalité que les commandes Internet, car elles sont dédiées aux systèmes UNIX.

La commande rlogin

rlogin [-l utilisateur] nom_ordinateur

La commande **rlogin** permet une connexion à distance. Elle diffère de **telnet** par sa simplicité d'utilisation quand les ordinateurs sont en relation de confiance. Dans ce cas, il n'est pas besoin de s'authentifier par un nom et un mot de passe. On est directement connecté sous le même compte. L'option -l permet de donner un nom d'utilisateur différent.

La commande rcp

rcp fichier1 fichier2
rcp [-r] fichier ... répertoire

La commande **rcp** permet de copier des fichiers d'un système à l'autre. **rcp** offre les mêmes avantages que **rlogin**. Elle a la même syntaxe que la commande **cp**. L'option -r permet la copie d'arborescence.

Pour indiquer qu'un fichier est situé sur l'ordinateur distant, on préfixe son nom par [utilisateur@]NomOrdinateur:

La commande remsh

remsh [-l utilisateur] nom_ordinateur commande

La commande **remsh** ou **rsh** ou **rcmd** permet d'exécuter une commande à distance. Il est possible, par les redirections, de récupérer les résultats localement.

La commande rwho

rwho

La commande **rwho** affiche la liste des utilisateurs connectés pour l'ensemble des ordinateurs sur lesquels le service rwhod a été activé.

Suppression de l'authentification explicite

Les commandes **rlogin**, **rcp** et **remsh** n'ont pas besoin d'authentification explicite si elles sont exécutées sur des ordinateurs reliés par des relations de confiance. Ces relations sont définies par l'administrateur de chaque système et stockées dans le fichier */etc/hosts.equiv*. Ce fichier contient la liste des ordinateurs « équivalents » au système. Si ce fichier contient le nom « saturne », un utilisateur « pierre » sur l'ordinateur saturne aura les mêmes droits que l'utilisateur local pierre.

En plus de ces relations, un utilisateur définit ses propres relations de confiance et donne accès à son compte à des utilisateurs distants par l'intermédiaire du fichier *~/.rhosts* qui contient une suite de couples nom d'ordinateur, nom d'utilisateur. Ces couples définissent des comptes équivalent au compte local.

Exemples

```
mars$ rlogin venus
Last login: Wed Sep  4 10:55:23 from mars
venus$
venus$ exit
logout
Connection closed.
mars$ rcp draw.c venus:drawbis.c
mars$ rsh venus ls
drawbis.c
mars$ rcp venus:/etc/passwd  .
mars$ rwho
root    venus:tty1  Sep  4 10:50 :15
unix1  venux:tty2  Sep  4 10:53 :15
unix1   mars:ttyp0 Sep  4 11:06
mars$
```

La commande ssh

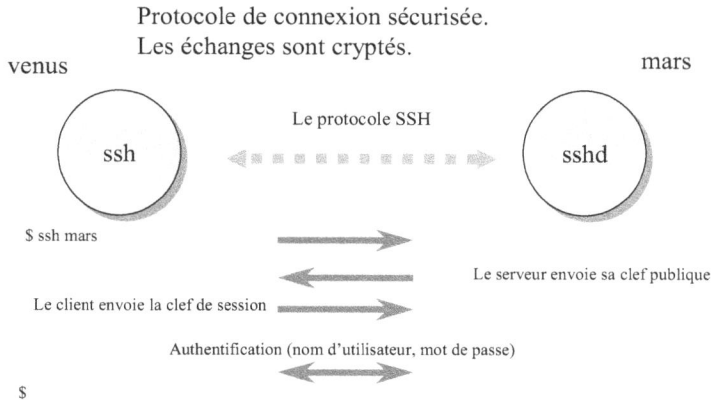

Protocole de connexion sécurisée.
Les échanges sont cryptés.

venus   mars

Le protocole SSH

ssh ⬅ ▪ ▫ ▪ ▫ ▪ ▫ ▪ ▫ ▪ ▫ ▪ ▫ ➡ sshd

$ ssh mars

⟶

⟵ Le serveur envoie sa clef publique

Le client envoie la clef de session ⟶

Authentification (nom d'utilisateur, mot de passe)
⟵⟶

$

Introduction

La commande **ssh** (« *Secure Shell* ») vise à remplacer les commandes **telnet**, **rlogin** et **rsh.** De même, la commande **scp** (« *Secure Copy* ») se substitue à la commande **rcp**. Le protocole ssh s'appuie sur des protocoles d'échanges de données cryptées avec des clés publiques et des clés privées, tels que RSA.

Le logiciel « Open ssh » est une version libre qui peut être installée sur tous les systèmes UNIX. Il existe dans toutes les distributions Linux. Le logiciel **putty.exe** est un client ssh pour Windows.

Pour des raisons de sécurité, il est évident que l'emploi de ces commandes est préférable à celui des commandes remotes, surtout quand le réseau n'est pas sécurisé, comme la connexion depuis son ordinateur personnel sur l'ordinateur de l'entreprise.

La commande ssh

ssh [-l nomutilisateur] hostname | <u>utilisateur@hôte</u> [command]

La syntaxe de la commande **ssh** est proche de celle de **rlogin**. Par défaut, on suppose que l'utilisateur conserve le même nom de connexion mais on peut en indiquer un autre avec l'option « -l ». Sans commande, **ssh** agit comme **rlogin** et comme **remsh** sinon.

La commande scp

scp fichier1 fichier2
scp [-r] fichier ... répertoire

La commande **scp** a la même syntaxe que **rcp**. Pour indiquer qu'un fichier est situé sur l'ordinateur distant, on préfixe son nom par <u>[utilisateur@]NomOrdinateur:</u>

Suppression de l'authentification explicite

Même si cela n'est pas conseillé, il est possible, comme pour les commandes **remote**, de supprimer la demande de mot de passe. Sa configuration dépend en grande partie de l'administrateur.

Il existe pour cela trois stratégies :

- La forme traditionnelle des commandes **remote**. Elle est déconseillée.

- La forme traditionnelle des commandes **remote** et l'utilisation d'un algorithme de cryptage.

- L'utilisation d'un algorithme de cryptage et la mise en place d'un système à clés publique et privée propre à l'utilisateur.

Le choix dépend grandement de la configuration du service par l'administrateur.

Exemples

La première connexion sur mars par **ssh**.

venus $ **ssh mars**
The authenticity of host 'mars (192.168.1.9)' can't be established.
RSA key fingerprint is fd:3a:b2:b3:b1:79:fd:65:5d:90:18:44:55:2e:e5:93.
Are you sure you want to continue connecting (yes/no)? **Yes**
Warning: Permanently added 'mars,192.168.1.9' (RSA) to the list of known hosts.
gilles@mars's password:
mars $ **exit**

Les connexions suivantes.

venus $ **ssh mars**
gilles@mars's password:
mars $

Exécution d'une commande sur la machine distante

venus $ **ssh mars id**
gilles@mars's password:
uid=500(gilles) gid=500(gilles) groups=500(gilles)
venus $

Copie de fichiers depuis venus sur mars.

venus $ **scp f*.txt mars:**
gilles@mars's password:
f1.txt   100% |****************************| 0   00:00
f2.txt   100% |****************************| 0   00:00

venus $ **ssh mars 'ls *.txt'**
gilles@mars's password:
f1.txt
f2.txt

X-Window

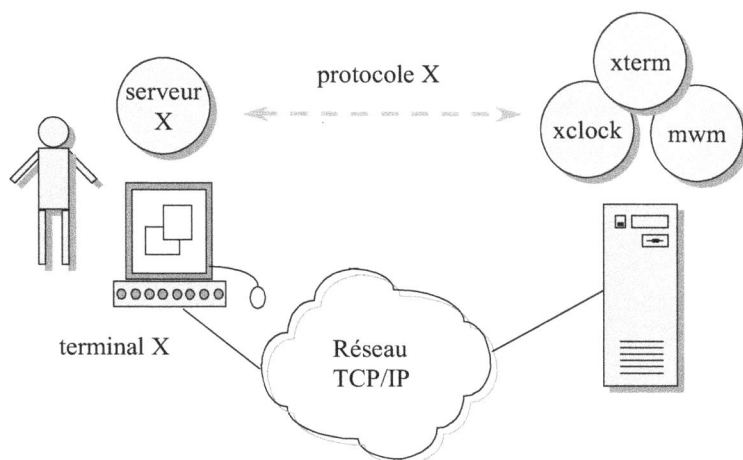

Introduction

Le système X-Window est un système graphique ouvert en réseau. Il a été développé à l'origine par le MIT. Il est maintenant sous l'égide du Consortium X qui est composé principalement des éditeurs de systèmes UNIX.

Le système X-Window repose sur le protocole X, et relie un serveur X à un ensemble de clients X. L'application serveur X réside sur un terminal X ou sur une station de travail graphique. C'est elle qui gère l'aspect matériel : le clavier, la souris, l'écran graphique. Cette application serveur attend les requêtes des applications clientes : par exemple le traitement de textes WordPerfect ou l'horloge **xclock**. Ces applications clientes peuvent résider sur un ordinateur quelconque du réseau.

Les applications clientes sont composées d'une ou plusieurs fenêtres qui s'affiche sur l'écran du terminal X (qui abrite le serveur X). Un client particulier, le gestionnaire de fenêtre permet de déplacer les fenêtres à l'écran et de les ranger sous forme d'icônes. A l'instant t, on ne peut utiliser qu'un seul gestionnaire de fenêtres, **mwm** est le gestionnaire Motif.

Si l'on désire utiliser les commandes standard **cp**, **rm**, ... Il faut disposer d'une application qui émule un terminal texte dans une fenêtre graphique. Ce rôle est tenu par exemple par l'application **xterm** qui émule un terminal vt100.

Dans les annexes Linux qui jalonnent ce livre, il a été présenté des exemples tirés de l'interface graphique KDE. Cette interface n'est ni plus ni moins qu'un ensemble de clients X.

La variable DISPLAY

Les clients doivent identifier les serveurs avec lesquels ils dialoguent. Le serveur est identifié de la manière suivante :

    [hôte]:terminal.écran

L'hôte est le nom du serveur ou son adresse IP, terminal, le numéro du terminal attaché au serveur et l'écran, le numéro de l'écran du terminal. A défaut de nom d'hôte, le serveur est local. On a souvent la valeur zéro comme numéro de terminal et d'écran.

De nombreuses applications clientes ont une option qui permet de désigner le serveur, comme « -display [hôte]:terminal.écran ».

Cependant, la technique la plus répandue consiste à utiliser la variable d'environnement DISPLAY.

Exemple

Exécuter un client localement

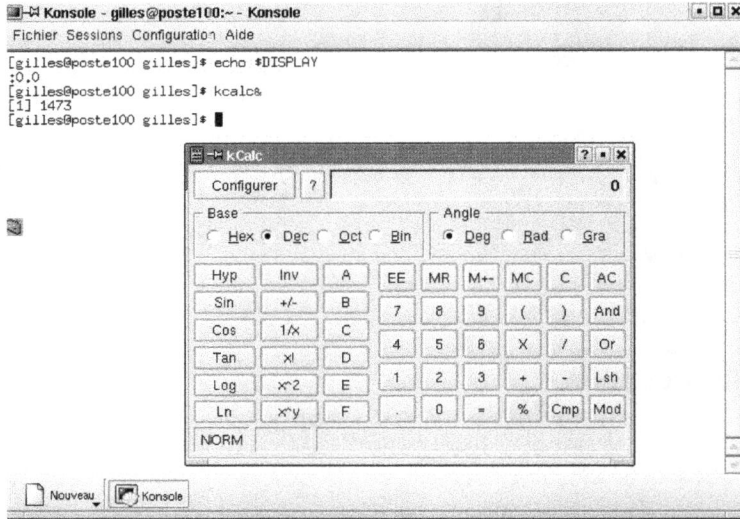

Annexe Linux

Cette annexe utilise des outils associés au bureau Gnome. Votre distribution Linux ne les installe pas nécessairement quand on choisit d'utiliser le bureau KDE

Tester la liaison avec un serveur

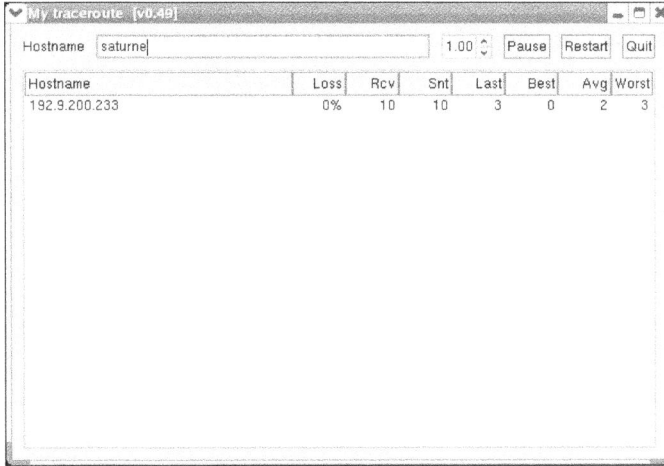

Menu K – Outils Système – Traceroute
Cet outil affiche des statistiques sur l'état de la liaison avec un serveur.

Le transfert de fichiers avec gFTP

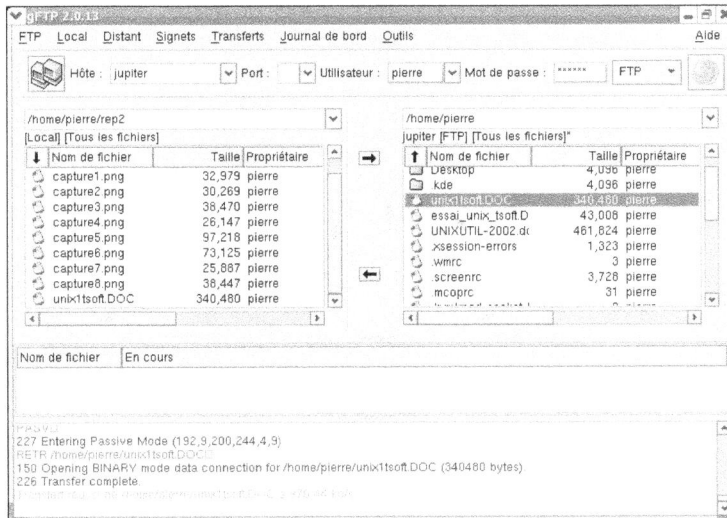

Menu K – Extras – Internet – gFTP
Saisir le nom d'hôte du serveur distant, le nom d'utilisateur et le mot de passe associé et cliquer sur le bouton <Hôte>.
La fenêtre de gauche contient les fichiers de la machine locale et la fenêtre de droite ceux du serveur distant.

Les menus <Local> et <distant> permettent d'effectuer respectivement sur la machine locale et le serveur distant les opérations de gestion de fichiers et de répertoires comme changer de répertoire, créer un répertoire et renommer ou supprimer un fichier.

Le transfert d'un fichier se fait simplement en faisant le « Glisser » d'une fenêtre à l'autre. Pour le transfert de plusieurs fichiers, sélectionner les fichiers et cliquer sur la flèche indiquant le sens du transfert.

La connexion gFTP anonyme

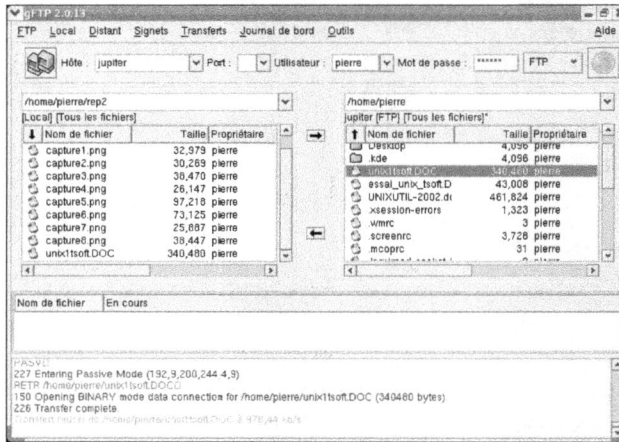

Menu K – Extras – Internet – gFTP

Une connexion ftp anonyme désigne une connexion à un serveur sur lequel on n'a pas de compte utilisateur.

Saisir juste le nom d'hôte du serveur distant et cliquer sur le bouton <Hôte>, gFTP enverra « anonymous » comme nom d'utilisateur et votre e-mail comme mot de passe.

15

Annexes

ANNEXE A : Panorama des commandes

Commandes d'informations

date	Affiche la date et l'heure.
who	Affiche la liste des utilisateurs connectés.
who am i	Qui-suis-je ?.
logname	Affiche le nom de l'utilisateur.
finger	Donne des informations sur les utilisateurs connectés ou sur un utilisateur.
cal	Affiche un calendrier.
uname	Affiche le nom et les caractéristiques du système.
env	Affiche l'environnement.
alias	Affiche les alias.
ls /usr/bin	Affiche la liste des commandes externes et standards.
man	Affiche le manuel d'une commande, d'un chapitre.
pwd	Affiche le répertoire courant.
tty	Affiche le terminal courant.
stty -a	Affiche la configuration du terminal.
df	Affiche la place restant libre sur les disques.

Les commandes de gestion de fichiers

ls -l	Affiche les attributs d'un fichier.
cp	Copie un fichier.
rm	Détruit un fichier.
mv	Déplace ou renomme un fichier.
cat, more	Affiche le contenu d'un fichier texte.
od	Affiche le contenu d'un fichier en octal, en hexa.
file	Affiche le type d'un fichier.
cmp, comm, diff	Comparent des fichiers.
vi,ed	Editent un fichier texte.
touch	Crée un fichier vide ou met à jour la date de modification d'un fichier.
split, csplit	Découpent un fichier en plusieurs fichiers.
sum, cksum	Calcule un total de contrôle.

Les commandes de gestion de répertoires

pwd	Affiche le répertoire courant.
cd	Change de répertoire.
ls	Affiche le contenu d'un répertoire.
mkdir	Crée un répertoire.
rmdir	Supprime un répertoire.
cp	Copie des fichiers dans un répertoire (cp fichier ... chemin).

Les commandes de gestion d'arborescence

ls -R	Affiche les fichiers d'une arborescence.
du	Affiche la taille d'une arborescence.
df	Affiche la place restant libre sur les disques.
find	Recherche de fichiers dans une arborescence.
cpio, cp -r	Copie une arborescence.
rm -rf	Supprime une arborescence.

Les droits

ls -l	Affiche les droits.
chmod	Change les droits d'un fichier.
chown	Change le propriétaire d'un fichier.

umask	Positionne les droits par défaut.
chgrp	Change le groupe d'un fichier.
newgrp	Change de groupe courant.
id	Affiche l'identité de l'utilisateur, les groupes dont il est membre et le groupe courant.
su	Change l'identité de l'utilisateur.

L'impression

lp	Imprime un fichier.
lpstat	Affiche les requêtes d'impressions.
lpstat -t	Affiche le paramètrage du service d'impression.
cancel	Supprime une requête d'impression.

Les filtres

grep	Recherche de chaînes dans un fichier.
cut	Sélectionne des caractères ou des champs.
pr,lp	Mise en page et impression d'un fichier.
sort	Tri, fusion de fichiers.
uniq	Elimine les doublons d'un fichier trié.
more, pg	Affiche page par page.
sed	Editeur en mode flot.
wc	Compte les lignes, les mots et les caractères.
tail	Affiche la fin d'un fichier.
head	Affiche les premières lignes d'un fichier.
nl	Numérote les lignes d'un fichier.
fold	Affiche les lignes d'un fichier avec une limite de la longueur de ligne.
tr	Modifie les caractères d'un fichier.
tee	Duplique la sortie standard.
xargs	Génère une commande et l'exécute.
paste	Fusionne des fichiers par ligne.
crypt	Crypte/Décrypte un fichier.
compress, pack	Compresse un fichier.
uncompress, unpack	Décompresse un fichier.
awk	Langage qui traite du texte.

La sauvegarde

tar	La commande de sauvegarde la plus répandue.
cpio	La commande de sauvegarde qui utilise les redirections.
pax	La commande de sauvegarde ISO.
dd	Sauvegarde bloc à bloc de ou vers un périphérique.
zip, gzip, bzip2, compress, pack	Compresse un fichier.
unzip, gunzip, bunzip2, uncompress, unpack	Décompresse un fichier.
zcat	Affiche un fichier compressé.

Les commandes de communication locales

write	Communique en direct.
mesg	Autorise ou interdit la communication en direct.

news	Affiche les messages les plus récents « postés » dans le répertorie news.

Les liens

ln	Crée un lien (même syntaxe que cp).
rm	Détruit un lien, détruit le fichier si c'est le dernier lien.
mv	Déplace un lien.
ls -l	Affiche les attributs du fichier, dont le nombre de liens.
ls -i	Affiche le numéro d'inode.

La gestion de processus

ps	Affiche la liste des processus.
kill	Arrête un processus.
	Envoie un signal à un processus.
wait	Attend la fin des processus en arrière plan.
nice	Démarre un processus à faible priorité.
renice	Diminue la priorité d'un processus déjà actif.
nohup	Empêche la mort d'un processus à la déconnexion.
at	Exécute des commandes en différé.
crontab	Demande l'exécution périodique de commandes.
batch	Met des commandes en file d'attente d'exécution.
jobs	Affiche la liste des travaux.
kill %n	Arrête le travail "n".
fg %n	Ramène le travail "n" en avant-plan.
bg %n	Met le travail "n" en arrière plan.
time	Permet de connaître le temps d'exécution d'une commande.

Les commandes Internet

ping	Teste l'accessibilité réseau.
telnet	Réalise une connexion à distance.
ftp	Echange des fichiers.
mail	Envoie un courrier électronique à un utilisateur.
talk	Dialogue en direct avec un utilisateur.
finger	Donne des informations sur un utilisateur.
lynx	Navigateur Web en mode texte (« freeware »).

Les commandes remote, ssh

rcp	Copie de fichiers distants.
rsh,	
rcmd,	
remsh	Exécution de commandes à distance.
rlogin	Connexion à distance.
rwho	Liste des utilisateurs connectés au réseau.
ssh	Remplace les commandes **rsh** et **rlogin**, les échanges sont sécurisés.
scp	Remplace la commande **rcp**, les échanges sont sécurisés.

Commandes diverses

exit	Met fin à une session.
passwd	Modifie son mot de passe.
echo	Affiche un message à l'écran.
bc	Calculatrice.
expr	Calcule des expressions.
sleep	Temporisation.
wait	Attend la fin des tâches d'arrière-plan.
stty	Configure le terminal.
tabs	Positionne les tabulations.
banner	Affiche une bannière.
calendar	Affiche l'agenda du jour.

alias	Crée le synonyme d'une commande.
unalias	Détruit un alias.
script	Mémorise l'historique de la session.
sh	Exécute un shell interactif ou un script.
export	Met une variable dans l'environnement.
unset	Détruit une variable, la retire de l'environnement.

ANNEXE B : Résumé des commandes

alias- Crée un alias, affiche les alias
(1) alias nom=commmande
(2) alias
Description
(1) Définit un alias.
(2) Affiche la liste des alias.
Exemple
$ alias dir='ls -lba'

at - Exécute une commande en différé
(1) at heure [date] [<fichier]
(2) at -l
(3) at -r job ...
Description
(1) Exécute les commandes venant de l'entrée standard ou du fichier, à l'instant choisi. Si les commandes ne sont pas redirigées, on récupère les résultats dans sa boîte aux lettres.
(2) Donne la liste des travaux.
(3) Détruit des travaux.
Exemples
$ cat > script1
cc   prog.c
^D
$ at 1030 < script1
job 78190518.a at Tue Oct 11 10:30:00 1994
$ at 2:30am Jan 24 < script1
job 78198520.a at Tue Jan 24 02:30:00 1995
$ at -r 78198520.a

awk - Langage qui traite du texte
awk [-f src_awk | '{ cmd_awk ... }'] [fichier...]
Description
La commande **awk** considère chaque ligne du fichier donné en argument ou l'entrée standard, comme un ensemble de champs ayant pour séparateurs des espaces ou des tabulations. Chaque champ est référencé par « $ » et le numéro du champ, $1 représente le premier champ et $0 la ligne complète. On donne en argument un programme AWK, qui est exécuté pour chaque ligne du fichier de données.
Option
-f src_awk   Le programme AWK.
Exemples
$ date

Tue Nov 28 17:00:14 PST 1989

$ date | awk '{ print $4 $3 $2 $6}'

17:01:3228Nov1989

$ date | awk '{ print $4, $3, $2, $6}'

17:01:45 28 Nov 1989

$ date | awk '{ printf("il est : %s\n", $4) }'

il est : 17:03:14

banner - Imprime une bannière
banner texte
Description
Affiche sur la sortie standard le texte en gros caractères.
Exemple
$ banner stop

batch - Lance une commande en différé
batch [< fichier]
Description
La commande **batch** fonctionne comme la commande **at**. Les commandes sont exécutées dès que possible.
Exemple
$ batch < script1
job 78198521.b at Tue Oct 11 10:30:00 1994

bc - Calculatrice
bc [-l]
Description
Exécute une calculatrice qui lit les opérations sur l'entrée standard.
Option
-l   Utilise la bibliothèque mathématique et gère les calculs en réel.
Exemple
$ bc
12+34
46
sqrt(64)
8
quit
$

bg - Met un travail en arrière-plan
bg %n
Description
Met le travail « n » en arrière-plan (cf. **jobs**).

cal - Affiche le calendrier
cal [mois[année]]
Description
Affiche le calendrier du mois indiqué, ou par défaut du mois courant.
Exemple
$ cal 8 1996

calendar - **Consulte son agenda**
calendar
Description
Affiche les lignes du fichier ~/calendar qui concernent les rendez-vous du jour ou du lendemain.
Exemple
$ cat > calendar
5/3   Présentation d'UNIX
5/8   Déjeuner avec louise à 10:30
^D
$ calendar   # nous sommes le 5/3
5/3   Présentation d'UNIX

cancel - **Annule une requête d'impression**
cancel requête
Description
Annule la requête d'impression.
Exemple
$ lp /etc/passwd /etc/group
request id is imp-918 (1 file)
$ cancel imp-918

cat - **Concatène et affiche**
cat [Options] fichier ...
Description
Affiche et concatène les contenus de fichiers sur la sortie standard.
Option
-v   Affiche en octal les caractères non imprimables.
Exemple
$ cat /etc/group /etc/passwd > grosfic

cd - **Change de répertoire**
cd [répertoire]
Description
Le répertoire, ou par défaut le répertoire de connexion, devient le répertoire de travail.
Exemple
$ cd /etc

chgrp - **Change le groupe d'un fichier**
chgrp groupe   fichier ...
Description
Change le groupe des fichiers donnés en arguments.
Exemple
$ chgrp develop exo.c

chmod - **Modifie les droits d'accès d'un fichier**
chmod [-R] mode fichier ...
Mode
          qui op-code droits
qui: u,g,o,a : l'utilisateur, le groupe, les autres, tout le monde.
op-code: +,-,= : ajoute, enlève, attribue des droits.
droits: r,w,x,: lecture, écriture, exécution.
          Mode en octal :

400   droit de lecture pour le propriétaire
200   droit d'écriture pour le propriétaire
100   droit d'exécution pour le propriétaire
040   droit de lecture pour le groupe
020   droit d'écriture pour le groupe
010   droit d'exécution   pour le groupe
004   droit de lecture pour les autres
002   droit d'écriture pour les autres
001   droit d'exécution   pour les autres
Option
-R   Agit sur les arborescences indiquées.
Exemples
$ chmod ug+w exo.c
$ chmod   755   prg
$ chmod -R go-rwx ~

chown - **Change le propriétaire d'un fichier**
chown groupe   fichier ...
Description
Change le propriétaire des fichiers donnés en arguments. La commande est normalement réservée à root.
Exemple
$ chown pierre exo.c

cmp - **Compare deux fichiers**
cmp [-l] fichier1 fichier1
Description
Compare deux fichiers, octet par octet, et affiche les différences.
Option
-l   Affiche toutes les différences. Par défaut, cmp n'affiche que la première différence.
Exemple
$ cmp exo.c exobis.c
exo.c exobis.c differ: char 1, line 1

comm - **Compare deux fichiers**
comm [-123] fichier1 fichier2
Description
Compare deux fichiers ligne à ligne. L'impression est faite en 3 colonnes:
1   Lignes propres à fichier1.
2   Lignes propres à fichier2.
3   Lignes présentes dans fichier1 et fichier2.
Option
123   Supprime la colonne indiquée.

compress - **Compression de fichier**
(1) compress fichier ...
(2) uncompress fichier ...
Description
(1) Compresse un ensemble de fichiers.
(2) Décompresse un ensemble de fichiers.
Exemple
$ compress exo.c
$ uncompress exo.c.Z

cp - Copie de fichiers

(1) cp [Options] fichier1 fichier2
(2) cp [Options] fichier ...   répertoire
(3) cp -r répertoire1 répertoire2

Description

(1) Copie fichier1 dans fichier2.
(2) Copie un ensemble de fichiers dans un répertoire.
(3) Copie une arborescence dans un répertoire.

Options

-i   Demande confirmation de la destruction des fichiers cibles.
-p   Conserve les droits et la date de la dernière modification des fichiers sources.
-r   Copie d'une arborescence (récursive).

Exemple

$ cp exo.c exercice.c

cpio - Sauvegarde des fichiers

(1) cpio -o[option...]
(2) cpio -i[option...] [modèles]
(3) cpio -p[option...] chemin

Description

(1) Sauvegarde au format CPIO, dans un fichier archive écrit sur la sortie standard, des fichiers dont les noms sont lus sur l'entrée standard.
(2) Restaure des fichiers sauvegardés à partir d'un fichier archive lu sur l'entrée standard et qui est au format CPIO. Si on ne précise pas de modèle, tous les fichiers sont restaurés. Les modèles indiquent les fichiers à restaurer, on peut utiliser les jockers (ils doivent être « quotés »).
(3) Cette dernière forme permet de copier un ensemble de fichiers d'un répertoire vers un autre.

Options valables pour les syntaxes (1) et (2).

-c   En-têtes ASCII.
-B   Utilise des blocs de 5120 octets.
-v   (verbose) Affiche le nom des fichiers.

Options valables pour la syntaxe (2) : restauration.

-t   Ne restaure pas, affiche le contenu.
-d   Création des répertoires si besoin.
-m   On garde la date de dernière modification.
-u   Restauration inconditionnelle.

Exemples

$ find ~ -print | cpio -ocvB > /dev/rmt0
$ cpio -itcv < /dev/rmt0
$ cpio -icvdumB < /dev/rmt0
$ find . -print | cpio -pdmv /tftboot/prog

crontab - Active des travaux périodiques

crontab [Options] [fichier]

Description

Permet à un utilisateur autorisé de soumettre une requête d'exécution de travaux périodiques. Cette requête est le fichier donné en argument. Il renferme les commandes qui doivent être exécutées et leur périodicité. C'est le démon **cron** qui exécute chacune des commandes.

Options

-l   Affiche le crontab actif.
-r   Supprime le fichier crontab.

crypt - Crypte un fichier

crypt motdepasse

Description

Crypte ou décrypte le fichier lu sur l'entrée standard.

Exemple

$ crypt patblanc < exo.c > exo.cry

csplit - Découpe un fichier

csplit [Options] fichier argument ...

Description

Découpe un fichier en plusieurs petits fichiers en fonction d'une taille ou d'une expression.

Exemple

$ csplit exo.c '/^Fonction/'
$ ls
exo.c   xx00   xx01   xx02

cut - Affiche une partie des lignes d'un fichier

(1) cut -c<liste> [fichier ...]
(2) cut -f<liste> [-d<c>] [-s] [fichier ...]

Description

Sélectionne des colonnes ou des champs d'un fichier.

Options

-c<liste>   Sélectionne les colonnes indiquées par la liste (ex: 1,2,5).
-f<liste>   Sélectionne les champs.
-d<c>   Le caractère c est le séparateur de champs.
-s   N'affiche pas les lignes sans séparateurs.

Exemple

$ cut -f5-7 -d: /etc/passwd

date - Affiche la date et l'heure

date [-u] [+format]

Description

Affiche la date et l'heure locales. L'argument format sert à extraire des parties de la date et de l'heure.

Option

-u   Affiche les valeurs en heure GMT.

Codes formats

%m   Numéro du mois
%d   Jour du mois
%H   Heure (de 0 à 24)
%M   Minutes
%S   Secondes
%y   Les deux derniers chiffres de l'année
%Y   Année
%b   Le nom du mois
%a   Le jour de la semaine

Exemples

$ date
Tue Oct 11 17:01:48 EDT 1994
$ date '+DATE:%d-%m-%Y'
DATE:11-10-1994

***dd* - Copie bloc à bloc**
dd [argument ...]
Description
Copie un fichier bloc à bloc et réalise des conversions.
Arguments
if=fichier   Le fichier à copier, par défaut l'entrée standard.
of=fichier   Le résultat de la copie, par défaut la sortie standard.
bs=n[k|b|w]   La taille des blocs d'E/S, par défaut exprimée en octets.
           k   kilo-octets
           b   bloc (512 octets)
           w   mot (2 octets)
ibs=n   La taille des blocs en entrée.
obs=n   La taille des blocs en sortie.
skip=n   Saut des n premiers blocs en entrée.
seek=n   Saut des n premiers blocs en sortie.
count=n   Copie de n blocs.
conv=ascii   Conversion EBCDIC en ASCII.
conv=ebcdicConversion ASCII en EBCDIC.
cbs=n   Conversion de cartes en lignes.
conv=lcase   Conversion majuscule en minuscule.
conv=ucase   Conversion de minuscule en majuscule.
conv=swab   Echange les octets dans un mot.
conv=sync   Remplit chaque bloc d'entrée pour avoir ibs octets.
Exemples
$ dd if=/dev/fd0 of=/tmp/floppy

$ find . -print | cpio -o | compress | dd of=/dev/rmt0 bs=5k

***df* - Affiche l'espace disque libre**
df
Description
La commande **df** donne la liste des systèmes de fichiers actuellement montés, et l'espace disque disponible.
Exemple
$ df
Filesystem kbytes used avail capacity Mounted on
/dev/hd0   15671 10442 3652   74%   /
/dev/hd1   94743 83367 1902   98%   /usr

***diff* - Différences entre deux fichiers**
diff fichier1 fichier2
Description
Recherche les lignes différentes de deux fichiers.
Option
-e   Génère un script **ed** qui permet de créer fichier2 à partir de fichier1.
Exemple
$ diff   exo.c   exercice.c

***du* - Occupation d'un disque**
du [Options] [répertoire...]
Description
Donne l'occupation d'un disque.
Options
-s   Donne le nombre total de blocs pour tous les fichiers.
-k   Affiche les tailles en kilo-octets.
-a   Donne la taille en blocs pour chaque fichier.
Exemple
$ du -s /home/pierre/prog

***echo* - Affiche un message**
echo argument ...
Description
Ecrit les arguments sur la sortie standard.
Exemple
$ echo attention à la déconnexion
attention à la déconnexion

***ed* - Edite un fichier**
ed fichier
Description
ed est un éditeur ligne, dont les commandes sont utilisées dans **vi**, **sed** et **diff**.
Commandes
s/ch1/ch2/   Substitue la première occurence de la chaîne ch1 en ch2 dans la ligne courante.
s/ch1/ch2/g   Substitue toutes les occurences de la chaîne ch1 en ch2 dans la ligne courante.
1,$s/ch1/ch2/g   Substitue la chaîne ch1 en ch2 partout dans le fichier.
r <fic>   Insère le fichier fic après la ligne courante.
d   Détruit la ligne courante.
p   Affiche la ligne courante.
g/ch/<cmd>   Exécute la commande cmd pour toutes les lignes qui contiennent la chaîne ch.

***env* - Affiche l'environnement**

***exit* - Met fin à une session**

***export* - Met une variable dans l'environnement**
export variable
Description
Met une variable dans l'environnement. Cette variable est ensuite accessible par les applications exécutées ultérieurement.
Exemple
$ EDITOR=/usr/bin/vi
$ export EDITOR

expr - Calcule des expressions

expr arg opé arg

Description

Calcule des expressions.

Opérateurs

+, -, *, /, % (Modulo)

Exemple

$ expr 3 + 5

8

fg - Met un travail en avant- plan

fg %n

Description

Met le travail « n » en avant plan (cf. **jobs**).

file - Détermine le type d'un fichier

file fichier ...

Description

Indique le type du fichier (ASCII, commande, source C, exécutable, etc...).

Le mot clef "text" indique que le fichier est ASCII.

Exemple

$ file *

a.out: ELF 32-bit LSB executable 80386

exo.c: C program text

fic: ascii text

find - Recherche de fichier

find répertoire ... condition ...

Conditions

-name fichier	Vrai si fichier a le nom indiqué.
-perm droits	Vrai si les droits correspondent.
-type x	Vrai si le type (b,c,d,f) correspond.
-links n	Vrai si le fichier a exactement 'n' liens.
-user nom	Vrai si le nom de l'utilisateur correspond.
-group nom	Vrai si le nom du groupe correspond.
-size n	Vrai si le fichier a une taille de n blocs.
-atime n	Vrai si le dernier accès remonte à n jours.
-mtime n	Vrai si la dernière modification remonte à n jours.
-ctime n	Vrai si la date de création remonte à n jours.
-print	Affiche le nom du fichier.
-exec cmd {} \;	Exécute la commande cmd.
-ok {} \;	Exécute avec demande de confirmation.

Exemple

$ find /home -name '*.c' -print

finger - Affiche des informations sur les utilisateurs

fold - Replie les lignes d'un fichier

fold [Options] [fichier ...]

Description

Affiche les lignes d'un fichier sur plusieurs lignes au delà de la taille maximale d'une ligne qui est spécifiée par l'option w.

Option

-w <larg>   Fixe la largueur maximale d'une ligne à larg caractères, 80 par défaut.

ftp - Transfert des fichiers

ftp hôte

Description

FTP est un service TCP/IP qui permet le transfert de fichiers. On donne en argument le nom de l'ordinateur hôte abritant le serveur ftp.

Commandes

get	Rapatrie un fichier stocké sur le serveur.
put	Envoie un fichier vers le serveur.
del	Détruit un fichier sur le serveur.
ascii	Active le mode de transfert ASCII.
binary	Active le mode de transfert binaire.
cd	Change de répertoire sur le serveur.
lcd	Change de répertoire en local.
ls, dir	Liste le contenu du répertoire courant du serveur.
pwd	Affiche le répertoire courant du serveur.
help	Affiche les commandes, donne un résumez d'une commande
hash	Affiche un « # » pour chaque bloc transféré.
quit	Termine une session ftp.
!cmd	Active une commande locale exécuté par le shell.

grep - Recherche une chaîne dans un fichier(s)

grep [Options] chaîne fichier ...

Description

Affiche les lignes qui contiennent la chaîne donnée en argument.

Options

-v	Affiche toutes les lignes qui ne correspondent pas.
-c	Compte le nombre de lignes qui correspondent.
-n	Affiche les numéros et les lignes qui correspondent.
-i	Ignore les différences majuscules, minuscules.
-l	Affiche les nom de fichiers contenant la chaîne.

Exemple

$ grep static exo.c exobis.c

gzip - Compression de fichier

(1) gzip [option] fichier ...

(2) gunzip fichier ...

Description

(1) Compresse un ensemble de fichiers.

(2) Décompresse un ensemble de fichiers.

Option

-d   Décompresse

Exemple

$ gzip exo.c

$ gunzip exo.c.gz # ou gzip -d exo.c.gz

head - **Affiche le début d'un fichier**
head [-n] fichier ...

id - **Affiche l'identité et le groupe courant**

jobs - **Affiche la liste des travaux**
jobs
Description
Affiche la liste des travaux d'avant-plan, d'arrière-plan et suspendus par le caractère CTRL-Z.
Exemple
$ jobs
[2] + Running sleep 300 &
[1] - Stopped find / -name fic -print

kill - **Envoie un signal à une tâche**
kill [-sig] tâche ...
Description
Envoie le signal sig aux tâches indiquées, par défaut envoie le signal TERM.
Une tâche est désignée par son PID ou le numéro de jobs associé (%n) (cf. **jobs**).
Exemples
$ ps
  PID   TTY   TIME COMMAND
   54 tty01   0:03 sh
 4505 tty01   0:00 sleep
 4509 tty01   0:01 ps
$ kill 4505
$ kill -TERM 54
$ kill -9 54

ln - **Crée un nouveau lien**
ln [Options] fichier1 fichier2
Description
Crée un lien fichier2 sur fichier1. Par défaut le lien est codé en dur. L'option -s crée un lien symbolique.
Exemple
$ ln -s /local/prog ~

logname - **Affiche nom de connexion**

lp - **Imprime un fichier**
lp [Options] [fichier...]
Description
Met le fichier en attente d'impression. **lp** renvoie un numéro de requête, qui peut être utilisé dans la commande **cancel**.
Options
-r   Détruit le fichier après impression.
-c   Fait une copie du fichier pour le mettre dans la queue.
-m   Envoie un message (par **mail**) en fin d'impression.
-w   Envoie un message (par **write**) en fin d'impression.
-d<dest>   Envoie l'impression sur dest.
-n<nb> Impression en nb copies.

Exemples
$ who | pr | lp
request id is imp-258 (standard input)
$ lp -dd500 /etc/passwd /etc/group
request id is d500-259 (2 file)

lpstat - **Liste les requêtes d'impression**
lpstat [Options]
Description
Affiche les requêtes en attente d'impression, par défaut les siennes. Permet également de connaître les imprimantes et l'état du service.
Option
-t   Affiche toutes les informations.
Exemple
$ lpstat
hpII_918   pierre   653   Jun 24 09:52
deskjet-919   pierre   893   Jun 24 09:55

ls - **Liste les caractéristiques des fichiers**
ls [Options] [(fichier|répertoire)...]
Description
Affiche le contenu des répertoires donnés en argument, par défaut du répertoire courant. Les options indiquent les attributs à afficher.
Options
-1   Affiche les entrées sur une colonne.
-l   Affiche les principaux attributs, dont les droits.
-a   Affiche toutes les entrées.
-C   Affiche les noms sur plusieurs colonnes.
-t   Entrées triées par date de dernière modification.
-c   Entrées triées par date de création.
-u   Entrées triées par date dernier accès.
-r   Inverse l'ordre du tri.
-s   Affiche la taille en bloc.
-b   Affiche le nom des fichiers, les caractères non imprimables sont exprimés en octal.
-d   Affiche les attributs des répertoires, non leur contenu.
-L   Suit les liens symboliques.
-R   Affiche le contenu des arborescences dont on a donné les chemins.
-p   Affiche un « / » après chaque nom de répertoire.
-F   Identique à -p, mais en plus place un * sur chaque fichier exécutable.
-i   Affiche les numéros d'inode.
Exemple
$ ls -lab
$ alias l='ls -lab'
$ l # équivalent à ls -lab

mail - **Envoie ou reçoit du courrier**
(1) mail [Options] [utilisateur[@hôte] ...]
(2) mail [Options]
Description
(1) Envoyer du courrier.
(2) Lire son courrier.
Option
-f <fic> Lit les messages à partir du fichier fic.

Sous commandes

?	Aide en ligne.
\<n\>	Affiche le message "n".
h	Affiche la liste des messages.
p	Affiche le message courant.
-	Affiche le message précédent.
\<NL\>	Affiche le message suivant.
d	Détruit le message courant.
s \<fic\>	Sauve le message dans fic.
x	Quitte **mail** (messages intacts).
q	Quitte **mail** (exécute "d" et "s").

Exemple
```
$  mail   pierre  paul  < exo.c
$  mail
```

man - Affiche le manuel
(1) man [section] chapitre
(2) man -k mot_clef

Sections

1	Les commandes.
2	Les appels système.
3	La bibliothèque C.
4	Le format des fichiers.
5	Divers.
6	Les jeux.
7	Les fichiers spéciaux.

Description
(1) Affiche les pages du manuel de la rubrique de la section spécifié, par défaut la première section trouvée.
(2) Affiche la liste des rubriques en relation avec le mot clef donné en paramètre.

Solaris
Le système Solaris impose l'option -s pour introduire une section.

Exemples
```
$  man  cal
$  man  4  passwd  # Solaris: man -s4 passwd
$  man  -k  password
```

mesg - Autorise ou non les messages
mesg [-n|-y]

Description
Autorise ou non la réception de messages sur le terminal (par la commande **write** ou **talk**).

Exemple
```
$  mesg  -n
```

mkdir - Création d'un répertoire
mkdir [-p] répertoire ...

Description
Crée un répertoire

Option

-p	Crée récursivement les répertoires intermédiaires.

Exemple
```
$  mkdir  prog
```

more - Visualise un fichier par page
more [fichier ...]

Description

Visualise un fichier page par page

Sous commandes

? ou h	Affiche l'aide en ligne.
\<NL\>	Affiche la ligne suivante.
\<esp\>	Affiche la page suivante.
b	Affiche la page précédente.
q	abandon

Exemple
```
$  ls  -l  | more
$  more  exo.c
```

mv - Renomme ou transfère des fichiers
(1) mv [Options] fichier1 fichier2
(2) mv [Options] fichier ... répertoire

Description
(1) Renomme (ou transfère) fichier1 en fichier2.
(2) Transfère les fichiers dans le répertoire indiqué.

Option

-i	Demande de confirmation.
-f	Force la destruction des fichiers cibles.

Exemple
```
$  mv  exo.c  exercice.c
```

newgrp - Change le groupe courant
newgrp [groupe]

news - Lecture des nouvelles
news [Options]

Description
Cette commande affiche les fichiers se trouvant dans le répertoire /var/news. Par défaut, elle ne visualise que les fichiers qui n'ont pas encore été consultés.

Options

-a	Affiche tous les fichiers.
-n	Affiche le nom des fichiers.
-s	Affiche le nombre de fichiers non consultés.

Exemple
```
$  news  | pg
```

nice - Exécute une commande avec une faible priorité
nice [-priorité] commande

Exemple
```
$  nice  -20  cc  prog.c  &
```

nl - Numérote les lignes d'un fichier
nl [Options] fichier ...

Options

-b\<t\>		Indique les lignes à traiter :
	a	Toutes les lignes.
	t	Les lignes affichables.
-s\<s\>		Sépare le n° de la ligne par s.

Exemple
```
$  nl  -ba  exo.c
```

nohup - Rend une tâche insensible à la déconnexion
nohup commande

Exemple
```
$  nohup  cc  prog.c  &
$  exit   # la compilation continuera
```

od - Visualise un fichier en octal

od [Options] [fichier ...]

Options

-b   Octets en octal.

-o   Mots en octal (par défaut).

-c   Octets en caractère.

-x   Mots en hexadécimal.

Exemple

$ od -cx a.out | pg

pack - Compression de fichier

(1) pack fichier ...

(2) unpack fichier ...

Description

(1) Compresse un fichier.

(2) Décompresse un fichier.

Exemple

$ pack exo.c

$ unpack exo.c.z

passwd - Change le mot de passe

passwd

Description

Modifie le mot de passe de connexion.

Exemple

$ passwd

Old password:

New password:

Re-Enter new password:

paste - Fusionne des fichiers par ligne

paste [Options] fichier ...

Description

Concatène les fichiers horizontalement : chaque fichier est considéré comme une colonne. Les colonnes sont séparées par des tabulations.

Options

-d<c>   Les colonnes sont séparées par c.

-         L'entrée standard.

Exemple

$ ls | paste -d" " - # fichiers sur 1 colonne

pax - Sauvegarde un fichier

(1) pax -w [Options] [(fichier|répertoire)...]

(2) pax   [Options]

(3) pax -r [Options] [fichier...]

(4) pax -rw rép1 rép2

Description

(1) Sauvegarde un ensemble de fichiers ou d'arborescences. Par défaut les noms des fichiers à sauvegarder sont lus sur l'entrée standard.

(2) Liste le contenu d'une archive.

(3) Restaure les fichiers d'une archive, par défaut la totalité des fichiers.

(4) Copie l'arborescence rép1 dans le répertoire rép2.

Options

-v   ("verbose") Une ligne sera affichée pour chaque fichier sauvé/restauré.

-f <sup>   Le fichier sup est le support d'archive, par défaut, les entrées/sorties standards.

Exemples

$ pax -w -f /dev/rmt0 ~

$ pax -f /dev/fd0

$ pax -r -f /dev/fd0

$ find . -print | pax -w > /dev/rmt0

$ pax -rv < /dev/rmt0

$ pax -rw /home/pierre /home/cathy

pg - Visualise un fichier par page

pg [fichier ...]

Description

Visualise un fichier page par page

Sous commandes

<Entrée>   Affiche la page suivante.

+[<n>]   Avance de <n> pages, 1 par défaut, et affiche la page courante.

-[<n>]   Recule de <n> pages, 1 par défaut, et affiche la page courante.

<n>   Va à la page niméro <n> et l'affiche. La première page a le numéro 1 et la dernière le numéro $.

l   Avance d'une ligne.

/Chaîne/   Recherche en avant la première page qui contient la chaîne et l'affiche.

h   Affiche l'aide en ligne de pg.

q   Met fin à l'exécution de la commande pg.

Exemple

$ ls -l | pg

$ pg exo.c

ping - Teste l'accéssiblité réseau

ping hôte

pr - Affiche un fichier avec présentation

pr [Options] [fichier...]

Description

Affiche un fichier avec présentation : pagination, entête sur chaque page mentionnant le nom du fichier, la date et l'heure. **pr** permet également un affichage multi-colonne.

Options

-s   Les lignes ne sont pas tronquées.

-<n>   Impression sur "n" colonnes.

+<p>   Le numéro de la première page est "p".

-m   Imprime les fichiers, un par colonne.

-n   Affiche le numéro de ligne

-d   Espacement double.

-l<l>   fixe la longueur d'une page à "l" lignes.

-t   Supprime la présentation.

-h <txt>   L'argument txt devient le texte de l'entête.

Exemples

$ ls -l | pr | lp

$ pr -2t exo.c

$ pr -n exo.c | lp

$ fold exo.c | pr | lp

ps - Affiche l'état des tâches

ps [Options]

Description

Affiche les caractéristiques des tâches actives, par défaut celles contrôlées par le terminal.

Options

-a   Montre tous les processus contrôlés par un
      terminal.
-e   Montre tous les processus.
-l   Affiche les attributs des processus.
-f   Affiche les attributs et notamment les arguments
      de la ligne de commande.
-u user   Affiche tous les processus appartenant à
           l'utilisateur user.
-c   Affiche les informations concernant
      l'ordonnancement.

Exemple

```
$ ps
   PID   TTY     TIME COMMAND
    54   tty01   0:03  sh
  4505   tty01   0:00  sleep
  4509   tty01   0:01  ps
```

pwd - Affiche le répertoire de travail

rcp - Copie de fichiers distants

rcp fichier1 fichier2
rcp [-r] fichier ... répertoire
        où fichier et répertoire peut-être précédé de
        « ordinateur: » ou de
        « utilisateur@ordinateur: »

Description

Copie des fichiers d'un système à l'autre.
L'utilisateur possède sur un système distant, les
même droits que l'utilisateur distant de même nom.

Option

-r   Copie d'arborescence.

Exemple

```
$ rcp venus:/etc/profile  /tmp
```

remsh - Exécution de commandes à distance

remsh [Option] hôte cmd

Description

Demande l'exécution de la commande cmd sur
l'ordinateur distant hôte.
L'utilisateur possède sur le système distant, les même
droits que l'utilisateur distant de même nom.

Option

-l <util>   Exécute la commande avec les droits de
             l'utilisateur distant util.

Exemple

```
$ remsh venus ps -ef
```

renice - Modifie la priorité d'une tâche

renice priorité [tâche ...]

Exemple

```
$ ps
   PID   TTY     TIME COMMAND
    54   tty01   0:03  sh
  4505   tty01   0:00  sleep
  4509   tty01   0:01  ps
$ renice 20  4505
4505: old priority 4, new priority 20
```

rlogin - Connexion à distance

rlogin [Option] hôte

Description

Permet de se connecter à distance avec le même nom
que l'utilisateur local. Si les ordinateurs sont en
relation de confiance, il n'y a pas besoin de mot de
passe.

Option

-l <util>   L'utilisateur se connecte sous le nom de
             compte util.

rm - Détruit un fichier

rm [Options] (fichier|répertoire)...

Options

-i   Demande confirmation pour chaque fichier.
-r   Destruction d'arborescence (récursive).
-f   Force la destruction des fichiers pour lesquels
      on ne possède par le droit d'écriture.

Exemple

```
$  rm  -i  *.c
$  rm  -rf  prog
```

rmdir - Supprime un répertoire

rmdir répertoire ...

Description

Supprime un répertoires(s), il(s) doit être vide.

Exemple

```
$  rmdir  prog
```

rwho - Liste des utilisateurs connectés au réseau

scp - Copie sécurisée de fichier

La commande **scp**, du paquetage SSH, remplace la
commande **rcp**. Sa syntaxe est identique. scp est
sécurisée, car elle crypte les échanges réseaux.

script - Copie la session

script [-a] [fichier]

Description

Enregistre la session dans un fichier, par défaut
typescript.

Option

-a   Ajout de la session au fichier.

sed - Editeur en mode flot

sed [-n] (-f fichier | prog_sed) [fichier ...]

Description

sed applique le programme SED à toutes les lignes de
tous les fichiers, à défaut l'entrée standard. Le
résultat est affiché sur la sortie standard. Le langage
SED reprend les commandes **ed** (cf. **ed**).

Option

-n   Ne recopie pas sur la sortie standard les
      lignes non modifiées.
-f <fic>   Le fichier fic contient le programme SED.

Exemples

```
$  sed 's/bonjour/salut/g' fic > ficbis
$  sed -n '4,9p' prog.c
```

sh - Interprète des commandes

sh [fichier]

Description

Lance l'exécution du script fichier et à défaut, un interprêteur de commandes en mode intéractif.

La commande set -o

ignoreeof	Interdit de se déconnecter par CTRL-D.
noclobber	Protège les fichiers des redirections
vi	Positionne le mode VI de rappel des commandes.

Les caractères d'échappement

'...'	Echappe tous les caractères.
"..."	Echappe tout sauf \,` et $.
\x	Echappe le caractère x.

Jockers

*	Une suite de caractères quelconques dans un nom de fichier.
?	Un caractère quelconque.
[...]	Un des caractères compris entre les [].

Redirections

cmd > fic	Redirige le résultat de la commande cmd dans le fichier fic.
cmd >| fic	Identique et ne tient pas compte de noclobber.
cmd >> fic	Redirige le résultat de la commande cmd à la fin du fichier fic.
cmd < fic	Redirige l'entrée de la commande fic avec le fichier fic.
cmd1 | cmd2	Redirige la sortie de lacommande cmd1 comme entrée de la commande cmd2.

Autres caractères spéciaux

<cmd>&	Exécue la commande cmd en arrière plan (« backgroud »).
~	Le répertoire de connexion.
$nom	La valeur de la variable nom.
`cmd`	Substitue la commande cmd par son résultat.

Commandes internes

alias, bg, cd, echo, exit, export, fg, jobs, kill %, newgrp, nice, nohup, set, time, umask, unalias, wait.

Le rappel des commandes (mode VI)

[esc]	Bascule dans le mode historique
k	Rappelle la commande précédente.
j	Rappelle la commande suivante (dans l'historique)
h,l	Déplacement à gauche et à droite.
x	Détruit le caractère courant.
i...[esc]	Insertion avant le curseur.
a...[esc]	Insertion après le curseur.
r	Remplace le caractère courant.

sleep - Temporisateur

sleep nsec

Description

Suspension de l'exécution pendant nsec secondes;

Exemple

$ sleep 300 ; exit

sort - Tri ou fusionne des fichiers

sort [-n] [-o<fichier>] [-frn] [-t<car>]   [+<pos1>] [-<pos2>]] [fichier ...]

Description

sort tri les lignes d'un fichier(s). On peut préciser les champs à prendre en compte comme critère de tri. Les champs sont séparés par un séparateur, par défaut espace et tabulation.

Options

-m	On ne fait que la fusion (les fichiers sont déjà triés)
-o<f>	Le résultat du tri est dans le fichier "f".
-f	On ignore la différence majuscules et minuscules.
-r	Tri inverse.
-n	Tri numérique et non lexicographique.
-b	Ignore les espaces en tête d'un champ.
-t<c>	Le caractère c est le séparateur de champ.
+<p>	Le critère de tri commence au champ "p" (les champs sont numérotés à partir de 0).
-<p>	Le reste de la ligne après le champ "p", n'est plus utilisé comme critère de tri.
-k p1[,p2]	Le critère de tri commence au champ p1 (les champs sont numérotés à partir de 1). Le reste de la ligne après le champ p2 n'est plus utilisé comme critère de tri.

Exemples

$ sort /etc/group
$ who | sort +1
$ sort -t: +2n -3 /etc/passwd

split - Découpe un fichier

split [-] [-<n>] [fichier] [nom]

Description

split découpe un gros fichier en plusieurs petits fichiers de 1000 lignes. Par défaut les fichiers se nomment xxa, xxb, xxc, ...

Options

-	L'entrée standard.
-<n>	Le nombre de lignes.
nom	Le préfixe des fichiers résultant.

Exemple

$ split -500 grosfic petit
$ ls
grosfic petita   petitb petitc

ssh - Connexion à distance, exécution distante

La commande **ssh** remplace les commandes **remsh** et **rlogin**. Sa syntaxe est d'ailleurs identique à ces commandes. Ssh est plus sécurisée, car elle crypte les échanges réseaux.

stty - Configure le terminal

set [-a] [paramètres_de_configuration]

Paramètres

<nb>	La vitesse en bauds.
cs<n>	Taille des caractères en bits.
line=n	Longueur de la ligne (0-127).
sane	Repositionne tous les paramètres aux valeurs par défaut.
-tabs	Remplace en sortie le caractère de tabulation par une suite d'espaces.
eof c	Indique le caractère de fin de fichier, par défaut ^D.

erase c   Indique le caractère d'effacement arrière, par défaut #.

intr c   Indique le caractère qui interrompt le programme en cours.

quit c   Indique le caractère qui provoque l'arrêt du programme en cours, avec création d'un fichier core, par défaut ^L.

susp c   Indique le caractère qui permet de basculer en mode contrôle, par défaut ^Z.

Option

-a   Affiche toute la configuration.

Exemples

```
$ stty
speed 19200 baud; evenp
erase = ^H
-inpck imaxbel -tabs
iextern crt
$ stty   intr '^C'
```

su - Change de compte utilisateur

su [-] [utilisateur]

Description

Change de compte utilisateur, par défaut on devient administrateur (root). Avec le tiret "-", le shell exécute le script de démarrage.

Exemples

```
$ su
Password:
sorry
$ su  -  pierre
Password:
$
```

sum - Calcule une checksum

sum [-r] fichier ...

Option

-r   Utilise un autre algorithme.

Exemple

```
$ sum exo.c
11796 1 exo.c
```

tabs - Positionne les tabulations

tail - Affiche la fin d'un fichier

tail [Options] [fichier]

Options

-\<n>b   On affiche les n derniers blocs.

+\<n>b   On saute n blocs.

-\<n>l   On affiche les n dernières lignes, par défaut les 10 dernières.

+\<n>l   On saute n lignes.

-\<n>c   On affiche les n derniers caractères.

+\<n>c   On saute n caractères.

-f   On suit la croissance du fichier, on utilise ^D pour mettre fin à la tâche.

Exemples

```
$ tail  -5l exo.c
$ sort calendar | tail +10l
```

talk - Dialogue en direct avec un utilisateur

talk util[@hôte]

Description

Permet un dialogue en direct entre deux utilisateurs ayant des comptes sur le même système ou sur des systèmes différent reliés en réseau. La commande talk affiche dans deux zones d'écran distinctes les messages reçus et envoyés.

tar - Sauvegarde de fichiers

tar clef [arg_positionnel ...] [fichier ...]

Description

tar sauvegarde ou restaure des fichiers. Les opérations effectuées sont précisées par des lettres qui composent la clef. Les fichiers à sauvegarder ou à restaurer sont indiqués en fin de la commande.

Caractères composant la clef

c   ("create") Création d'une nouvelle archive.

v   ("verbose") Une ligne sera affichée pour chaque fichier sauvé/restauré.

f   ("file") L'argument qui suit indique le support de l'archive (généralement un fichier périphérique).

t   ("table of content") Lecture du contenu de l'archive.

r   Les fichiers seront sauvegardés en fin d'archive.

u   ("update") Un fichier sera archivé en fin d'archive s'il a été modifié.

x   ("extrate") Restauration de fichiers. Par défaut, l'ensemble des fichiers de l'archive.

Options GNU

P   La commande conserve les chemins absolus.

w   La commande est interactive.

z   Compresse ou décompresse avec gzip.

Z   Compresse ou décompresse avec compress.

T   L'argument qui suit est un fichier qui contient la liste des fichiers à sauvegarder.
       Le fichier « - » correspond à l'entrée standard.

Exemples

```
$ tar  cvf  /dev/fd0  *.c
$ tar  cvf  /dev/rmt0  /home/pierre
$ tar  tvf  /dev/rmt0
$ tar  xvf  /dev/fd0  exo.c
$ tar  cvzPf /dev/fd0  *.c  # GNU
$ find  ~ | tar cvTf - /dev/fd0  # GNU
```

tee - Duplique l'entrée standard

tee [Options] fichier

Exemple

```
$ ls -lR / |  | tee /tmp/resu | more
```

telnet - Réalise une connexion à distance

telnet hôte

time - Affiche les temps d'exécution

time cmd

Description

Affiche les temps d'exécution de la commande cmd : « real » : le temps réel, « user »+ «sys » : le temps CPU, respectivement en mode utilisateur et en mode noyau.

Exemple
```
$ time cp /etc/termcap terminal
real  0m1.56s
user  0m0.08s
sys   0m0.66s
```

touch - Modifie la date des fichiers
touch fichier ...
Description
La date courante devient la date de dernière modification du fichier. Si le fichier n'existe pas, il est créé.
Exemple
```
$   touch  exo.c
```

tr - Modifie les caractères d'un fichier
(1) tr [Options] chaîne1 chaîne2
(2) tr -d chaîne
Description
(1) Le fichier lu sur l'entrée standard et affiché sur la sortie standard après que ses caractères soient transformés. Le ième caractère de chaîne1 est remplacé par le ième caractère de chaîne2.
(2) Les caractères de la chaîne sont supprimés.
Options
-c   Tous les caractères qui ne se trouvent pas dans la 1ère chaîne, sont remplacés par le dernier caractère de la 2ème chaîne.
-s   Remplace la répétition d'un caractère par un seul.
Exemple
```
$  tr  "[a-z]" "[A-Z]"  < fic > majuscule
$  tr  -d  "\012\015"  < fic
$  tr  -cs "[A-Z][a-z]" "[\012*]"  < fic
```

tty - Renvoie le nom du terminal

umask - Modifie les droits par défaut
umask [masque]
Description
Commande interne des shells qui donne ou modifie les droits par défauts des fichiers. Le masque octal donné en argument indique les droits retirés aux fichiers qui seront crées.
Exemple
```
$  umask
022
$  umask  077
```

unalias - Supprime un alias
unalias nom_alias

uname - Renvoie le nom du système
uname [Options]
Option
-a   Affiche toutes les caractéristiques du système.
-n   Affiche le nom réseau du système.
Exemples
```
$  uname -n
venus
```

```
$  uname -a
venus venus 4.0 3.0 i386 386/AT
```

uniq - Elimine les lignes identiques
uniq [-c]
Description
Affiche en un exemplaire les lignes identiques d'un fichier trié.
Options
-c   Affiche chaque ligne précédée du nombre occurrences.
Exemple
```
$  sort  fic  |  uniq
```

unset - Détruit une variable
unset [Options] nom ...
Description
La commande **unset** détruit une ou plusieurs variables. Si ces dernières font partie de l'environnement, elles en sont retirées.
Exemple
```
$  unset  PAGER
```

vi - Edite un fichier texte
vi [Options] fichier
Option
-R   Ouvre le fichier en lecture seule.
Commandes
←↓↑→   Déplacement dans les quatre directions.
0,$ Déplacement en début, fin de ligne.
^F,^B   Déplacement d'une page avant, arrière.
<n>G   Déplacement à la ligne n.
G   Déplacement à la dernière ligne.
i...[esc] Insertion avant le curseur.
a...[esc] Insertion après le curseur.
O...[esc] Insertion avant la ligne courante.
o...[esc] Insertion après la ligne courante.
x   Détruit le caractère courant.
dd   Détruit la ligne courante.
J   Joint la ligne courante et la ligne suivnte.
u   Annule la dernière commande.
r<x>   Remplace le caractère x.
R...[esc] Remplace un ensemble de caractères.
<n>yy Copie n lignes dans le tampon.
<n>dd Détruit n lignes et les place dans le tampon.
p   Copie le tampon après la ligne courante.
P   Copie le tampon avant la ligne courante.
:wq   Sauvegarde et quitte.
:w <fic> Sauvegarde dans le fichier fic.
:q!   Abandon.
:!<cmd> Exécute la commande cmd.

wait - Attend la terminaison des tâches de fond

wc - Compte les lignes, les mots
wc [-lwc] [fichier...]
Description
Compte les lignes, les mots et les caractères d'un fichier(s).

Options
-l   Affiche le nombre de lignes.
-w   Affiche le nombre de mots.
-c   Affiche le nombre de caractères.
Exemple
```
$  wc  exo.c
        8      103      566   exo.c
$  who  |  wc  -l
        5
```

who - Qui est connecté ?

(1) who
(2) who am i
Description
(1) Liste des utilisateurs connectés.
(2) Donne le nom et le terminal de connexion.
Exemple
```
$  who
pierre    console    Jul 29 15:50
cathy     tty02      Jul 29 05:29
```

write - Envoie un message

write utilisateur [tty]
Description
Envoie un message (lu sur l'entrée standard), sur le terminal d'un utilisateur.
Exemple
```
$   write  pierre
bonjour
salut
^D
```

xargs - Génère une commande et l'exécute

xargs [Options] argument ...

Description
xargs lance l'exécution de la commande indiquée par le 1er argument. Les arguments de la commande résultent des autres arguments et de la lecture de l'entrée standard.
Options
-l   La commande est exécutée pour chaque ligne de l'entrée standard.

Exemple
```
$  cat  >  liste
exo.c
exo2.c
^D
$  cat  liste  |  xargs  tar  c
```

zcat - Affiche un fichier compressé

zcat [Options] fichier ...
Description
La commande **zcat** affiche le contenu de fichiers compressés.
Exemple
```
$  zcat  /usr/share/man/man1/ls.1.gz
```

zip - Compresse des fichiers

(1) zip [Options] fichier ...
(2) unzip fichier ...
Description
(1) Compresse des fichiers.
(2) Décompresse des fichiers.
La commande est compatible avec l'outil PKZIP disponible sous MSDOS.
Exemple
```
$  unzip  archive.exe
```

ANNEXE C : Le shell POSIX

Fonction

sh - Appelle le shell standard (shell POSIX).

Syntaxe

sh [-aCefinuvx] [script [arg ...]]
sh -c [-aCefinuvx] [cmd [arg ...]]
sh -s [-aCefinuvx] [arg ...]

-a,-C,-e,-f,-n,-u,-v,-x
                Voir la description de la commande interne **set**.
script   Le script exécuté par le shell.
-c   Le shell exécute la commande **cmd**.
-i   Shell interactif.
-s   Lit les commandes à partir de l'entrée standard.

La commande interne set

set [-aCefnuvx] [arg ...]
set [+aCefnuvx] [arg ...]
set -- [arg ...]

-a   Les variables sont exportées.
-C   Empêche la redirection > de détruire les fichiers.
-e   Sort du shell si la commande se termine en erreur.
-f   Désactive la substitution de nom de fichier.
-n   Lit les commandes sans les exécuter.
-u   Traite les paramètres non définis en tant qu'erreurs.
-v   Mode verbose.
-x   Trace les commandes.
--   Débute la liste d'arguments, même si le premier argument commence par « + » ou « - ».

Remplacer le signe - par + désactive l'option.

Le groupement de commandes

! cmd   Inverse le code retour.
cmd1 newline cmd2
cmd1 ; cmd2
cmd1 | cmd2
cmd &
cmd1 || cmd2
cmd1 && cmd2
(Liste)
{ Liste; }

Les structures de contrôles

if Liste ;then Liste [elif Liste ;then Liste] ... [;else Liste] ;fi
for Identificateur [in Mot ...] ;do Liste ;done
while Liste ;do Liste ;done
until Liste ;do Liste ;done
case Mot in [[( ] Forme [| Forme] ...) Liste ;;] ... esac

Les commentaires

....<New Line>

Les fonctions

Identificateur () {Liste ;}

Substitution de répertoires

~   Le répertoire de connexion.
~jean   Le répertoire de connexion de jean.

Les caractères de protection (d'échappement)

\   Annule la signification du caractère suivant.
'...'   Annule tous les caractères.
"..."   Annule tous les caractères, sauf `, \, et $.

Remplacement de noms de fichiers

*   Correspond à une chaîne quelconque, même vide.
?   Correspond à un caractère quelconque.
[[domaine]...]   Un des caractères du domaine.
[![domaine]...] Aucun des caractères du domaine.

Substitution de commandes

`commande` ou $(commande)

Les redirections

[n]<mot   Redirection de l'entrée standard.
[n]>mot   Redirection de la sortie standard.
[n]>| mot   Idem, mais ne tient pas compte de noclobber.
[n]>> mot   Redirection de la sortie standard en ajout à mot.
[n]<> mot   Mot devient l'entrée et la sortie standard.
[n]<<[-] ch L'entrée du shell est lue jusqu'à la ligne correspondant à ch. Si - est ajouté

            à <<, les tabulations de début sont supprimées.
[n]<&m   L'entrée standard est dupliquée dans le descripteur m.
[n]>&m   La sortie standard est dupliquée dans le descripteur m.
[n]<&-   L'entrée standard est fermée.
[n]>&-   La sortie standard est fermée.

Dans toutes les redirections qui précèdent, n représente le descripteur du fichier redirigé. Par défaut les redirections portent sur l'entrée ou la sortie standard. Mot représente un fichier ou bien un descripteur dans le cas où mot est numérique.

Les expressions de variables

$nom   La valeur de la variable.
${nom}   Idem.
${nom[:]-mot}   Mot si nulle ou non définie.
${nom[:]=mot}   Affecte mot si nulle ou non définie.
${nom[:]?mot}   Affiche mot et exit si non définie.
${nom[:]+mot}   Mot si non nulle.
${#nom}   La longueur de la variable.
${nom#modèle}   Supprime le petit modèle à gauche.
${nom##modèle} Supprime le grand modèle à gauche.
${nom%modèle}   Supprime le petit modèle à droite.
${nom%%modèle} Supprime le grand modèle à droite.

Les variables internes du shell

$0	Nom du script.
$1-$9	Paramètres du shell (1 à 9).
$*	Tous les paramètres.
$@	Idem (mais "$@" eq. à "$1" "$2"...).
$#	Nombre de paramètres.
$-	Options du shell.
$?	Code retour de la dernière commande.
$$	PID du shell.
$!	PID du dernier processus shell lancé en arrière-plan.

Les variables - les variables prédéfinies

HOME	Le répertoire de connexion.
LANG	Spécifie la langue, et donc spécifie les valeurs par défaut des variables LC_... .
LC_ALL	Interagit avec les autres variables LC (*cf. le manuel*).
LC_COLLATE	Interagit dans les comparaisons de chaînes (*cf. le manuel*).
LC_CTYPE	Détermine l'interprétation d'une suite d'octets comme caractères.
LC_MESSAGES	Indique la langue utilisée pour les messages.
IFS	Séparateur de champs.
PATH	Chemin de recherche des commandes.

Les expressions arithmétiques

$((expression))

Opérateurs unaires
-    moins
!　非 non
~   complément à un

Opérateurs binaires
*   multiplication
/   division entière
%   modulo
+   addition
-   soustraction
<< décalage à gauche
>> décalage à droite
<   inférieur à
<= inférieur ou égal à
>   supérieur à
>= supérieur ou égal à
== égal à
!= différent
&   et binaire
^   ou binaire exclusif
| ou binaire
&& et logique
|| ou logique
=   affectation
op= exp = exp op exp
*= /= %= ~= <<= >>= &= ^= |=

Les commandes internes

: [Arg ...]	Etend les arguments, retourne vrai.
. Fichier [Arg...]	Le shell courant exécute le fichier.
break [n]	Sort de n niveaux de boucle.
continue [n]	Passe à l'itération suivante, n indique le nombre d'imbrications.
eval [Arg ...]	Les arguments sont lus comme entrée du shell et ensuite exécutés.
exec [Arg ...]	La commande donnée en argument se substitue au shell.
exit [n]	Provoque la sortie du shell avec l'état de sortie n.
export [Nom[=Valeur]] ...	
export –p	
	Les noms spécifiés sont exportés, l'option -p permet de lister les variables exportées.
readonly [Nom[=Valeur]] ...	
readonly –p	
	Les noms sont marqués en lecture seule, l'option -p liste ces variables.
return [n]	Retour d'une fonction shell, avec le code n.
set	(*cf. début du chapitre*)
shift [n]	Décale les paramètres.
trap [[Commande] [Signal ...]]	
	Lit et exécute la commande spécifiée lorsque le shell reçoit le ou les signaux spécifiés.
unset [-fv] Nom ...	
	-v Les variables spécifiées sont supprimées (par défaut).
	-f Les fonctions sont supprimées.

ANNEXE D : Le shell bash

Le shell bash est un logiciel libre développé par la « *Free Software Foundation* ». Il est couvert par la licence GPL, et c'est le shell standard du système Linux. Le bash, comme le Korn shell, dérive du shell Bourne dont il tire son nom « Bourne Again Shell ». Le bash est compatible avec le shell POSIX sh et il est d'ailleurs fréquemment lancé sous ce nom. Le bash intègre la majorité des fonctionnalités du Korn shell.

Principales différences du bash par rapport au Korn shell (éléments manquants)
- Pas de « tracked aliases ».
- Absence des variables suivantes : ERRNO, FPATH, COLUMNS, LINES, EDITOR, VISUAL.
- Pas de coprocessus (|&, >&p, <&p).
- Absence des commandes internes suivantes : **alias –x**, **newgrp**, **print**, **set –A**, **whence**.

Fonction

bash - Appelle le Bourne Again Shell.

Syntaxe

bash [option...] [script...]

script	Le script exécuté par le shell.
-c cmd	Le shell exécute la commande **cmd**.
-i	Shell interactif.
-s	Lit les commandes à partir de l'entrée standard.

*Voir la commande **set** pour les autres options d'une seule lettre.*

-norc	Ne lit pas le fichier ~/.bashrc.
-rcfile Fichier	
	Spécifie le fichier de remplacement de ~/.bashrc.
-noprofile	Ne lit pas les fichiers de démarrage.
-version	Affiche la version du shell.
-login	Exécute le shell comme un shell de connexion.
-nobraceexpansion	
	Ne réalise pas l'expansion des accolades (*cf. Expansion des {}*).
-nolineediting	
	N'utilise pas la bibliothèque GNU pour la lecture de commande.
-posix	Le shell se conforme au standard POSIX 2.

La commande interne set

-a	Les variables sont exportées.
-b	Les comptes rendus des travaux en arrière-plan sont donnés immédiatement.
-d	Désactive la recherche des commandes en mémoire (table de Hash).
-e	Sort du shell si la commande se termine en erreur.
-f	Désactive la substitution de nom de fichier.
-h	Mémorise les fonctions.
-k	Met dans l'environnement d'une commande chaque variable affectée dans la ligne de commande.
-m	Les travaux en arrière-plan sont exécutés dans un groupe de processus distinct.
-n	Lit les commandes sans les exécuter.
-o	(*cf. paragraphe suivant*).
-p	Mode privilégié. Les fichiers $ENV et $BASH_ENV ne sont pas exécutés, les fonctions ne sont pas héritées.
-t	Sort après l'exécution d'une commande.

-u Traite les paramètres non définis en tant qu'erreurs.
-v Mode « verbose ».
-x Trace les commandes.
-C Equivalent au drapeau « noclobber ».
-H Active l'utilisation de l'historique des commandes de style C-Shell (!!, ...).
-P Utilise les répertoires physiques au lieu des liens symboliques correspondants.
-   Désactive les options « -x » et « -v ». Signale la fin des options.
-- Débute la liste d'arguments, même si le premier argument commence par « + » ou « -».

Il faut remplacer le signe - par + pour désactiver l'option.

La commande set -o

allexport   Equivalent à -a.
braceexpand
               Réalise les substitutions des accolades (par défaut).
errexit   Equivalent à -e.
emacs   Utilise l'éditeur emacs pour l'édition des commandes (par défaut).
histexpand   Equivalent à –H.
ignoreeof   Ignore la fin de fichier.
interactive-comments
               Le # débute un commentaire, y compris dans un shell interactif.
monitor   Equivalent à -m.
noclobber   Empêche la redirection > de détruire les fichiers.
noexec   Equivalent à -n.
noglob   Equivalent à -f.
nohash   Equivalent à –f.
notify   Equivalent à –d.
nounset   Equivalent à -u.
physical   Equivalent à –P.
posix   Respect du standard POSIX 2.
privileged   Equivalent à -p.
verbose   Equivalent à -v.
vi   Active l'édition vi des commandes.
xtrace   Equivalent à –x.

*La commande **set –o** affiche l'état de toutes les options.*
Il faut remplacer -o par +o pour désactiver l'option.

Les commentaires

....<New Line>

Le groupement de commandes

! cmd   Inverse le code retour.
cmd1 newline cmd2
cmd1 ; cmd2
cmd1 | cmd2
cmd &
cmd1 || cmd2
cmd1 && cmd2
(Liste)
{ Liste; }

Les structures de contrôle

if Liste ;then Liste [elif Liste ;then Liste] ... [;else Liste] ;fi
for Identificateur [in Mot ...] ;do Liste ;done
while Liste ;do Liste ;done
until Liste ;do Liste ;done
case Mot in [[( ] Forme [| Forme] ...) Liste ;;] ... esac
select Identificateur [in Mot ...] ;do Liste ;done

Les fonctions

[function] Identificateur {Liste ;}

Substitution de répertoires

~	Le répertoire de connexion.
~nom	Idem mais de l'utilisateur nom.
~-	Répertoire précédent.
~+	Chemin absolu du répertoire courant.

Les caractères de protection (d'échappement)

\	Annule la signification du caractère suivant.
'...'	Annule tous les caractères.
"..."	Annule tous les caractères, sauf `, \, et $.

Remplacement de noms de fichiers

*	Correspond à une chaîne quelconque, même vide.
?	Correspond à un caractère quelconque.
[[domaine]...]	Un des caractères du domaine.
[![domaine]...]	Aucun des caractères du domaine.

Les redirections

[n]<mot	Redirection de l'entrée standard.
[n]>mot	Redirection de la sortie standard.
[n]>| mot	Idem, mais ne tient pas compte de noclobber.
[n]>> mot	Redirection de la sortie standard en ajout à mot.
&>mot	Redirige la sortie standard et l'erreur standard (équivalent à >mot 2>&1).
>&mot	Idem.
[n]<> mot	Mot devient l'entrée et la sortie standard.
[n]<<[-] ch	L'entrée du shell est lue jusqu'à la ligne correspondant à ch. Si - est ajouté à <<, les tabulations de début sont supprimées.
[n]<&m	L'entrée standard est dupliquée dans le descripteur m.
[n]>&m	La sortie standard est dupliquée dans le descripteur m.
[n]<&-	L'entrée standard est fermée.
[n]>&-	La sortie standard est fermée.

Dans toutes les redirections qui précèdent, n représente le descripteur du fichier redirigé. Par défaut les redirections portent sur l'entrée ou la sortie standard. Mot représente un fichier ou bien un descripteur dans le cas où mot est numérique.

Substitution de commandes

`commande` ou $(commande)

Substitution d'accolades

La substitution des accolades permet de générer des chaînes de caractères. Ce mécanisme est voisin du remplacement des noms de fichiers via les jokers.
a{d,c,b}e   est remplacé par   ade ace abe

Les accolades peuvent être imbriquées et elles sont interprétées avant les autres caractères spéciaux.

Exemple complet : chown root /usr/{ucb/{ex,edit},lib/{ex?.?*,how_ex}}

Les expressions de variables

$nom	La valeur de la variable.
${nom}	Idem.
${#nom}	Le nombre de caractères de la variable.
${nom:-mot}	Mot si nom est nulle ou renvoie la variable.
${nom:=mot}	Affecte mot à la variable si elle est nulle et renvoie la variable.
${nom:?mot}	Affiche mot et réalise un exit si la variable est non définie.
${nom:+mot}	Mot si non nulle.
${nom#modèle}	Supprime le petit modèle à gauche.
${nom##modèle}	Supprime le grand modèle à gauche.
${nom%modèle}	Supprime le petit modèle à droite.
${nom%%modèle}	Supprime le grand modèle à droite.

Les variables internes du shell

$0	Nom du script.
$1,$2, ...	Paramètres du shell
$*	Tous les paramètres.
$@	Idem (mais "$@" eq. à "$1" "$2"...).
$#	Nombre de paramètres.
$-	Options du shell.
$?	Code retour de la dernière commande.
$$	PID du shell.
$!	PID du dernier processus shell lancé en arrière-plan.
$_	Le dernier argument de la commande précédente.
	Cette variable est également mise dans l'environnement de chaque commande exécutée et elle contient le chemin complet de la commande.

Les variables - les variables prédéfinies

BASH	Le chemin complet du shell.
BASH_ENV	Le nom du fichier de démarrage à exécuter avant de commencer l'exécution d'un script.
BASH_VERSION	La version du shell.
CDPATH	Répertoires explorés par cd.
ENV	(*cf. Fichiers de démarrage*).
EUID	EUID de l'utilisateur courant.
FCEDIT	Editeur d'édition de commandes.
FIGNORE	Liste de suffixes séparés par « : » indiquant les fichiers qui ne doivent pas apparaître dans l'expansion des noms de fichiers.
HISTCMD	Le numéro de la commande courante dans l'historique.
HISTCONTROL	Si sa valeur est « ignorespace », les lignes commençant par des blancs ne sont pas mises dans l'historique. Si sa valeur est « ignoredups », la dernière ligne n'est pas mise dans l'historique si elle est identique à la ligne précédente. Si sa valeur est « ignoreboth », c'est équivalent aux deux options précédentes.
HISTFILE	Le fichier historique.
HISTFILESIZE	Taille du fichier historique.
HISTSIZE	Nombre de commandes mémorisées par la commande **history**.
HOSTFILE	Nom d'un fichier au format de /etc/hosts utilisé quand le shell utilise des hostname.
HOSTTYPE	Le type de machine.
HOME	Le répertoire de connexion.
IFS	Séparateur de champs.

IGNOREEOF	Nombre de caractères EOF provoquant la fin du shell.
INPUTRC	(*cf. Fichiers*).
LINENO	Ligne courante du script.
MAIL	Fichier contenant le courrier.
MAILCHECK	Fréquence de vérification du courrier.
MAILPATH	Liste des fichiers de courrier.
OLDPWD	Répertoire précédent.
OPTARG	(*cf. getopts*).
OPTERR	(*cf. getopts*).
OPTIND	(*cf. getopts*).
OSTYPE	Chaîne qui décrit le système d'exploitation.
PATH	Chemin de recherche des commandes.
POSIXLY_CORRECT	
	Quand cette variable est positionnée, le shell bash se conforme au standard POSIX.Cela peut être obtenu par l'option « set –o posix ».
PPID	PID du processus père.
PROMPT_COMMAND	
	Commande exécutée avant chaque affichage du prompt.
PS1	Invite de commande, par défaut « $ » (*cf. Le prompt*).
PS2	Invite secondaire, par défaut « > ».
PS3	Invite de boucle select, par défaut « #? ».
PS4	Invite de trace, par défaut « + ».
PWD	Répertoire courant.
RANDOM	Nombre aléatoire.
REPLY	Réponse à un select.
SECONDS	Temps écoulé depuis le lancement du shell.
SHLVL	Le nombre d'instances de shell.
TMOUT	Temps maximum d'inactivité.
UID	UID de l'utilisateur courant.
auto_resume	Permet le rappel de job stoppé.
allow_null_glob_expansion	
	Les fichiers qui ne correspondent à rien dans une expansion de noms de fichiers sont remplacés par une chaîne vide.
cdable_vars	Drapeau qui implique que les arguments de cd qui ne sont pas des répertoires soient interprétés comme des variables contenant un nom de répertoire.
command_oriented_history	
	Mémorise dans l'historique en une seule ligne une commande entrée sur plusieurs lignes.
glob_dot_filenames	Drapeau qui implique la présence des noms commençant par « . » dans l'expansion des noms de fichiers.
history_control	(*cf. HISTCONTROL*).
histchars	Les caractères qui contrôlent l'expansion de l'historique, par défaut « !^# » (*cf. Historique*).
hostname_completion_file	
	(*cf. HOSTFILE*).
noclobber	Equivalent à set –C.
no_exit_on_failed_exec	
	Un script ne se termine pas si une commande **exec** n'aboutit pas.
nolinks	Equivalent à set -P.
notify	Equivalent à set -b.

Le prompt

Avant l'affichage du prompt primaire (spécifié par la variable PS1), le shell exécute la commande contenue dans la variable $PROMPT_COMMAND.

Dans le cas d'un shell non interactif, la variable PS1 est vide.

La variable PS1 peut contenir les caractères spéciaux suivants :

\a   Active la sonnerie.
\e   Le caractère « Echap » (« *Escape* »).
\t   Affiche l'heure au format HH :MM :SS, basé sur 24 heures.
\T   Idem, mais basé sur 12 heures.
\@   Idem, mais avec indication am/pm.
\d   Affiche la date au format « Jour_de_la_semaine mois jour_du_mois ».
\n   Saut de ligne.
\r   Retour-chariot.
\s   Affiche le nom du shell.
\w   Affiche le chemin complet du répertoire courant.
\W   Affiche seulement le nom du répertoire courant (basename).
\u   Affiche le nom de l'utilisateur.
\v   Affiche la version du shell.
\V   Idem, mais plus complet.
\h   Affiche le nom réseau de la machine.
\H   Idem, mais sous la forme du nom complet.
\#   Affiche le numéro de la commande.
\ !   Affiche le numéro de la commande dans l'historique.
\nnn
      Affiche un caractère spécifié en octal.
\s   Affiche # si l'EUID est 0 (root), et $ autrement.
\\   Affiche un backslash.
\[Débute une séquence d'échappement.
\]   Termine une séquence d'échappement.

Exemple : PS1="[\t \W] "

Les expressions arithmétiques

Les expressions arithmétiques peuvent apparaître dans l'instruction let et l'expansion arithmétique.

L'instruction let
     let expression ...

L'expansion arithmétique
     $[expression]
     $((expression))

Opérateurs unaires
-     moins
+   plus
!   non
~   complément à un

Opérateurs binaires
*   multiplication
/   division entière
%   modulo
+   addition

-    soustraction
<<   décalage à gauche
>>   décalage à droite
<   inférieur à
<=   inférieur ou égal à
>   supérieur à
>=   supérieur ou égal à
==   égal à
!=   différent
&   et binaire
^   ou binaire exclusif
| ou binaire
&&   et logique
|| ou logique
=   affectation
op= exp = exp op exp
*= /= %= ~= <<= >>= &= ^= |=

Les constantes commençant par 0x ou 0X sont en hexadécimal. On peut exprimer un nombre dans une base comprise entre 2 et 36 en préfixant la constante par BASE#. Par défaut les constantes sont en base 10.

Les tests

[Expression]   ou   **test** expression

Expression pour les fichiers

-b Fichier   Fichier spécial par blocs.
-c Fichier   Fichier spécial par caractères.
-d Fichier   C'est un répertoire.
-e Fichier   Vrai si Fichier existe.
-f Fichier   Fichier ordinaire.
-g Fichier   Bit setgid est activé.
-k Fichier   Le sticky bit est activé.
-r Fichier   Accessible en lecture.
-p Fichier   C'est un fichier spécial, FIFO ou un tube.
-s Fichier   La taille est supérieure à zéro.
-t [fd]   fd est un descripteur associé à un terminal.
-u Fichier   Le bit setuid est activé.
-w Fichier   Accessible en écriture.
-x Fichier   Fichier exécutable.
-L Fichier   Lien symbolique.
-O Fichier   Appartient à l'ID utilisateur effectif du processus.
-G Fichier   Le groupe auquel il appartient correspond à l'ID de groupe du processus.
-S Fichier   C'est une socket.
f1 -nt f2   Fichier f1 est plus récent que f2.
f1 -ot f2   Fichier f1 est moins récent que f2.
f1 -ef f2   Fichiers f1 et f2 font référence au même fichier.

Expression pour les chaînes

-n Chaîne   La longueur de la chaîne est différente de zéro.
-z Chaîne   La longueur de Chaîne est égale à zéro.
Chaîne = Forme   Vrai si Chaîne correspond à Forme.
Chaîne != Forme   Vrai si Chaîne ne correspond pas à Forme.

Expression pour les chaînes numériques

E1 -eq E2   E1 est égale à E2.
E1 -ne E2   E1 est différente de E2.
E1 -lt E2   E1 est inférieure à E2.
E1 -gt E2   E1 est supérieure à E2.

E1 -le E2   E1 est inférieure ou égale à E2.
E1 -ge E2   E1 est supérieure ou égale à E2.

Expression composée
(E)   Vrai si E est vraie.
! E   Vrai si E est fausse.
E1 -a E2   Vrai si E1 et E2 sont vraies.
E1 -o E2   Vrai si E1 ou E2 est vraie.

getopts

getopts Chaîne_options Nom [Argument ...]

Vérifie les options d'un argument. Si aucun argument n'est spécifié, le paramètre
Chaîne_options contient les lettres reconnues par la commande **getopts**. Si une lettre
est suivie d'un signe deux-points (:), l'option doit comporter un argument. Un espace
peut séparer l'option et l'argument. La commande **getopts** place la lettre
correspondant à l'option suivante dans la variable Nom lorsque le signe + précède
l'argument. L'index de l'argument suivant est enregistré dans OPTIND. L'argument
d'option, s'il existe, est placé dans OPTARG. Si un signe deux-points (:) est placé au
début du paramètre Chaîne_options, la commande **getopts** enregistre la lettre
correspondant à une option incorrecte dans OPTARG, et attribue la valeur ? à la
variable Nom d'une option inconnue, ou la valeur : lorsqu'une option requise n'est pas
spécifiée. L'état de sortie est différent de zéro lorsqu'il n'y a plus d'option.

Les commandes internes

: [Arg ...]   Etend les arguments, retourne vrai.
. Fichier [Arg...]
source Fichier [Arg...]
                        Le shell courant exécute le fichier.
alias [Nom[=valeur]...]
                        Crée ou liste les alias.
bg [Travail ...]   Place les travaux en arrière-plan.
break [n]   Sort de n niveaux de boucle.
builtin [Arg...]   Exécute la commande interne au lieu d'une fonction qui porte
                        le même nom.
bind
      bind [-m KEYMAP] [-lvd] [-q NAME]
      bind [-m KEYMAP] –f FILENAME
      bind [-m KEYMAP] KEYSEQ:FUNCTION-NAME
                        Affiche les associations courantes ou réalise des associations.
      -m KEYMAP   Utilise KEYMAP pour les associations. Les valeurs
                        possibles sont emacs, emacs-standard, emacs-meta, emacs-ctlx,
                        vi, vi-move, vi-command, vi-insert.
      -l   Liste le nom des fonctions readline.
      -v   Liste le nom des fonctions et leur association.
      -d   Sortie des associations pour une relecture ultérieure.
      -f FILENAME   Lit les associations à partir d'un fichier.
      -q NAME   Spécifie les touches associées à NAME.
command [-pVv] cmd [arg ...]
                        Exécute la commande **cmd**, surcharge éventuellement le nom
                        d'une commande interne ou d'une fonction.
      -p   Utilise la valeur par défaut de la variable PATH, pour rechercher
                        une commande standard.
      -v,-V   Affiche des informations sur la commande.
continue [n]   Passe à l'itération suivante, n indique le nombre d'imbrications.
declare [-frxi] [NAME[=VALUE]]
typeset [-frxi] [NAME[=VALUE]]

	Déclare des variables ou leur donne des attributs.
-f	Les noms correspondent à des fonctions.
-r	Les variables sont en lecture seule.
-x	Les variables sont exportées.
-i	Les variables correspondent à des entiers.
dirs [-l] [+/-n]	Affiche la liste des répertoires mémorisés.
-l	Produit un listing commenté.
-n	Liste les n premiers répertoires.
+n	Liste les n derniers répertoires.
echo [-neE] [Arg ...]	
	Affiche les arguments.
-n	Supprime le saut de ligne final.
-e	Active l'interprétation des séquences d'échappement.
-E	Désactive l'interprétation des séquences d'échappement.

	\a	alert (bell)
	\b	backspace
	\c	Supprime le saut de ligne final
	\f	form feed
	\n	new line
	\r	carriage return
	\t	horizontal tab
	\v	vertical tab
	\\	backslash
	\nnn	Code ASCII en octal

enable [-n] [-all] [name ...]	
	Autorise ou non les scripts équivalant aux commandes internes.
-n	Interdit (par défaut autorise).
-all	Agit sur l'ensemble des commandes internes.
eval [Arg ...]	Les arguments sont lus comme entrée du shell et ensuite exécutés.
exec [[-] Commande [Arg ...]]	
	La commande donnée en argument se substitue au shell.
	Si un moins est présent, l'argument 0 est précédé de moins.
exit [n]	Provoque la sortie du shell avec l'état de sortie n.
export [Nom[=Valeur]] ...	
export -p	
	Les noms spécifiés sont exportés, l'option « -p » permet de lister les variables exportées.
fc [-e Nom_éditeur] [-nlr] [Première [Dernière]]	
fc -s [pat=rep] [cmd]	
	Liste les commandes ou les édite.
fg [travail ...]	Place le travail spécifié au premier plan.
getopts Chaîne_options Nom [Arg ...]	
	Extrait les options (*cf. Paragraphe getopts*).
hash [-r] [Nom ...]	Mémorise le chemin complet des commandes spécifiées.
-r	Retire les noms spécifiés de la mémoire (table de Hash).
help [Modèle]	Affiche une aide concernant les commandes internes.
history [n]	
history -rwan [Fichier]	
	Affiche l'historique des commandes.
	Avec l'argument n, affiche les n dernières commandes.
-a	Ajoute l'historique courant au fichier historique.
-n	Le fichier historique s'ajoute à l'historique courant.
-r	Lecture du fichier historique, qui devient l'historique courant.
-w	Ecriture de l'historique courant dans le fichier historique.
jobs [-lnp] [travail ...]	

jobs -x command [args ...]
                    Liste les travaux spécifiés.
         -l   Liste également le PID des travaux.
         -n   Affiche seulement les travaux dont l'état a changé.
         -p   Liste le PID du leader.
         -x   Exécute la commande, un travail indique le groupe de processus .
kill -l [Signal]   Liste des noms des signaux.
kill [-s Signal | -Signal] Travail ...
                    Transmet un signal (par défaut TERM) aux travaux spécifiés.
                    Désigne un travail :
                    PID
                    %Numéro_Travail
                    %Chaîne   Travail qui commence par Chaîne.
                    %?Chaîne   Travail qui contient Chaîne.
                    %%   Travail en cours.
                    %+   Equivalent à %%.
                    %-   Travail précédent.
let expression ... Evalue les expressions (*cf. Expressions arithmétiques*).
local Nom[=Valeur]
                    Crée une variable locale (obligatoirement dans une fonction).
logout   Met fin à un shell de connexion.
popd [+/-n]   Retire des entrées de la pile des répertoires (*cf. pushd*).
pushd [Répertoire]
pushd +/-n   Dans la première forme, le répertoire est mis au sommet de
                    la pile et devient le répertoire courant. Les options « + » ou « - »
                    un nombre permettent de faire une rotation de la pile.
pwd   Affiche le répertoire courant.
read [-r] [Nom ...] Lit des variables sur l'entrée standard.
         -r   Les backslash (\) ne sont pas ignorés.
readonly [Nom[=Valeur]] ...
readonly –p   Les noms sont marqués en lecture seule, l'option « -p » liste ces
                    variables.
return [n]   Retour d'une fonction shell, avec le code n.
set   (*cf. Paragraphe set*).
shift [n]   Décale les paramètres.
suspend [-f]   Suspend l'exécution du shell jusqu'à la réception du signal
                    SIGCONT.
         -f   Force la suspension même si le shell est le shell de connexion.
test expression
[expression]   Evalue une expression (*cf. Paragraphe test*).
times   Affiche les temps cumulés CPU utilisateur et système du shell et
                    des processus lancés par le shell.
trap [-l] [[Commande] [Signal ...]]
                    Lit et exécute la commande spécifiée lorsque le shell reçoit le ou
                    les signaux spécifiés.
         -l   Liste les noms des signaux et le numéro correspondant.
type [-all] [-type | -path] [Nom ...]
                    Identifie une commande.
         -all   Affiche l'ensemble des références du nom.
         -type   Affiche la nature de la commande : alias, builtin, file, keyword ...
         -path   Si la commande est un fichier, affiche son chemin.
ulimit [-acdmstfpnuvSH] [Limite]
                    Gère les ressources des processus.
         -S   Spécifie la limite « soft ».
         -H   Spécifie la limite « hard » (par défaut).
         -a   Affiche l'ensemble des limites.
         -c   La taille maximale d'un core.

-d	La taille maximale de la zone de données.
-m	La taille maximale de la zone résidente.
-s	La taille maximale de la pile.
-t	La durée maximale d'exécution (temps CPU) en secondes.
-f	La taille maximale d'un fichier créée par un processus.
-p	La taille des tubes.
-n	Le nombre maximum de fichiers ouverts.
-u	Le nombre maximum de processus simultanés.
-v	La taille maximale de l'espace virtuel.

umask [-S] [Masque]

                        Spécifie le masque, ou l'affiche.

      -S   Utilise la notation symbolique.

unalias [-a] [Nom ...]

                        Supprime les alias spécifiés.

      -a   Supprime l'ensemble des alias.

unset [-fv] Nom ...

      -v   Les variables spécifiées sont supprimées (par défaut).

      -f   Les fonctions sont supprimées.

wait [n]   Attend la terminaison de l'ensemble des processus lancés en arrière-plan. Il est possible de préciser un processus.

Historique de commandes, style C-Shell

! !	Référence la dernière commande.
!23	Référence la commande n°23 (*cf. La commande interne* **history**).
!-2	L'avant-dernière commande.
!ls	La dernière commande commençant par ls.
! ?profile	La dernière commande contenant la chaîne profile.
!#	La commande entière.

^1993^1999^

                        Substitution d'une chaîne par une autre dans la dernière commande.

! !:s/99/93/   Substitution d'une chaîne par une autre, technique générale.

Historique de commandes, mode emacs (mode par défaut)

Principales commandes (cf. manuel pour compléments)

CTRL-P (↑)	Rappelle la commande précédente.
CTRL-N (↓)	Rappelle la commande suivante.
CTRL-B (←)	Déplace le curseur d'un caractère vers la gauche.
CTRL-F (→)	Déplace le curseur d'un caractère vers la droite.
Backspace	Détruit le caractère à gauche du curseur.
CTRL-D (Suppr)	Détruit le caractère sous le curseur.
Frappe de caractères	

                        Les caractères sont insérés à partir du curseur.

CTRL-A (Début)	Déplace le curseur en début de ligne.
CTRL-E (Fin)	Déplace le curseur en fin de ligne.
CTRL-K	Supprime la fin de la ligne.
CTRL-X	Supprime le début de la ligne.
CTRL-V TAB	Insère une tabulation.

Historique de commandes, mode vi

Le mode vi est activé par la commande **set –o vi**.

On utilise la touche Echappement pour rentrer dans le mode historique.

Les commandes **vi** d'édition peuvent alors être utilisées pour le rappel et l'édition de commandes (h,j,k,l,0,$,a...<ESC>,i...<ESC>,x,r,/ls/,23G,etc.).

La complétion

On peut compléter un nom de fichier en utilisant le caractère Tabulation. Ce caractère peut également être utilisé pour proposer un choix lors de la saisie d'une variable (texte commençant par $), d'un utilisateur (texte commençant par ~), d'un nom d'ordinateur (texte commençant par @) ou d'une commande.

Les fichiers de démarrage

Pour un shell de connexion (l'option « –noprofile » n'étant pas utilisée) :
- A la connexion
    1)   /etc/profile
    2)   ~/.bash_profile   s'il existe
               ~/.bash_login   sinon
                  ~/.profile   si aucun des précédents n'existe
    3)   ~/.bashrc s'il est activé par l'un des scripts précédents
    4)   /etc/bashrc activé par ~/.bashrc
- A la déconnexion
        ~/.bash_logout

Pour un shell interactif qui n'est pas de connexion (sans les options « -norc » ou « -rcfile ») :
    ~/.bashrc

Pour un script (shell non interactif)
    1) $BASH_ENV
    2) $ENV

Pour un shell invoqué sous le nom sh
- Pour un shell de connexion (sans l'option –noprofile)
    1)   /etc/profile
    2)   ~/.profile
- Autre shell : aucun fichier de démarrage

Pour un shell invoqué avec l'option « -posix », un seul fichier est exécuté :
    $ENV

Les fichiers

/bin/bash   L'exécutable
/etc/profile
/etc/bashrc
~/.bash_profile
~/.bash_login
~/.profile
~/.bashrc
$BASH_ENV
$ENV   Fichiers de démarrage (*cf. Les fichiers de démarrage*).
~/.bash   Fichier de clôture.
~/.bash_logout Script exécuté automatiquement à la déconnexion.
$INPUTRC
~/.inputrc   Fichiers contenant la définition des touches d'édition de commande
    du mode emacs.
~/.bash_history
          Fichier historique des commandes. C'est la valeur par défaut de la
          variable HISTFILE. Si cette variable est détruite, le shell ne
          sauvegarde pas l'historique des commandes quand il se termine.

ANNEXE E : Solutions des exercices

Atelier 1 : Introduction

Exercice No 1
UNIX est un système multi-tâche, multi-utilisateur et c'est un système ouvert.

Exercice No 2
Un système ouvert est un système non-propriétaire et normalisé.

Exercice No 3
Le noyau assure :
- La gestion des processus.
- La gestion des fichiers.
- La gestion des périphériques.

Exercice No 4
Le shell lit et exécute les commandes saisies au clavier, ou des programmes appelés scripts.

Exercice No 5
HP-UX (HP), Solaris (Sun), AIX (IBM), UNIX SCO (SCO).

Atelier 2 : Une session

Exercice No 1
$ cal 1997

Exercice No 2
$ cal 9 1752
$ man 9 1752
Des jours ont été supprimés lors du passage au calendrier Grégorien.

Exercice No 3
$ date '+%d-%m-%y'
01-07-97

Exercice No 4
$ man touch
La commande « touch » met à jour la date de dernière modification et de dernier accès d'un fichier. Si le fichier n'existe pas, il est crée.

Exercice No 5
- Première solution
Utiliser les trois options spécifiques de la commande « uname ».
$ uname -n -r -v
- Deuxième solution
Afficher toutes les caractéristiques
$ uname -a

Exercice No 6
$ who -q

Exercice No 7
$ man -k password
La ligne suivante suivante permet de retrouver le format du fichier:
passwd (4)   - password file
$ man 4 passwd # « man F passwd » pour un système SCO

Exercice No 8
Exécutez la commande « exit » pour vous deconnecter et connecter vous en utilisant la procédure de votre système.
>   Login : pierre
>   password : xxxxx

Exercice N° 9
Pas de corrigé.

Exercice N°10
$ CAL
bash: CAL: command not found
Le système Unix fait la différence entre majuscules et minuscules. La plupart des commandes ne sont définies qu'en minuscules.

Atelier 3 : Les fichiers et les répertoires

Exercice No 1
$ cd
$ mkdir exercices
$ cd exercices
$ mkdir serie_1 serie_2

Exercice No 2
$ cd
$ ls -R
$ du

Exercice No 3
$ cd
$ ls -l
$ ls -p

Exercice No 4
$ cd
$ cp /etc/passwd fic_pass

Exercice No 5
mv fic_pass password

Exercice No 6
mv passwd exercices/serie_1

Exercice No 7
a)   cd /etc
        cp passwd group ~/exercices/serie_2
b)   cd ~/exercices/serie_2 # ou « cd » suivit de « cd exercice/serie_2 »
        cp /etc/passwd /etc/group .
c)   cp /etc/passwd /etc/group ~/exercices/serie_2

Exercice No 8
$ cd ~/exercices/serie_1
$ ls -l ../serie_2

Exercice No 9
$ touch document
$ ls -l document
-rw-r--r-- 1 pierre group   0 jul 14 22:24 document
$ file document
document: empty

Exercice No 10
$ ls -las

Exercice No 11
```
$ cd
$ ls -ld
drwxr-xr-x   4 pierre   group       512 jul 14 21:45   .
```

Exercice No 12
Les commandes « cmp », « diff » et « comm » permettent de comparer des fichiers.
```
$ cmp .profile ../cathy/.profile
$ diff .profile ../cathy/.profile
$ comm .profile ../cathy/.profile
```

Exercice No 13
```
$ cd
$ mkdir  exemples
$ cp  -r  exercices/*  exemples
```

Exercice No 14
```
$ cd
$ rm -rf exercices
```

Exercice No 15
```
$ find  ~ -type d -exec ls -ld {} \ ;
```

Exercice No 16
```
$ find  /home  -links +2  -print 2> /dev/null
```

Exercice No 17
```
$ find  ~  !  -type f -print
```

Exercice No 18
```
find  ~ -size 0 -ok rm -i {} \;
```

Atelier 4 : Le shell

Exercice No 1
```
$ cd   /usr/bin
$ ls   ????
```

Exercice No 2
```
$ ls   [a-e]*
```

Exercice No 3
```
$ ls   ?t*
```

Exercice No 4
```
$ echo  il fait beau aujourd\'hui
```

Exercice No 5
```
$ echo \
> bonjour \
> monsieur
bonjour monsieur
```

Exercice No 6
```
$ cd
$ date > info.txt
```

Exercice No 7
```
$ ls > info.txt
```
L'ancien contenu est remplacé par le résultat de la commande « ls ».

Exercice No 8
```
$  date > info.txt
```

```
$  ls   >> info.txt
$  more  info.txt
```

Exercice No 9
```
$  mail  pierre  <  info.txt   # si vous êtes pierre
$  mail   # consulation de votre boîte aux lettres
```

Exercice No 10
```
$  ls  /etc  |  more
```

Exercice No 11
```
$  ls –l  | tee f1 | tee f2
```

Exercice No 12
On suppose que le fichier de démarrage est *.profile*.
```
$  cat >> .profile
who am i
pwd
^D
```

Atelier 5 : Les droits

Exercice No 1
```
$  touch essai.txt
$ chmod  444    essai.txt   # ou  « chmod a=r essai.txt »
$ ls -l  essai.txt
-r--r--r--  1 pierre  group        0 jul 14 18:53 essai.txt
$ chmod u+wx,g+x essai.txt
$ ls -l essai.txt
-rwxr-xr--  1 pierre   group        0 jul 14 18:53 essai.txt
```

Exercice No 2
La commande rm demande de confirmer la suppression du fichier essai.txt en
affichant le message :
essai.txt ?
ou
rm : essai.tx mode 444 ?

Exercice No 3
Les droits du fichier essai.txt sont les suivants
-rwxrw----

Exercice No 4
Le droit d'exécution du fichier prog.exe étant activé pour tous, tout utilisateur ayant
accès au répertoire de cathy peut exécuter ce programme.

Exercice No 5
L'utilisateur pierre, et tous les membres du groupe compta peuvent créer ou supprimer
des fichier dans le répertoire /home/pierre (droits wx).

Exercice No 6
Oui, car pierre a les droits nécessaires (wx) sur son répertoire de connexion.

Exercice No 7
```
$ mkdir  prive
$ chmod 700 prive # ou « chmod go=-  prive  »
$ ls -ld prive
drwx------  2 pierre  group       512 jul 14 19:33 prive
```

Exercice No 8
```
$ chmod g+xr prive
```
Si le groupe du répertoire prive n'est pas le groupe de connexion, il faut utiliser la

commande chgrp pour qu'il le soit :
$ chgrp compta prive # exemple avec le groupe compta comme groupe de connexion.

Exercice No 9
Non, car le répertoire des utilisateurs (/home, /usr, ...) n'est pas accessible en écriture aux autres utilisateurs.
$ ls -ld /home
drwxrwxr-x 25 root   auth   512 jun 27 19:16 /home

Exercice No 10
$ umask 027

Exercice No 11
$ newgrp bin
La commande échoue. La consultation du fichier /etc/group me confirme que je n'appartiens pas à la liste des utilisateurs du groupe « bin ».
$ more /etc/group
...
bin::1:root,bin,daemon

Exercice No 12
$ chgrp paye prive

Exercice No 13
Non, seul le propriétaire (cathy) d'un fichier peut changer le groupe de ce fichier.

Exercice No 14
La commande who am i indique le nom de connexion de l'utilisateur ainsi que son terminal.
La commande id fournit l'identité de l'utilisateur (UID), et son groupe courant.

Exercice No 15
$ ls -l /dev/console

Atelier 6 : Compléments shell

Exercice No 1
$ cp 2> /dev/null

Exercice No 2
$ alias taille='du -s'
$ taille /etc

Exercice No 3
$ env
...
TERM=vt100
$ echo $TERM # ne garentit pas que la variable est dans l'environnement
La solution la meilleure utilise la commande grep (*cf. Module 8*) :
$ env | grep TERM

Exercice No 4
Lors de la prochaine connexion, la commande « cal » sera exécutée automatiquement, elle affichera le calendrier.

Atelier 7 : L'impression

Exercice No 1
$ lp /etc/group
$ lpstat

Exercice No2
$ lpstat -t

Les imprimantes opérationnelles sont celles qui sont affichées avec les paramètres :
activées (enable)
acceptant les requêtes (accepting requests)

Exercice No 3
$ ls -R ~ | lp

Exercice N° 4
$ lp /etc/group ; lp /etc/passwd ; lp /etc/profile
request id is imp-76 (1 file(s))
request id is imp-77 (1 file(s))
request id is imp-78 (1 file(s))
$ cancel imp-78

Atelier 8 : Les filtres

Exercice No 1
$ who | sort

Exercice No 2
$ ls -l | sort -n +4 | tail -1

Exercice No 3
$ pr .profile
$ pr -h "Fichier de configuration" .profile

Exercice No 4
Exemple de commande pour la journée du 10 Juillet :
$ ls -l | grep -n 'Jul 10'

Exercice No 5
$ grep \# .profile

Exercice No 6
$ file * | grep text | cut -f1 -d:

Exercice No 7
$ who | cut -f1 -d' ' # il faut quoter l'espace !

Exercice No 8
$ grep 'ksh$' /etc/passwd

Exercice No 9
$ grep '^[^ :]* :[^ :]* :0 :' /etc/passwd

Exercice No 10
$ ls -l | sed 's/-/f/'

Exercice No 11

$grep '^78' fichier
78   alain   0388057856
78   paul   0345724566

Exercice No 12

```
$ egrep '^90|^14' fichier
90    benoit  0234547575
14    pierre  0290907878
```

Exercice No 13

```
$sed '/^75/s/  */+/g' fichier
dep   nom     telephone
75+jean+0134560987
========================
78    alain   0388057856
78    paul    0345724566
========================
90    benoit  0234547575
========================
14    pierre  0290907878
```

Exercice No 14

```
$sed 's/[0-9][0-9]*$/[&]/' fichier
dep   nom     telephone
75    jean    [0134560987]
========================
78    alain   [0388057856]
78    paul    [0345724566]
========================
90    benoit  [0234547575]
========================
14    pierre  [0290907878]
```

Exercice N° 15
```
$ grep '8$' fichier
14    pierre  0290907878
```

Exercice N° 16
```
$ grep '[02468]$' fichier
78    alain   0388057856
78    paul    0345724566
14    pierre  0290907878
88    ddd     0000000000
```

Exercice N° 17
```
$ grep '5.*5' fichier
75    jean    0134560987
78    alain   0388057856
78    paul    0345724566
90    benoit  0234547575
```

Exercice N° 18
```
$ grep '5[0-9]*5[0-9]*$' fichier
78    alain   0388057856
78    paul    0345724566
90    benoit  0234547575
```

Exercice N° 19
```
$ grep -e 'a' -e '[0-9]' fichier
75    jean    0134560987
78    alain   0388057856
78    paul    0345724566
90    benoit  0234547575
```

```
14    pierre  0290907878
88    ddd     0000000000
$  grep 'a' fichier | grep '[0-9]'
75    jean    0134560987
78    alain   0388057856
78    paul    0345724566
```

Atelier 9 : La sauvegarde

Exercice No 1
```
$  tar  cvf /tmp/sauve.tar  ~   # ou bien  tar  cvf /tmp/sauve.tar $HOME
```
Non, l'expression ~ (ou $HOME) est un chemin absolu, la restauration ne peut se faire que dans le répertoire d'origine.
```
$  echo ~
/usr/pierre
```
Si l'on utilise la version GNU de la commande **tar**, par défaut, les chemins absolus sont transformés en chemins relatifs. Il est alors possible de restaurer les fichiers n'importe où.

Exercice No 2
```
$ tar  xvf /tmp/sauve.tar  ~/.profile    # ou  tar xvf /tmp/sauve.tar  $HOME/.profile
```

Exercice No 3
Sauvegarde relative
```
$  cd
$  find  .  -print | cpio -ocvB >/dev/fd0
```
Ou sauvegarde absolue :
```
$  find  ~  -print | cpio -ocvB >/dev/fd0
```

Exercice No 4
```
$  cd
$  rm -rf  *
$  cpio -icvBd < /dev/fd0 # l'option « d » est indispensable pour créer les sous
répertoires.
```

Exercice N0 5
```
$ pax -w -f /dev/fd0 $HOME
$ pax -f /dev/fd0
$ tar tvf /dev/Fd0
```

Atelier 10 : Les outils de communication

Exercice No 1
```
$ news > nouvelles
```

Exercice No 2
```
$  write  cathy  < nouvelles
$  mail cathy  < nouvelles     # si cathy n'accepte pas de messages
```

Exercice No 3
```
$ cal  | mail  pierre cathy
```

Exercice No 4
Exemple de dialogue avec l'utilisateur « jean » de la machine « mars » :
```
$ finger  @mars
$ talk jean@mars    # si jean apparaît dans la liste affichée par la commande finger
```

Exercice No 5
La commande write restreint le dialogue aux utilisateurs de sa machine.
La commande talk permet de dialoguer à travers un réseau TCP/IP, et nécessite que le terminal soit correctement configuré (variable TERM).
La commande talk est plus aisée à utiliser (écran en deux parties).

Atelier 11 : Les liens

Exercice No 1
Le fichier passwd est également modifié, passwd et passwd2 sont en réalité un seul et même fichier (un seul inode).

Exercice No 2
Le nombre de liens matériels est augmenté de 1, et donc passe à 3 :
$ ls -l pas*
-rw-r--r-- 3 pierre   users   1490 Oct 9 17:19 passwd
-rw-r--r-- 3 pierre   users   1490 Oct 9 17:19 passwd2
-rw-r--r-- 3 pierre   users   1490 Oct 9 17:19 passwd3

Exercice No 3
$ ls -i passwd   # Affiche son numéro d'inode
2540 passwd
$ ls -iR | grep 2540

Exercice No 4
Oui, par les liens « passwd2 » ou « passwd3 ». On peut recréer le lien « passwd » en exécutant la commande suivante.
$ ln passwd2 passwd

Exercice No 5
$ cp /etc/group .   # le répertoire courant est le répertoire de connexion
$ ln -s group groupe.lien
lrwxrwxrwx 1 pierre group 10 Jul 12 10 :58 groupe.lien -> group
Non car les droits qui seront appliqués lors d'un accès sont ceux du fichier « group ».

Atelier 12 : La gestion des processus

Exercice No 1
La signification des colonnes est :
PID   valeur numérique qui identifie le processus
TTY   teminal auquel est attaché le processus
TIME   temps CPU consommé

Exercice No 2
$ chmod u+x bonjour
$ bonjour &
$ ps -f | grep bonjour   # Le PID
$ jobs   # Les numéros de jobs

Exercice No 3
$ kill   %bonjour   # Ou kill %numéro_de_job
$ kill 2540   # Si son PID est 2540

Exercice No 4
$ nohup bonjour &
Sending outpout to nohup.out   # sorties dans le fichier nohup.out

Exercice No 5
Non, car le process bonjour n'est pas lié à cette nouvelle session.

Exercice No 6
$ ps -fu pierre | grep bonjour # si vous êtes pierre
pierre   1205   1 0 11:01:59 tty04   00:00:00 sh ./bonjour

Exercice No 7
$ kill -9 1205   .
$ rm nohup.out

Atelier 13 : L'éditeur vi

Exercice No 1
:1
i Liste des utilisateurs connectés <ESC>

Exercice No 2
 :$
o
***<ESC>

Exercice No 3
/tty/
dd
<on_se_deplace_verticalement>
p   (si l'on veut mettre la ligne après la ligne courante)

Exercice No 4
1Gr<lettre_en_majuscule><flèche_a_droite_jusqu'au_prochain_mot>r<lettre_en_maj
uscule>
etc ...

Exercice No 5
:w essai2.txt

Exercice No 6
:set

Exercice No 7
:set list

Exercice No 8
:q!

Exercice N° 9
Pas de corrigé.

Références
Internet
et
bibliographiques

Références Internet

Librairies, éditeurs d'ouvrage informatiques

- Eyrolles
http://www.eyrolles.fr

- Le monde en « tique »
http://www.lmet.fr

- O'Reilly, cet éditeur est spécialisé dans les livres sur Unix/Linux.
http://www.oreilly.fr
http://unix.oreilly.com

Les principaux sites Unix

- Le site officiel d'UNIX (Open Group)
http://www.unix.org

- Le site officiel du GNU : télécharger les logiciels du GNU, la documentation des logiciels GNU, ...
http://www.gnu.org/

- Free BSD
http://www.freebsd.org/

- Le site officiel de Linux
http://www.linux.org

Quelques sources d'information

- « The UNIX Reference Desk »
Site général sur Unix : introduction à Unix pour les débutants, FAQ, les pages info des logiciels GNU. Contient de nombreux liens.
http://www.geek-girl.com/unix.html

- UNIX Guru Universe. Un site pour les administrateurs UNIX, du débutant à l'expert.
http://www.ugu.com/

- UNIX.COM - The Universal Internet eXchange Forums. Un ensemble de forums sur Unix.
http://www.unix.com/

- Aide pour les utilisateurs d'UNIX
http://unixhelp.ed.ac.uk/

- Guides UNIX pour les débutants
http://www.ee.surrey.ac.uk/Teaching/Unix/
http://www.isu.edu/departments/comcom/unix/workshop/unixindex.html

- FAQ Unix
http://www.faqs.org/faqs/unix-faq/faq/

- Une introduction à Unix sous forme de slides.
http://wks.uts.ohio-state.edu/unix_course/unix.html

- La documentation du système Unix Solaris, téléchargeable au format PDF. Contient notamment le man et le guide de l'utilisateur.
http://docs.sun.com

- Ce site contient de nombreux liens : FAQ et documentations des différents systèmes Unix.
http://www.unixpower.org/

Les revues sur Unix et Linux

- La revue « Unix World »
http://www.networkcomputing.com/unixworld/unixhome.html

- La revue « Unix Review »
http://www.unixreview.com/

- La revue Linux Magazine
http://www.linuxmag-france.org

L'histoire d'Unix

- L'histoire de la création d'UNIX
http://www.bell-labs.com/history/unix/

- L'histoire d'Unix et des systèmes Unix. Affiche la photo des principaux concepteurs.
http://www.levenez.com/unix/

Logiciels Unix pour Windows

- Le site Cygwin (RedHat) permet de télécharger des outils de développement pour compiler des applications Unix sous Windows ainsi que les principales commandes Unix du GNU.
http://www.cygwin.com/

- U/WIN*, paquetage qui comprend les outils de développement C, le Korn shell et 250 commandes Unix pour Windows. Le produit est libre pour l'éducation, la recherche et pour évaluation.
http://www.research.att.com/sw/tools/uwin/

Bibliographie

Ouvrages généraux sur Unix

Learning the UNIX Operating System
5ème édition, par Jerry Peek & all, aux éditions O'Reilly
Introduction à UNIX
Traduction de l'ouvrage précédent.

Unix in Nutshell
3ème édition, par Arnold Robbin & Daniel Gilly, aux éditions O'Reilly

UNIX pour les nuls
par Julien R. Levine & Margaret Levine Young

Ouvrages généraux sur les systèmes Unix (Linux, Mac OS X)

Le système Linux
par Matt Welsh & all, aux éditions O'Reilly

Mac OS X
par David Pogue, aux éditions O'Reilly

Learning Unix for Mac OS X
par Dave Taylor et Jerry Peek, aux éditions O'Reilly

Ouvrages traitant des éditeurs de texte

Learning the vi Editor
6ème édition, par Linda Lamb, aux éditions O'Reilly

vi - précis & concis
par Arnold Robbins, aux éditions O'Reilly

Introduction à GNU Emacs
par Debra Cameron, Bill Rosenblatt & Eric Raymond, aux éditions O'Reilly

Emacs - précis & concis
par Debra Cameron, aux éditions O'Reilly

The Ultimate guide to the VI and EX Text Editors
HP, the Benjamin/Cummings Publishing Company, Inc.

Ouvrages traitant d'autres outils Unix

Sed & Awk"
par Dale Dougherty, chez O'Reilly (en anglais)

Unix Power Tools
3ème édition, par Shelley Powers & all, aux éditions O'Reilly

Maîtrise des expressions régulières
par Jeffrey E.F. Friedl, aux éditions O'Reilly

Programmer avec les outils GNU
par Mike Loukides & Andy Oram, aux éditions O'Reilly

Ouvrages traitant des shells

UNIX Shell
par A. Berlat, J-F Bouchaudy et G. Goubet, aux éditions Eyrolles, Tsoft

Learning the korn Shell
par Bill Rosenblatt & Arnold Robbins, aux éditions O'Reilly

Learning the bash Shell
par Cameron Newham & Bill Rosenblatt, aux éditions O'Reilly

Using csh & tcsh
par Paul Dubois, aux éditions O'Reilly

Introduction à Perl
par L. Schartz & Tom Phoenix, aux éditions O'Reilly

Ouvrages traitant de logiciels sous Unix

Sendmail
par Thibaut Maquet, aux éditions Eyrolles

Exim : The Mail Transfer Agent
par Seven Neumann, aux éditions O'Reilly

GIMP Pocket Reference
par Seven Neumann, aux éditions O'Reilly

Latex par la pratique
par Christian Rolland, aux éditions O'Reilly

Ouvrages traitant de la programmation sous Unix

Langages de script sous Linux :
Shell bash, Sed,Awk, Perl, Tcl, Tk, Python, Ruby...
par Christophe Blaess, aux éditions Eyrolles

La programmation sous UNIX
par Jean-Marie Rifflet, aux éditions Mac Graw Hill

Programmer avec les outils GNU
par Mike Loukides & Andy Oram, aux éditions O'Reilly

Programmation système en C sous UNIX
par Christophe Blaess, aux éditions Eyrolles

Ouvrages traitant de l'administration Unix

UNIX Administration
par J-F Bouchaudy et G. Goubet, aux éditions Eyrolles, Tsoft

When You Can't Find Your Unix System Administrator
par Linda Mui, aux éditions O'Reilly

Essential System Administration
par AEleen Frisch, aux éditions O'Reilly

Index

', 4-7
", 4-7
", 4-7
&, 12-3
*, 4-5
., 3-5
.., 3-5
.bash_login, 15-34
.bash_logout, 15-34
.bash_profile, 6-11, 15-34
.bashrc, 6-11, 15-34
.cshrc, 6-12
.exrc (~/.exrc), 13-11
.kshrc, 6-11
.login, 6-12
.logout, 6-12
.profile, 6-11
/, 3-5
/etc/bashrc, 15-34
/etc/group, 5-2, 5-14
/etc/passwd, 5-2
?, 4-5
@, 10-4, 14-13
 [...], 4-5
|, 4-12
~, 3-5
~/.bash_history, 15-34
~/.bash_profile, 4-4
~/.inputrc, 15-34
<, 4-9
>, 4-9
>>, 4-9
2>, 6-2

A

ACL, 5-6, 5-17
adresse IP, 2-3, 14-5
AES, 1-14
AIX (IBM), 1-2, 7-2
alias, 6-5, 15-6
allexport, 15-24
API, 1-8, 1-14
appel système *Voir* primitive

arrière-plan, 12-3
ascii, 14-9
ASCII, 3-19, 8-2, 15-10
Association de fichiers, 3-32
at, 15-6
ATT, 1-2, 1-3, 1-14, 1-16
attributs des fichiers, 3-7
avant-plan, 12-3
awk, 8-2, 8-19, 15-6

B

background *Voir* arrière-plan
banner, 15-6
bash, 15-23
BASH_ENV, 15-34
batch, 15-6
bc, 15-6
Berkeley *Voir* BSD
bg, 12-10, 15-6, 15-30
bin (/usr/bin), 3-3
binaire, 14-9
boîte aux lettres, 14-13
Bourne (Shell), 1-2, 1-10
BSD, 1-2, 1-3, 1-16, 4-2, 5-15, 7-2, 8-8, 14-4, 14-17
built in commands *Voir* commandes internes, *Voir* commandes internes

C

C, 14-9, *Voir* langage C
C shell, 1-10, 4-2, 12-10
C++ *Voir* Langage C++
cal, 2-8, 15-6
calculatrice, 15-6
calendar, 15-7
cancel, 7-4, 15-7
caractères spéciaux, 4-3
cat, 3-11, 3-18, 15-7
cd, 3-20, 3-21, 5-10, 15-7
CDE, 2-4
chemin, 3-5
chemin complet, 3-5

chemin relatif, 3-5
chgrp, 5-14, 5-15, 15-7
chmod, 5-7, 5-9, 15-7
chown, 5-5, 15-7
cksum, 15-2
classe d'imprimante, 7-2
client/serveur, 1-13
client-serveur, 14-9
cmp, 3-11, 15-7
comm, 3-11, 15-7
command, 6-6
commande externe, 4-2
commande interne, 4-2
commandes de gestion de fichiers, 15-2
commandes de gestion de processus, 15-4
commandes de type filtre, 15-3
commandes d'impression, 15-3
commandes d'informations, 15-2
commandes externes, 1-10, 1-12, 4-2
commandes internes, 1-10, 15-15
commandes internet, 15-4
communication, 10-2
compress, 15-7
concaténer des fichiers, 3-18
connexion à distance, 14-8
Consortium X, 14-21
copier/coller, 13-8
couper/coller, 13-8
courrier électronique, 10-7, 14-13
cp, 3-11, 3-15, 3-25, 15-8
cpio, 9-2, 9-7, 15-8
cron, 15-8
crontab, 15-8
crypt, 15-8
csplit, 15-8
Ctrl, 2-10
Ctrl-C, 12-3
Ctrl-Z, 12-10
cut, 8-11, 15-8

D

daemon, 1-13, 12-8
DAT, 9-2
date, 2-7, 15-8
DCE, 14-2
dd, 15-9
df, 3-4, 15-9
diff, 3-11, 15-9
directory *Voir* réperoires
DISPLAY, 14-21
disque, 3-3
DNS, 14-5
documentation, 2-11
DOD, 14-4

driver *Voir* pilotes de périphériques
droit, 5-4, 5-6
droit d'endossement, 5-16
droit d'endossement SGID, 5-16
droit d'endossement SUID, 5-16
droits, 3-7
droits des répertoires, 5-10
droits par défaut, 5-12
du, 3-20, 3-26, 15-9

E

échappement, 4-7
echo, 6-14, 15-9
ed, 8-19, 8-22, *13-12*, 15-9
éditeurs, 8-19, 13-4
egrep, 8-21
elm, 10-7
emacs, 2-9, *13-16*, 15-24
e-mail *Voir* courrier électronique
endossement, 5-6
entrées/sorties standard, 6-2
env, 15-9
environnement, 6-7
erreurs (standard), 6-2
errexit, 15-24
Esc *Voir* Echappement (touche)
Ethernet, 14-4
ex, 8-19
EX, 13-3, 13-6
Exceed, 2-4
exit, 2-6, 2-9, 12-5, 15-9
export, 6-7, 15-9
expr, 15-10
expressions régulières, 8-19

F

FAQs, 2-14
fc, 15-31
fg, 12-10, 15-10, 15-31
fichier ordinaire, 3-2
fichier régulier, 3-2
fichier répertoire, 3-2
fichier spécial, 3-2
fichiers spéciaux, 2-12, 3-7, 4-10
file, 2-12, 3-3, 3-11, 3-19, 15-10
File System *Voir* FS
files d'attente, 7-2
filtre, 8-2
find, 3-20, 3-28, 9-2, 15-10
finger, 10-2, 10-4, 15-10
fold, 15-10
fonction, 6-10
foreground *Voir* avant-plan

FS, 1-7
ftp, 1-13, 14-6, 14-9, 15-10
FTP, 14-4
ftp anonyme, 14-11

G

getopts, 15-30, 15-31
GID, 3-8, 5-2
Gnome, 2-5
GNU tar *Voir* tar
GPL, 1-4
grep, 8-17, 8-19, 15-10
groupe, 3-7, 5-4, 5-6
gzip, 15-10

H

head, 8-3, 15-11
HISTFILE, 15-26
historique des commandes, 4-3, 6-4
history, 6-5
HISTSIZE, 15-26
HOME, 15-21, 15-26
home directory, 3-3, 3-21
Hostname, 14-5
hosts (/etc/hosts), 14-5
hosts.equiv (/etc/hosts.equiv), 14-18
HOWTO, 2-14
HP-UX (HP), 1-2, 5-6
http, 1-13

I

IBM, 14-3
id, 2-7, 15-11
IEEE, 1-3, 1-15
ignoreeof, 15-24
impression, 7-2
impression sous Linux, 7-7
imprimante, 7-2
init, 12-2, 12-6
inode, 11-2
internautes, 1-13
Internet, 1-13, 10-2, 14-4, 14-6
interpréteur de commandes *Voir* Shell
inumber *Voir* inode
IPC, 1-9
ISO, 1-3, 9-2
ISO 9945 :2002, 1-15
ISO 9945:2002, 1-3

J

JAVA, 14-2

job, 12-10
jobs, 15-11, 15-31
jokers, 4-5

K

kconsole, 4-14
KDE, 2-5
   tableau de bord, 2-15
kdeprint, 7-8
kernel *Voir* noyau
Kernel *Voir* Noyau
kill, 12-3, 12-4, 12-6, 15-11, 15-32
kmail, 10-9
konqueror, 3-30
Konqueror, 2-22, 14-6
Korn (Shell), 1-10, 4-2, 6-4, 12-10

L

l'API, 14-4
l'Internet Society, 14-4
Lan Manager, 14-3
LANG, 15-21
langage C, 1-2, 1-9, 1-12, 14-4
Langage C++, 1-12
LC_ALL, 15-21
LC_COLLATE, 15-21
LC_CTYPE, 15-21
LC_MESSAGES, 15-21
licence GPL, 1-3
liens, 3-15, 11-2
liens matériels, 11-2
liens symboliques, 3-7, 11-5
Linus Torvald *Voir* Linux
Linux, 1-3, 1-16
ln, 11-3, 15-11
log, 6-13
login (~/.login), 4-4
logname, 15-11
lp, 7-3, 15-11
lpq, 7-6
lpr, 7-6
lprm, 7-6
lpsched, 7-2
lpstat, 7-3, 15-11
ls, 3-11, 3-12, 3-20, 5-6, 11-3, 15-11
LU6.2, 14-3
lynx, 14-6

M

magic number, 3-19
mail, 10-2, 10-7, 14-13, 15-11
MAIL, 15-27

MAILCHECK, 15-27
MAILPATH, 15-27
mailx, 10-7
majeur, 3-7
man, 6-9, 15-12
manuel de référence *Voir* documentation
masque des droits *Voir* umask
mesg, 10-2, 10-4, 15-12
Microsoft, 14-3
mineur, 3-7
Minix, 1-3
MIT, 14-21
mkdir, 3-20, 3-23, 15-12
monitor, 15-24
montage, 1-7, 14-14
more, 3-11, 8-7, 15-12
Motif, 1-14, 14-21
mount, 3-4
MSDOS, 3-3
multi-tâches, 1-6, 12-2
Multi-tâches, 1-14
mv, 3-11, 3-16, 11-3, 15-12
mwm, 14-21

N

netscape, 10-7
Netscape, 14-6
newgrp, 5-15, 15-12
news, 10-2, 10-6, 15-12
news_time (~/.news_time), 10-6
NFS, 14-14
nice, 12-4, 15-12
NIS, 14-14
nl, 8-2, 8-3, 15-12
noclobber, 15-24
noexec, 15-24
noglob, 15-24
nohup, 12-5, 15-12
nom de fichier, 3-8
nounset, 15-24
noyau, 1-8, 1-12, 1-16, 12-2
NT (Microsoft), 1-3

O

od, 3-11, 15-13
OLDPWD, 15-27
Open Group, 1-3, 1-15, 14-2
OPTARG, 15-27
OPTIND, 15-27
OSF, 1-3, 1-14, 14-2
OSI, 14-2
other, 5-4

P

pack, 15-13
PAGER, 6-9
panorama des commandes, 15-2
passwd, 2-8, 3-3, 15-13
passwd (/etc/passwd), 1-10, 3-3, 5-14
paste, 15-13
PATH, 6-9, 6-14, 15-27
pax, 9-2, 9-10, 15-13
périphérique, 3-7, 9-3
pg, 8-8, 15-13
PID, 12-2
pilotes de périphériques, 14-4, 14-8
ping, 14-6, 15-13
pipe *Voir* tube
plan (~/.plan), 10-4
portabilité, 1-14
POSIX, 1-3, 1-8, 1-15
POSIX (Shell), 1-10, 6-4, 12-10
PPID, 12-8, 15-27
ppp, 2-2
pr, 8-5, 15-13
primitive, 1-8, 1-14
priorité, 12-4
privileged, 15-24
processus *Voir* tâche
profile (~/.profile), 1-10, 4-3, 5-12, 6-7, 6-9, 6-10
project (~/.project), 10-4
prompt, 2-6, 6-10
propriétaire, 3-7, 5-4, 5-6
protection des caractères spéciaux, 4-7
ps, 12-8, 15-13
PS1, 6-10, 15-27
PS1 (bash), 15-28
PS2, 15-27
PS3, 15-27
PS4, 15-27
pseudo-terminal, 14-8
pwd, 3-20, 15-14, 15-32
PWD, 15-27

Q

qcan, 7-7
qchk, 7-7
qprt, 7-7

R

RANDOM, 15-27
rappel de commandes, 2-9
rcmd, 14-17
rcp, 14-17, 15-14

redirection, 4-9, 6-10
Reflection X, 2-4
réguliers *Voir* fichiers réguliers
Remote Login *Voir* connexion à distance
remsh, 14-17, 15-14
renice, 15-14
répertoire de connexion, 3-3
répertoires, 3-7
REPLY, 15-27
RFC, 14-4
RFC - Netbios, 14-2
rhosts (~/.rhosts), 14-18
Ritchie (Dennis), 1-2
rlogin, 14-17, 15-14
rm, 3-11, 3-15, 3-20, 3-25, 15-14
rmdir, 3-20, 3-23, 15-14
RPC, 14-2, 14-14
rsh, 14-17
RTC, 2-2
rwho, 14-18, 15-14

S

Samba, 14-15
sauvegarde, 9-2, 11-5
sccs, 1-12
scp, 14-19, 15-14
script, 4-4, 4-9, *6-13*, 15-14
SECONDS, 15-27
section *Voir* documentation
sed, 8-19, 8-22, 15-14
sendmail, 14-13
session, 2-6, 12-8
set, 15-15
sh, 15-15, 15-19, 15-28
shell, 6-13
shell, 2-6
Shell, 1-5, 4-2, 12-3
Shell, 1-10
SHELL, 15-27
shell bash, 4-2
shell bash, 1-11, 15-23
shell POSIX, 15-19
signal, 12-6
sleep, 15-15
slip, 2-2
Sockets, 1-14, 14-4
sort, 8-13, 15-15
split, 15-15
ssh, 14-19, 15-15
sticky bit, 5-17
sticky-bit, 5-6
su, 5-5, 15-16
sum, 15-16

Sun, 1-3, *14-2*, 14-14
SVID, 1-2, 1-8, 1-14, 14-2
SVR4, 1-3, 5-15
syntaxe, 3-9
System V (ATT), 1-2, 7-2

T

tabs, 15-16
tâche, 1-6, 1-10, 6-7, 12-2
tâches, 12-8
tail, 8-3, 8-4, 15-16
talk, 10-2, 10-3, 15-16
tampon nommé de vi, 13-10
tar, 9-2, 9-3, 15-16
TCP/IP, 1-2, 1-13, 14-2
tee, 4-13, 15-16
telnet, 2-2, 2-3, 14-6, 14-8, 14-17, 15-16
telnetd/ in.telnetd, 14-8
temps partagé, 1-8
temps réel, 1-8, 1-14
TERM, 6-9
terminal, 2-2, 14-8
terminal X, 2-2, 2-4, 14-21
Thompson (Ken), 1-2
THREADs, 14-2
time, 15-16
time sharing *Voir* temps partagé
TLI, 14-2
TMOUT, 6-10, 15-27
Token-Ring, 14-4
touch, 15-17
tr, 8-9, 15-17
travaux, 12-10
tty, 15-17
tube, 4-12
type, 4-2
type de fichier, 3-19
type de fichiers, 3-31
typescript, 6-13

U

UID, 3-8, 5-2
ULTRIX (DEC), 1-2
umask, 5-12, 15-17, 15-33
unalias, 6-5, 15-17, 15-33
uname, 2-7, 14-5, 15-17
uncompress, 15-7
uniq, 15-17
UNIX 95, 1-3, 1-15, 5-15
UNIX 98, 1-3, 1-15
unpack, 15-13
unset, 15-17

UUCP, 14-2

V

variable shell, 6-7
verbose, 15-24
vi, 3-11, 6-4, 6-9, 8-19, 13-2, 13-4, 15-17, 15-24
vim de linux *Voir* vi
vt100., 14-8

W

wait, 12-4, 15-17
wall, 10-2
wc, 8-2, 8-3, 15-17
web, 14-6
Web, 1-13, *14-2*
whereis, 4-2
which, 4-2
who, 2-7, 15-18
who am i, 2-7

write, 10-2, 10-3, 15-18

X

X, 14-21
X/OPEN, 1-3
X11, 1-14
xargs, 15-18
xclock, 14-21
XENIX (SCO), 1-2
XPG, 1-3, 1-8, 1-14
xterm, 14-21
xtrace, 15-24
X-Window, 14-21

Z

zcat, 15-18
zip, 15-18
zombie, 12-2

www.ingramcontent.com/pod-product-compliance
Lightning Source LLC
Chambersburg PA
CBHW082136210326
41599CB00031B/6004